"十四五"普通高等教育本科部委级规划教材

非织造布技术概论

（第 3 版）

马建伟　陈韶娟/主　编

周　蓉　周彦粉/副主编

中国纺织出版社有限公司

内 容 提 要

本书主要介绍了非织造布生产的基本原理和方法，内容包括非织造布工艺与设备、纤维原料、黏合剂、产品开发及应用、性能测试等。

本书可作为纺织院校研究生和高年级本专科生教材，也可作为相关行业人员培训用教材，还可供相关领域工程技术人员参考。

图书在版编目（CIP）数据

非织造布技术概论／马建伟，陈韶娟主编；周蓉，周彦粉副主编．--3 版．--北京：中国纺织出版社有限公司，2025.1

"十四五"普通高等教育本科部委级规划教材

ISBN 978-7-5229-0645-4

Ⅰ.①非⋯　Ⅱ.①马⋯　②陈⋯　③周⋯　④周⋯　Ⅲ.①非织造织物-高等学校-教材　Ⅳ.①TS17

中国国家版本馆 CIP 数据核字（2023）第 096206 号

责任编辑：朱利锋　孔会云　　责任校对：寇晨晨
责任印制：王艳丽

中国纺织出版社有限公司出版发行
地址：北京市朝阳区百子湾东里 A407 号楼　邮政编码：100124
销售电话：010—67004422　传真：010—87155801
http://www.c-textilep.com
中国纺织出版社天猫旗舰店
官方微博 http://weibo.com/2119887771
三河市宏盛印务有限公司印刷　各地新华书店经销
2004 年 4 月第 1 版　2008 年 8 月第 2 版
2025 年 1 月第 3 版第 1 次印刷
开本：787×1092　1/16　印张：14
字数：300 千字　定价：68.00 元

非织造布具有工艺流程短、产品原料来源广、成本低、产量高、产品品种多样、应用范围广泛等优点，近年来一直保持着高速发展的势头。

为了尽可能反映非织造布的进展与现状，本书在《非织造布技术概论（第 2 版）》的基础上进行了重新修订、补充，旨在完整、系统地介绍国内外非织造布先进生产技术，并为教学提供一本适用的教材，同时也为从事非织造布生产与科研的工程技术人员提供一本有实用价值的参考书。

本书在内容上，突出回答了一般读者经常提到的几个问题：①非织造布生产的方法、原理、工艺和设备；②有代表性的设备及其性能；③非织造布产品的开发与应用；④原材料及产品的性能指标与测试。在内容的编排上具有由浅入深、完整系统、简明实用、信息量大的特点，可安排 40 学时。

参与本书编写和修订的有马建伟、陈韶娟、宁新、周蓉、周彦粉、江亮、吴韶华、郑杰、李纪伟。其中，第一章由宁新、吴韶华和周彦粉编写和修订；第二章由马建伟、吴韶华编写和修订；第三章由江亮编写和修订；第四章由周蓉编写和修订；第五章、第六章由马建伟、陈韶娟编写和修订；第七章、第八章由宁新、李纪伟编写和修订；第九章由吴韶华、郑杰编写和修订；第十章由陈韶娟、周彦粉编写和修订；第十一章由吴韶华编写和修订；第十二章由周蓉、周彦粉编写和修订。全书由马建伟和周彦粉统稿，由陈韶娟和周蓉校对。

由于编者水平所限，书中难免有不妥和争议之处，望广大读者指正。

编者

2024 年 5 月

　　非织造布生产技术是纺织工业的一门新技术，它以其工艺过程短、产量高、原料来源广泛、产品品种多样、应用范围广泛等优点，近年来一直保持着高速发展的势头，成为名副其实的"朝阳工业"。

　　为了尽可能反映非织造布的发展现状，本书在《非织造布实用教程》和后来改版的《非织造布技术概论》的基础上进行了重新修订、补充，旨在完整、系统地介绍国内外非织造布先进的生产技术，并为教学提供一本适用的教材，同时也为从事非织造布生产与科研的工程技术人员提供一本有实用价值的参考书。

　　本书在内容上，突出回答了一般读者经常提到的几个问题：①非织造布生产的方法、原理、工艺和设备；②有代表性的设备及其性能；③非织造布产品的开发与应用；④原材料及产品的性能指标与测试。在内容的编排上具有由浅入深、完整系统、简明实用、信息量大的特点。

　　本书主编是马建伟和陈韶娟，副主编是周蓉和郭秉臣。其中，第一章、第三章、第四章、第七章、第十一章由马建伟编写和修订，第六章、第八章、第十章由陈韶娟编写和修订，第二章和光盘版由周蓉编写和修订，第五章、第九章、第十二章由郭秉臣编写和修订。全书由马建伟定稿、校对，由徐朴主审。在本书的编写过程中，得到了有关专家的热情帮助和指导；李达、张昊为本书提供了部分资料，王载利、曹楠楠参与了本书的编排和校对工作，在此表示衷心感谢。

　　由于编者水平所限，书中难免有不妥和争议之处，望广大读者指正。

编者

2008 年 4 月

　　非织造布生产技术是纺织工业的一门新技术，它具有工艺过程短、产量高、原料来源广泛、产品品种多样、应用范围广泛等优点，近年来一直保持着高速发展的势头，成为名副其实的"朝阳工业"。

　　为了尽可能反映非织造布的发展现状，本书在《非织造布实用教程》的基础上进行了重新修订、补充，旨在完整、系统地介绍国内外非织造布先进的生产技术，为教学提供一本适用的教材，也为从事非织造布生产与科研的工程技术人员提供一本有实用价值的参考书。

　　本书在内容上，突出回答了一般读者经常提到的几个问题：①非织造布生产的方法、原理、工艺和设备；②有代表性的设备及其性能；③非织造布产品的开发与应用；④原材料及产品的性能指标与测试。在内容的编排上具有由浅入深、完整系统、简明实用、信息量大的特点，可安排40学时。

　　参加本书编写和修订工作的有马建伟、郭秉臣、陈韶娟、苏冬梅、沈志明、尹宝林，全书由马建伟定稿、校对，由徐朴主审。在本书的编写过程中，得到了杨鸿烈、孙承宾等有关专家的热情帮助和指导；毕克鲁为本书编写提供了部分资料，在此表示衷心感谢。

　　由于编者水平所限，书中难免有不妥和争议之处，望广大读者指正。

编者

2003 年 10 月

本课程设置意义：

近年来，非织造布在世界范围内，尤其是在我国，产量飞速增加，应用范围不断扩大，生产技术水平显著提高，新品种不断涌现，已成为轻纺行业中充满活力的核心产业。

由于非织造布行业的快速发展，导致该行业中人才稀缺。为此，有的院校开设了非织造布专业，但非织造布产业是一个跨度很大的产业，各种生产技术之间往往差异很大，致使"大而全"的非织造布生产企业很少。因此，对非织造布专业的学生来说，往往有一种"才学八斗，只用一斗"的感觉。目前，国内外大多数纺织院校还是将非织造布相关课程作为纺织专业中一门专业课，或选修课来设置。

"非织造布技术概论"课程的设置，旨在使纺织专业的学生对非织造布的发展现状、主要生产技术、产品开发方法等相关知识有一个较为全面的了解，拓宽其知识面，完善其知识结构，提高纺织专业毕业生的适应能力，并满足非织造布行业对人才的需求。

本课程教学建议：

"非织造布技术概论"可作为纺织工程专业和纺织材料与产品设计专业的主干课程，建议40学时，教学内容包括本书全部内容。

"非织造布技术概论"可作为纺织与计算机、纺织与贸易、染整技术、服装类、装饰品类等相关专业的选修课程，建议30学时，选择与专业相关内容教学。

本课程教学目的：

通过本课程的学习，学生应掌握各种非织造布生产技术、主要工艺流程和设备要求、常见产品的加工方法、非织造布测试与评价以及非织造布应用知识等。

第一章　绪论

> **本章知识点**
>
> 1. 非织造布的分类与技术特点。
> 2. 适用于非织造布的纤维原料。
> 3. 差别化纤维在非织造布中的应用。
> 4. 非织造布的用途与对纤维原料的要求。

非织造布简称非织布，又称无纺布、不织布、非织造物，是一种新型的纤维制品。非织造布生产技术是纺织工业中一门新技术，是"一个激动人心的、潜力巨大"的新兴领域。非织造布生产技术综合了纺织、化工、造纸、塑料、化纤、染整等工业技术，充分利用了现代物理学、化学、力学等学科的有关理论基础知识，根据最终产品的使用要求，经科学的、合理的结构设计和工艺设计，能加工出满足工业、农业、国防等行业所需的各类非织造布产品。

非织造布工程具有工艺流程短、产品原料来源广、成本低、产量高、产品品种多、应用范围广等优点。正是由于这些优点，非织造布工业才获得飞速发展，在纺织领域并被喻为继机织、针织之后的第三领域。

第一节　非织造布的定义与发展

一、非织造布的定义

非织造布的概念来自美国。早在 1942 年，美国生产出一种与传统纺织产品截然不同的新型布状产品，由于它不是通过纺纱、织造而制成的布，便被称为非织造布（nonwoven）。由此，非织造布的概念便一直延续到今天，并被世界各国所采用。

1988 年，在上海召开的国际非织造布研讨会上，欧洲非织造布协会秘书长马森诺克斯（Massenaux）先生曾给非织造布下了这样一个定义：非织造布是用有方向性的或杂乱的纤维网制造成的布状材料，它是应用纤维间的摩擦力，或自身的黏合力，或外加黏合剂的黏着力，或两种以上的力结合在一起的，即通过摩擦加固、抱合加固或黏合加固的方法制成的纤维制品。由这个定义可知，非织造布不包括纸张、机织物、针织物。

我国国家标准《纺织品 非织造布 术语》（GB/T 5709—1997）对非织造布的定义是：定

1

向或随机排列的纤维通过摩擦、抱合或黏合，或者这些方法的组合而相互结合制成的片状物、纤网或絮垫，不包括纸、机织物、针织物、簇绒织物、带有缝编纱线的缝编织物以及湿法缩绒的毡制品。所用纤维可以是天然纤维或化学纤维，可以是短纤维、长丝或当场形成的纤维状物。该定义明确规定簇绒产品、有纱线缝编制品以及毡制品不属于非织造布产品。

为了区别湿法非织造布和纸，还规定了在其纤维成分中长径比大于300的纤维占全部质量的50%以上，或长径比大于300的纤维虽只占全部质量的30%以上，但其密度小于 0.4g/cm³ 的，属于非织造材料，反之为纸。

可见，不同的定义所确定的非织造布的范畴不同。需要指出的是，非织造布作为一种纤维结构物，随着生产技术的发展，其定义和内涵也会不断地发展。

二、非织造布的发明简史

非织造布的发明可以追溯到几千年前的中国古代社会，是比机织物和编结物还早的毡制品。古代游牧民族在实践中发现和利用了动物纤维的缩绒性，把羊毛、骆驼毛加一些水、尿或乳精等，通过脚踩、棒打的机械作用使纤维互相缩绒纠结，制成了毡鞋、毡帽、床毡等。从现代技术的观点看，毛毡就是一种非织造布，而今天的针刺非织造布可以看成是毡制品的延伸和发展。

经考古学家考证，早在七千多年前，人类就开始养蚕。如果将蚕置于平案上，蚕不能结茧，其吐出的蚕丝在平案上可结成平板茧（也称帛），其实就是一种利用蚕吐丝而直接制成的蚕丝网状非织造布，可用于制作服饰、服装和团扇等。从原理上讲，这种平板茧类似于今天的纺粘法非织造布。

公元前2世纪，我们的祖先受漂絮的启发发明了大麻造纸，这种漂絮造纸则与湿法非织造布生产原理非常接近。

而现代意义上的非织造布始于一百多年前。1870年，英国一家公司首先设计制造了一台针刺机，加工出针刺法非织造布。1900年，美国 James Hunter 公司开始开发非织造布。1942年，美国一家公司生产了黏合法非织造布，并第一次使用了非织造布（nonwoven fabric）这个术语。1951年和1959年，美国又相继研制出熔喷法非织造布和纺粘法非织造布。在20世纪50年代末，由低速造纸机加以改造，制成了湿法非织造布设备，开始生产湿法非织造布。20世纪70年代，又开发了水刺法非织造布。

20世纪60年代至今，非织造布在世界范围内一直保持高速增长，并不断涌现出一些新的生产技术和新产品，如熔喷纺和静电纺等，从而为非织造布的进一步发展奠定了坚实的基础。

三、非织造布的发展现状

非织造布以其原料应用广泛、产品性能优越、生产速度快、成本较低的特点引起世界各国的重视。尤其近30年来，其发展速度更为迅速，即使在世界经济不景气的情况下，非织造布产量仍以 7%~10%的速度发展。根据各国际机构的统计和预测，全球非织造布市场仍在以较强劲的势头增长，非织造布市场的增长速度已超过传统纺织业和本国 GDP 的增长速度。

从全球来看，随着非织造布技术的不断成熟，产品质量和性能都在不断提高，非织造布的应用范围越来越宽广，并逐步替代传统纺织品，持续保持高速的发展态势。然而，由于欧美等国家和地区掌控了更多的先进技术和工艺，仍是世界非织造布技术发展的引领者，在高端市场上占据明显优势。非织造布生产商主要集中在东亚、北美和西欧地区，主要生产国为中国、美国、日本、韩国、印度、印度尼西亚等，占全球非织造布总产量的 70%以上。其中高档非织造布生产技术集中在美国、德国、日本、意大利等国家。发展中国家的非织造布消费量正快速增长，发达国家则相对下滑。全球 5 大非织造布生产商（Berry Global、Freudenberg Performance Materials、Ahlstrom、Fitesa 和 Kimberly-Clark）的年销售额均超过 13 亿美元。

1. 美国

美国是开发非织造布最早的国家，在世界上一直处于领先地位。美国从 20 世纪 40 年代开发非织造布，1967 年成立了非织造布协会，1972 年美国政府把非织造布编入美国标准工业中。据美国非织造布协会（INDA）统计数据，1990~2021 年，北美（美国、加拿大和墨西哥）非织造布产能平均每年增长 4.2%，超过同时期美国 GDP（2.4%）的增长。据 INDA 统计，截至 2021 年，北美大约有 215 家非织造布生产商，共有 940 余条生产线，每条生产线年均产能为 5940 吨。2021 年，北美非织造布总产能达到 554 万吨，同比增长 1.8%。产能贡献方面，加拿大占 4%，墨西哥占 8%，美国占 88%。按成网工艺分类计算，2021 年北美非织造布产能（以吨计）比例，干法成网占比最大，达到 45%（与 2020 年持平）；其次是纺丝成网，占 30%（比 2020 年增加 1%）；湿法和气流成网分别为 21%（比 2020 年下降 1%）和 4%（与 2020 年持平）。

2. 欧洲

据欧洲非织造布协会（EDANA）统计，2021 年，欧洲非织造布产量达到 312.19 万吨（表面积达 876.17 亿平方米），同比增长 2.1%。其中，欧盟 27 国非织造布产量为 220.3 万吨，同比增长 2.2%。自 2019 年以来，欧洲非织造布产量增长了近 9%。总的来说，纺熔（包含纺粘、闪蒸、熔喷、SMS、SMMS 等）和针刺是大多数欧洲国家所采用的技术，湿法成网和气流短纤成网工艺的产能仍然比较集中。过去 10 年，欧洲地区的湿法非织造布产量以年均 3%的速度增长，2021 年达到 36.55 万吨，占总量的 11.7%。2021 年，纺熔法非织造布产量达 128.05 万吨（占总量的 41%）和 582.55 亿平方米（占总量的 66.5%），同比分别增长 3.1%和 3.8%。2021 年，干法非织造布产量达 128.66 万吨（同比增长 2.4%，占总量的 41.2%）和 196.76 亿平方米（同比增长 0.2%，占总量的 22.5%）。气流短纤成网的产量按重量和表面积计算都有所下降，分别为 18.94 万吨（同比下降 4.3%）和 21.4 亿平方米（同比下降 1.9%）。2021 年，在欧洲各个国家和地区中，非织造布产量增幅最大的是比荷卢经济联盟，产量以重量计同比增长 5.4%，占欧洲总产量的 6.6%。德国几乎涵盖所有的成网和固结工艺，在欧洲继续保持着领先地位，2021 年的产量达到 67.75 万吨（127.82 亿平方米）。2021 年，欧洲非织造布的销量达到 307.54 万吨，占产量的 98.51%，主要用于吸收性卫生用品、擦拭、医疗、土工建筑、交通运输、过滤等领域。

3. 日本

日本的非织造布起步略晚，但发展速度很快。1994 年产量达 19.82 万吨，1987～1990 年的平均增长率为 12.6%，2000 年总产量为 31.4 万吨。但近十几年发展较慢，2018 年总产量为 34.3 万吨，仅比 2000 年增长 0.92%。其中，纺粘和熔喷非织造布占 29%，针刺非织造布占 22%，水刺非织造布占 14.9%。日本一方面消化吸收先进的非织造布技术，另一方面向发展中国家输出本国比较成熟的非织造布技术与设备。从产品结构上来看，日本国内生产的非织造布大多为高成本、高附加值的产品，较低端产品的生产大多投资到新兴和发展中国家和地区。近年来，面临持续增加的老龄化社会的压力，日本对成人纸尿裤需求量持续增加。

4. 中国

我国从 1958 年开始对非织造布进行研究，1965 年在上海首先开始生产，1978 年后走上了快速发展的道路。据中国产业用纺织品行业协会（CNITA）统计，我国非织造布产量由 2010 年的 280 万吨提高至 2020 年的 846 万吨，年均增幅达到 11.69%。目前，我国非织造布技术比较齐全，新技术、新工艺所占的比重迅速上升，已拥有包括化学黏合、热黏合、针刺、纺粘、熔喷、水刺和静电纺等各种加工技术。其中，纺粘、针刺和水刺是我国主要的非织造布工艺。根据中国产业用纺织品行业协会统计，我国非织造布生产工艺以纺粘为主，2019 年纺粘非织造布的产量为 309.43 万吨，占非织造布总产量的 49.80%，主要应用于卫生材料等领域；其次分别是针刺工艺占比 23.03%，水刺工艺占比 11.23%，化学黏合工艺占比 6.43%，热黏合工艺占比 5.33%，气流成网工艺占比 2.47%，熔喷工艺占比 1.07%，湿法工艺占比 0.64%。婴儿尿布、卫生巾和成人失禁用品等吸收性卫生用品是非织造布的最大用途，占中国非织造布应用的 19.5%。

我国纺粘法非织造布在 20 世纪 90 年代初期仅有 3 条生产线，生产能力只有 3000 吨/年；到 2006 年我国纺粘非织造布生产线已达 342 条，总生产能力超过 78 万吨/年。截至 2018 年 12 月底，我国共有纺粘法非织造布生产线 1477 条，总生产能力为 437.55 万吨/年，总产量为 297.12 万吨/年。根据中国产业用纺织品行业协会纺粘法非织造布分会数据显示，2019 年，我国纺粘非织造布产量达到 309.41 万吨，同比上升 4.14%。近年来，我国纺粘非织造布行业在产品创新和设备升级方面取得了较大进展，产品的原料和功能越来越多元化；设备不仅在高速、高产、智能、安全、节能等方面精进提档，而且围绕市场需求持续创新，开发了双组分过滤材料生产线、非织造布 Y 型轧机、纺粘木浆复合生产线、并列双组分热风固结设备等。

我国自 1994 年引入水刺技术，从最初的 2 条生产线发展到 2018 年 380 余条，国内水刺非织造企业已达 168 家。我国水刺法非织造布生产的发展可分为两个阶段，2002 年以前为起步阶段，发展较为和缓、平稳，产量逐年增加；而从 2003 年起发展速度明显加快，无论生产线数量还是生产能力和实际产量都急剧增加，到目前为止，这种趋势仍在继续。1997～2006 年，年产量从 3500 吨增至近 8.8 万吨，增长 24 倍多，年均增长率达 43% 以上。根据中国产业用纺织品行业协会数据，2010～2019 年，国内水刺非织造布实际产量从 23.20 万吨增长至

69.80 万吨，年均复合增长率达 13.02%。

综合来看，非织造布产业经过几十年的发展，已经逐步成为技术和市场日渐成熟、以市场需求为导向不断创新和多元化发展的产业。非织造布生产加工技术的进步促进了非织造布终端产品市场的发展，而近年来非织造产品巨大的市场需求反过来又促进了非织造布生产加工技术的不断创新和进步。随着发展中国家对非织造布产品需求的持续释放，以及非织造布向诸如新型轻量化汽车工业、医疗健康产业、基础设施建设配套产业、应急和公共安全产业、环境保护产业、战略新材料产业和"军民融合"等相关产业的不断渗透，非织造材料未来发展空间巨大。

第二节　非织造布的分类与技术特点

一、非织造布的分类

1. 按纤网成型方法分类

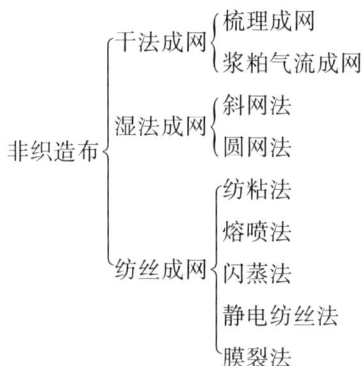

$$\text{非织造布}\begin{cases}\text{干法成网}\begin{cases}\text{梳理成网}\\\text{浆粕气流成网}\end{cases}\\\text{湿法成网}\begin{cases}\text{斜网法}\\\text{圆网法}\end{cases}\\\text{纺丝成网}\begin{cases}\text{纺粘法}\\\text{熔喷法}\\\text{闪蒸法}\\\text{静电纺丝法}\\\text{膜裂法}\end{cases}\end{cases}$$

2. 按用途分类

（1）医用卫生保健类。如手术衣、手术帽、口罩、防护服、病员床单、病员枕套；妇女卫生巾；尿布、失禁尿垫；内裤等。

（2）服装与制鞋类。如衬布、垫肩；劳动服、防尘服、保暖絮片、童装；鞋内底革、人造鹿皮、合成革、布鞋底等。

（3）家用装饰类。如地毯、贴墙布；购物袋、沙发内包布、床罩、床单、窗帘等。

（4）工业用布类。如电池隔层、过滤材料、抛光布、电气绝缘布、车门内衬、隔音毡、隔热垫、造纸毛毯、各种工业擦布等。

（5）土木工程、建筑类。如加固、加筋、过滤、分离、排水用土工布；屋面防水材料；球场人造草坪等。

（6）农业与园艺类。如蔬菜、瓜果丰收布；土壤保温布；育秧布。

（7）其他。如高级印钞纸、地图布、复合水泥袋、火箭头部防热锥体等。

除上述的分类外，通常人们还可以把非织造布分为耐用型和用即弃型。耐用型产品要求能维持较长的重复使用时间；而用即弃型则是使用一次或几次就不再使用的产品。在生产过程中，也可按厚度分为厚型和薄型非织造布。

二、非织造布的技术特点

非织造布在当今世界之所以高速度发展，是由众多因素决定的。但是，最重要的还是非织造布工程所具有的技术特点，归纳起来有以下几方面。

1. 原料使用范围广

非织造布使用的原料除纺织工业所使用的原料都能使用外，纺织工业不能使用的各种下脚原料也可使用。粗而硬、细而软，以及一些极短的毫无纺织价值的废纤维、再生纤维等都能使用。

一些在纺织设备上难以加工的无机纤维、金属纤维，如玻璃纤维、碳纤维、石墨纤维、不锈钢纤维等也可通过非织造方法加工成工业用非织造布。

一些新型的化学纤维，如耐高温纤维、超细纤维、某些功能型纤维等，在纺织设备上难以加工，而用于非织造布工业，可生产出各种应用性很强的非织造布产品。

2. 工艺过程简单、劳动生产率高

传统的纺织工业，工艺过程繁而长，而非织造工业却是简而短。尤其是纺粘法非织造布，其工艺流程比传统纺织少几倍，甚至几十倍。与传统纺织相比，非织造布产量成倍增加，劳动生产率显著提高。由于非织造布生产流程短，所以产品变化快、开发周期短、质量易控制。

3. 生产速度快、产量高

非织造布与传统纺织品相比，生产速度在（100~2000）：1的范围。非织造布下机幅宽大，一般可到4m左右。因此，单产远远超过传统纺织工业。

4. 工艺变化多、产品用途广

非织造布加工方法很多，且每种方法的工艺又可多变；各种加工方法之间还可以互相结合，组成新的生产工艺。

从非织造布后整理技术上讲，其工艺变化更多，如印花、染色、涂层、叠层、轧花等。不同性质的涂料，涂在非织造布上就会赋予非织造布不同的性能，即成为一种新的产品。除此之外，非织造布还可以和其他织物叠层复合，产生各种各样的新产品。

至于非织造布的用途，可以说从航天到深海探测，从工业到农业，从国防到人民生活，几乎无处不在，有些产品已经成为各相关行业不可缺少的材料。

第三节　纤维原料

一、纤维的分类与选用

1. 纤维的分类

适用于非织造布的纤维种类很多，习惯上，按原料的来源可分为以下三大类。

（1）天然纤维。包括棉、麻、木棉、椰壳纤维、秸秆等植物纤维，以及各种动物毛以及蚕丝等动物纤维。

（2）化学纤维。常用的有黏胶纤维、醋酯纤维、涤纶、锦纶、丙纶、腈纶、维纶、莱赛尔纤维、聚乳酸纤维、海藻纤维、壳聚糖纤维、芳纶等。

（3）无机纤维。常用的有玻璃纤维、碳纤维、陶瓷纤维、玄武岩纤维等。

2. 化学纤维的优点

目前，化学纤维已成为非织造布的主要原料，约占 95%。这是因为化学纤维具有以下几方面的优点。

（1）多数化学纤维的力学性质优于天然纤维，如强度、断裂伸长率、耐腐蚀性等。

（2）化学纤维的杂质少，可简化纤维准备工序。

（3）能够根据非织造布的某些特殊要求，提供具有各种特点的差别化纤维。

（4）化学纤维的长度、细度一致性好，并可按生产工艺要求进行控制。

3. 纤维的选用原则

在非织造布生产中如何选择具体的纤维品种，是一个至关重要而又非常复杂的问题，选用时一般应遵循以下几个原则。

（1）所选用的纤维要能够满足产品用途对其性能的要求。几种主要纤维的性能特点见表 1-1。

表 1-1　几种主要纤维的性能特点

纤维种类	断裂强度/（cN/dtex）	断裂伸长/%	比重	其他方面性能
丙纶（PP）	2.6~5.7	20~80	0.9~0.91	价格低、不耐老化
涤纶（PET）	4.2~5.7	20~60	1.38	弹性好、价格较低
锦纶（PA）	3.1~6.3	20~80	1.14	耐疲劳、价格较高
黏胶纤维（R）	2.2~2.7	15~30	1.5~1.52	吸湿好、弹性差
腈纶（PAN）	2.5~4.0	16~30	1.17	蓬松性好、价格较高
维纶（PVA）	4.0~5.7	9~26	1.26~1.30	吸湿好、弹性差

（2）纤维的规格和性能应与生产设备的加工能力及特点相适应。例如，湿法成网一般要求纤维长度小于 25mm；而梳理成网一般要求纤维长度在 20~150mm。

（3）在满足以上两点的情况下，纤维原料的价格以低为好。因为非织造布的成本主要取决于纤维原料的价格。例如，锦纶的各项性能都较好，但是其价格明显高于涤纶和丙纶，因此限制了它在非织造布中的应用。

通过长期实践和研究探索，对一些常用纤维在各种不同用途的非织造布中的适用性有了一定了解，见表 1-2。表中数字 1 表示很适合这类产品，适用性能优良；2 表示适用性良好；3 表示可用；4 表示适用性差；5 表示不适用，或因性能不好，或因价格昂贵。

表 1-2 非织造布的用途与对纤维原料的要求

非织造布的用途		棉	羊毛	苎麻	黏胶纤维	锦纶	涤纶	丙纶	维纶	腈纶
服装材料	边衬	3	2	3	3	1	1	2	2	2
	衬里	3	3	2	2	2	1	2	2	3
	保暖絮片	3	2	3	3	5	1	2	2	1
	面料	2	2	3	2	2	1	3	2	2
	人造毛皮	5	2	5	5	2	3	5	5	1
卫生材料	卫生巾	3	5	3	2	5	2	1	2	5
	尿布包片	3	5	3	2	5	2	1	2	5
	手术衣	3	5	3	3	2	1	1	2	5
	绷带、敷料	2	5	4	1	5	5	5	5	5
鞋革类	合成革	4	5	4	4	1	1	3	3	5
	内底革	3	4	5	3	2	1	2	2	5
家用装饰	床垫填料	2	2	4	2	5	5	2	2	5
	被褥芯	3	2	3	3	5	1	2	2	2
	地毯	5	2	4	4	1	2	1	3	2
	贴墙布	3	5	2	3	5	1	3	2	5
空气过滤材料		3	5	3	3	2	2	2	2	5
电缆绝缘布		5	5	5	5	2	1	1	3	5
抛光材料		3	3	2	3	1	3	5	4	5
擦布		2	5	3	2	5	5	2	2	5
造纸毛毯		5	1	5	4	1	2	5	5	3
土工布		5	5	5	5	2	2	2	1	5

　　总的来看，丙纶和涤纶的用量最大，其次是锦纶和黏胶纤维，其他化学纤维（如腈纶、维纶）的用量相对较少。

　　在非织造布产业大量应用普通化学纤维的同时，对差别化纤维的需用量也在不断增加。例如，日本的差别化纤维已占化纤总产量的50%，其中许多纤维就是为非织造布生产而专门开发的。目前，我国的差别化纤维的产量正在迅速增加，品种不断丰富，档次也在不断提高，但仍有许多问题亟待解决。

二、非织造布生产中常用的几种差别化纤维

（一）低熔点黏合纤维

　　原则上讲，凡是熔融法纺丝制成的合成纤维都可作为热熔黏合纤维而用于热黏合法非织造布生产中。但是，有些纤维熔点太高，如涤纶的熔点是280℃左右，能耗太大，不适宜作

热熔黏合纤维。为此，国内外先后开发了多种低熔点黏合纤维，见表1-3。对低熔点纤维的要求是：熔点低、软化温度范围大、软化时收缩小。我国先后开发了多种低熔点纤维，但在实际生产中作为低熔点纤维大量应用的是丙纶（熔点是175℃左右）、PP/聚乙烯（PE）复合纤维和PET/共聚酯（COPET）复合纤维。

表1-3 常用热熔纤维及其黏合温度

纤维类别	成分	黏合温度	厂家
Dacron 927，923，920	高密度聚乙烯	160~180℃	美国 Dupont
Unitika2080，3380，4080	聚酯和共聚酯双组分	皮层为共聚酯，常用熔点范围130~180℃	日本 Unitika
Heterofil	PA66/PA 双组分	220~230℃	英国 ICI
	聚酯双组分	170~230℃	
ES	聚丙烯和高密度聚乙烯双组分复合纤维，有皮芯型和并列型两种	一般典型的皮芯型纤维为120~150℃，皮层熔点为130℃左右	日本 Chisso
Trevira 813	聚对苯二甲酸丁二醇酯（PBT）	210~225℃	美国 Hoechst

PP/PE 皮芯复合纤维（习惯称 ES 纤维），是一种性能优异的热熔黏结纤维，最早由日本 Chisso 公司开发，目前国内已有许多厂家能够生产，它由聚丙烯和高密度聚乙烯复合而成，有皮芯型和并列型两种结构。该纤维既可在纤网中作主体成分，也可作黏合纤维，其中聚乙烯作为热熔黏结成分。热熔黏合时，纤网中的 ES 纤维含量通常超过50%，薄型产品可采用100%的 ES 纤维。ES 纤维的用途、适应的加工方法和性能见表1-4。

表1-4 ES 纤维生产的非织造材料的用途

适应加工方法	用途	常用皮芯型 ES 纤维的性能	结构形式
热轧、热熔、针刺—热熔、湿法、模压法	尿布面料、卫生巾面料、包装材料、湿巾、絮片、过滤材料、吸油毡、揩布、帽料、异型垫材	细度：1.7dtex（1.5旦） 断裂强度：22.1~30.9cN/tex（2.5~3.5g/旦） 断裂伸长：40%~120% 卷曲度：0.1~13r/英寸 含湿率：<1%（RH60%，20℃） 软化点：LDPE，110~120℃；HDPE，150~160℃ 熔点：130℃（HDPE）/163℃（LDPE） 热收缩率：<5% 组分不可分离	并列型 皮芯型

注 1 英寸=2.54cm。LDPE：低密度聚乙烯；HDPE：高密度聚乙烯。

PET/COPET 皮芯复合纤维（习惯称 4080 纤维），是以低熔点聚酯和常规聚酯为原料，经过复合纺丝生产的具备皮芯结构的纤维，其皮层熔点一般在 110~180℃，芯层熔点在 256~260℃。它可以单独使用，也可以和其他纤维混合使用。目前市场上最常见的 4080 短纤皮层熔点一般控制在 110℃ 左右。

（二）超细纤维

超细纤维是指纤维线密度为 0.44dtex（0.4 旦）以下的纤维。生产方法主要有两种。一种方法是采用复合纺丝技术，先制得双组分复合纤维，多为"海岛型"或"橘瓣型"，如图 1-1 所示。然后，再经溶解或分离技术，使其中一种组分溶去或使双组分分离，即得超细纤维。对海岛型复合纤维，可采用溶剂将"海"组分溶去，剩下的"岛"组分，即为超细纤维，线密度可达 0.0011~0.11dtex（0.001~0.1 旦）；而对橘瓣型，则可利用双组分的模量、伸长和溶解等性质的不同，采用机械变形法使双组分分离，分离后的双组分均为超细纤维，或用溶剂溶解其中的某一组分，如采用碱减量法溶解聚酯组分，剩下的组分即为超细纤维，线密度可达 0.11~0.44dtex（0.1~0.4 旦），如图 1-2 所示。该纤维用于水刺法非织造布，在高压水针的冲击下纤维自然分裂成超细纤维，所得产品强度高、手感柔软、风格独特。

海岛型（分散型）　　　　　　　　橘瓣型（辐射型）

图 1-1　双组分复合纤维

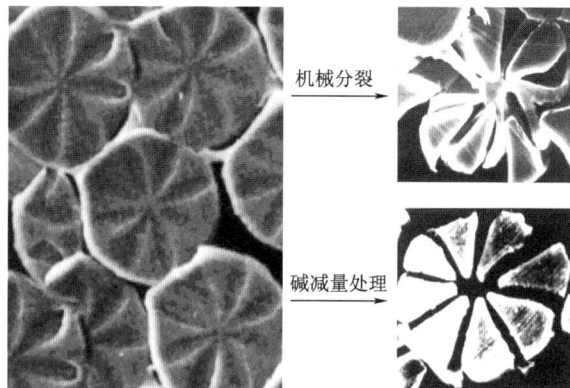

图 1-2　橘瓣型双组分复合纤维的分裂

另一种制造超细纤维的方法是利用熔喷纺丝技术直接纺制。利用这种技术可直接得到一种由超细纤维构成的网状物，即非织造布。纤维线密度可达 0.11dtex（0.1 旦）左右。

超细纤维非织造布广泛地用作过滤、除尘、绝缘、吸收材料和人造皮革，用量正在成倍增长。

（三）高卷曲中空纤维

高卷曲中空涤纶以其高蓬松性和保暖性广泛用于非织造保暖絮片的生产。它与普通涤纶混合可制造喷胶棉、无胶棉和仿丝绵等。中空纤维的品种很多。按卷曲特征，可分为二维卷曲和三维卷曲两种；按组分的多少，可分为均一型中空纤维和双组分复合型中空纤维，如涤/丙复合中空纤维；按中空孔数的多少，可分为单孔中空纤维和多孔中空纤维，如4孔、6孔和9孔中空纤维。中空纤维的中空度越大，滞留的空气量越多，非织造产品越轻便保暖。

目前，中空纤维正由二维卷曲向三维卷曲、从单孔向多孔方向发展，用量在迅速增长。图1-3为我国自行研制的一种U形中空涤纶，也叫仿羽绒纤维，该纤维具有较好的硬挺性和压缩回弹性。

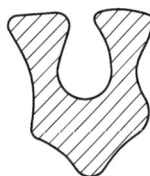

图1-3 U形中空纤维

涤纶中空纤维是技术最成熟、用量最大的一个品种，主要用于喷胶棉、无胶棉和硬质棉等，如作为保暖服装、被褥、沙发和玩具的填充料，或用于生产人造毛皮等。

（四）绒毛浆纤维

绒毛浆纤维，有时也称木浆纤维，它是以原木为原料而制得的天然纤维素纤维，属于木浆纤维的一个品种。在绒毛浆纤维中，纤维素占43%~45%，半纤维素占27%~30%，木质素占20%~28%，天然可提取物占3%~5%。

20世纪70年代初，美国首先利用木浆纤维中的绒毛浆短纤维制造一次性卫生用品，如妇女卫生巾、婴儿尿片等，因吸湿性良好和成本较低，产量急剧上升。近年来，随着浆粕气流法非织造布和水刺非织造布技术迅速发展，木浆纤维的用量也迅速增加。

绒毛浆纤维与造纸用木浆纤维有所不同，绒毛浆纤维平均长度为2mm，而造纸用木浆纤维的平均长度仅为1mm，且可提取物的残留量较大，含水率较高，湿度变化较大，影响其吸湿性能。

（五）化学改性纤维

1. 有色纤维

有色纤维是通过添加色母粒的方法共混纺丝制得的，是差别化纤维中开发较早的品种。在干法非织造布生产中，常用有色的粗旦丙纶或涤纶短纤维制造针刺地毯和壁毯等。在纺粘法非织造布生产中，添加色母粒可直接纺制有色的非织造布，主要用于医用卫生材料中的手术衣帽和手提袋等。

2. 抗静电纤维

针对化学纤维及其织物易产生静电的问题，国内外都进行了大量的研究和开发。一般认为纤维的比电阻在 $10^{10}\Omega \cdot cm$ 以下，具有良好的抗静电性能。

制备抗静电纤维的方法，有接枝共聚法、共混改性法和表面涂覆处理法。目前以共混改性法工艺较成熟，抗静电效果显著，具有实用性，应用较广。例如，用美国 Himot 公司的 Pca66 丙纶料制造纺丝成网法非织造布时，产品的比电阻达 $10^{15}\Omega \cdot cm$，添加2%抗静电母粒制得的非织造布比电阻为 $10^{10}\Omega \cdot cm$，起到了明显的抗静电作用。

除抗静电纤维之外，还有一种能防止静电产生的有效方法，就是混入导电纤维。最早的导电纤维是不锈钢纤维，它和碳纤维同属均一型导电纤维。另外，纤维表面包覆型和成分复合型的导电纤维也有产品问世。通常不锈钢和碳纤维的比电阻为 $10^{-5} \sim 10^{-2}\,\Omega \cdot cm$。纤维表面包覆型和成分复合型导电纤维的比电阻为 $10^{2} \sim 10^{5}\,\Omega \cdot cm$。

抗静电纤维和导电纤维非织造布可用于易燃、易爆药品的过滤和易燃易爆场合下的工作服及无尘室中的无尘衣等。

（六）高性能特种纤维

一些具有高性能的特种纤维，如碳纤维、芳纶等，均用于非织造布，如杜邦公司的凯夫拉（Kevlar）970芳纶非织造布，其纤维强力达14.7cN/dtex（15g/dtex）。另有一种名为Carblnap的100%碳纤维针刺法非织造布，可耐450℃高温。特种纤维的种类还有很多（表1-5），相信今后会更多地应用于非织造布中。

表1-5 部分特种纤维性能

性能	强度/ （cN/dtex）	模量/ （cN/dtex）	断裂伸 长率/%	最高使用 温度/℃	用途	备注
芳纶1313	4.84	132	17	204	宇航、防火服、过滤	代表产品：Nomex
芳纶1414	19.36	440	4	232	轮胎帘子线、复合材料	代表产品：Kevlar
聚苯并咪唑纤维	4.27	137	10	560	防火服、宇航	商品名称：PBI纤维
聚砜酰胺纤维	3.8	54	17	200	过滤、防火服	商品名称：芳砜纶
聚四氟乙烯纤维	1.75	13.2	25	-168~280	密封、过滤、人造器官	简称氟纶

（七）新型绿色环保纤维

近年来，随着人们生活水平的提高以及环保意识的增强，各种绿色环保纤维的研发受到了世界各国的高度重视，并逐步应用于非织造领域。相比其他纤维，绿色环保纤维具有资源可回收利用、生产过程清洁环保、使用过程安全舒适以及废弃后可生物降解等优点。

1. 莱赛尔（Lyocell）纤维

Lyocell纤维是以天然纤维素，如木材、棉短绒为原料，以可循环使用的 N-甲基吗啉氧化物（NMMO）为溶剂，采用湿法纺丝技术而制备的新型绿色环保纤维。20世纪80年代，该纤维在奥地利兰精公司和英国Courtaulds公司进行了广泛的工业化生产。1989年，国际人造纤维和合成纤维标准化局（BISF）命名以该方法制备的纤维素纤维为Lyocell纤维。2004年，兰精公司又与Acordis公司合并成为兰精集团，并注册天丝（TENCEL）为其Lyocell纤维的商标。目前，兰精集团已成为全球最大的Lyocell纤维生产商。目前，包括中国、德国、日本等在内的30多个国家的600余家企业已陆续掌握和拥有该纤维的制备技术和能力，每吨纤维的

NMMO 消耗量也已大幅下降。到 2020 年，全球莱赛尔纤维产量 25 万 ~ 30 万吨，约占再生纤维素纤维的 4.6%。

该纤维的吸湿性、透气性和染色性接近棉纤维，并有着良好的亲肤性和吸水性，加之其生产技术的绿色环保性显著优于黏胶纤维。因此，该纤维很快获得市场和消费者的广泛认可。

2. 聚乳酸纤维

聚乳酸纤维是以聚乳酸为原料，经干法纺丝或熔融纺丝技术制备的一种可降解纤维。其中，以干法纺丝制得的聚乳酸纤维，热降解少、纤维强度较高，但存在溶剂有毒、纺丝环境恶劣、溶剂回收困难等问题。相比之下，以熔融纺丝制得的聚乳酸纤维，尽管纤维强度较低，但是成本较低，绿色环保。

由于聚乳酸是以玉米、木薯等植物原料，从中提取淀粉，再经酸分解得到葡萄糖，然后发酵生成乳酸，再在适当的条件下经直接聚合法或者间接聚合法制得的。因此，该纤维被视为对环境友好的可降解纤维，近年来发展迅速。

根据单体乳酸分子的异构体差异，聚乳酸有聚 D-乳酸（PDLA）、聚 L-乳酸（PLLA）和聚 DL-乳酸（PDLLA）之分，生产纤维一般用 PLLA。以聚乳酸纤维为原料开发的非织造布，具有良好的手感、悬垂性、回弹性，在服用、家居以及产业用等领域具有广阔的应用前景。但是，聚乳酸纤维的成本较高，以粮食为原料，降解速度太快且难以控制等，已成为当今关注的热点。

3. 海藻纤维

海藻纤维是以从海藻中提取的海藻酸钠为原料，将其水溶后，经湿法纺丝工艺制备的绿色环保纤维。将海藻酸钠纺丝液经喷丝板挤出后，在凝固浴中与二价金属离子（如 Ca^{2+}、Sr^{2+}、B^{2+} 等）相遇，从而固化成不溶于水的海藻酸盐纤维，目前常见的为海藻酸钙纤维。海藻纤维具有优异的皮肤亲和性，高吸收性、阻燃性和防霉的特点，是一种有发展潜力的新型环保纤维。但是，海藻纤维的成本高、强力较低、染整难以掌控等，已成为当今关注的热点。

4. 甲壳质纤维和壳聚糖纤维

甲壳质是一种天然聚合物，可以从虾、蟹壳中提取，也可以从部分昆虫、真菌和藻类中提取。由于甲壳质既不溶于酸，也不溶于碱，只能被少数溶剂溶解，因此很难直接以甲壳质为原料产业化开发甲壳质纤维。目前，多是以甲壳质为原料，通过化学方法，如高温浓碱液处理，脱去其乙酰基，将甲壳质转化成壳聚糖，然后再以壳聚糖为原料，将其溶于稀酸液，如 2% 的冰醋酸中，再经湿法纺丝，即可制得壳聚糖纤维。由于壳聚糖纤维具有优良的抗菌性、吸湿性、透气性和生物相容性，因此以壳聚糖纤维为原料开发的非织造布产品已广泛地用于医疗卫生、保健康复和美容护肤等领域。但是，壳聚糖纤维的成本高、强力较低和染整难以掌控等，已成为当今关注的热点。

👉 **思考题**

    1. 检索几种非织造布的定义，谈一谈你的看法。

    2. 非织造布得以迅速发展的主要原因是什么？

    3. 生产针刺地毯、土工布、保暖絮、造纸毛毯、屋顶防水油毡基布的主要原料是什么？为什么？

    4. 举例说明差别化纤维在非织造布中的应用。

第二章　干法成网技术

本章知识点

1. 成网前的准备工序。
2. 纤维的梳理工程及梳理机工作原理。
3. 成网方式及工艺。
4. 浆粕气流成网工艺与设备。
5. 浆粕气流成网非织造布的应用。

干法成网是短纤维干法成网的简称，是相对湿法成网而言的。经过干法成网所得到的非织造布称干法非织造布，目前占世界非织造布总产量的 50% 以上为干法非织造布。干法成网技术分为梳理成网和浆粕气流成网两种，其中梳理成网包括成网前准备、纤维梳理和成网三个过程。本章第一节至第三节详细介绍梳理成网的三个过程，第四节简要介绍浆粕气流成网技术。

第一节　成网前准备

一、成网前准备工序的任务

（1）将不同性能、不同品种的纤维原料分别喂入、开松或一起喂入、开松，使纤维包中压紧的纤维块通过机械打击和撕扯而松解成小纤维束。

（2）将已开松的纤维经纤维仓储存，并经多仓混合，使不同性能的纤维得以充分混合。

（3）制成均匀混合的纤维层，供梳理机梳理。

梳理成网非织造布是由纤维原料经开松、除杂、混合、梳理、加固而成的，其加固前纤网的质量直接影响到最终产品的质量。因此，成网前准备工艺是否合理，设备配置是否恰当，均会影响纤维的开松、混合效果和纤网的质量。

二、原料的抓取与喂入

原料的抓取与喂入，可人工完成，也可机械完成。对于产量较高的生产线，可采用自动抓包机。图 2-1 是一种常用的国产往复式自动抓棉机（FA006 系列）。该机依靠高速旋转，且间歇下降的抓棉打手抓取纤维，同时抓棉小车作往复运动，对纤维包作顺序抓取，被抓取的纤维束依靠前方凝棉器或风机的抽吸作用，经输棉管道，送至前方棉箱内。该机适合棉纤维及76mm以下的化纤或棉与化纤混纺，产量1000kg/h，有效抓取宽度1720mm，最大抓取高度为1700～1775mm，打手形式为锯齿刀片双打手，堆包长度基本型为21m和9m，可视需要递增或递减。

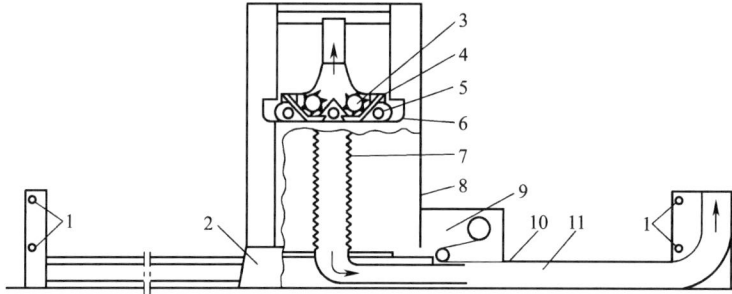

图2-1　FA006系列往复式抓棉机

1—光电管　2—抓棉小车　3—抓棉罗拉　4—肋条　5—压棉罗拉　6—抓棉头　7—伸缩管
8—转塔　9—转绕装置　10—覆盖带　11—输棉管

还有一种抓棉机为圆盘式的，如国产JWF1001型圆盘抓棉机，抓棉打手间歇下降并随小车回转作顺序抓取棉纤维动作，被抓取的棉纤维束经输棉管道送至下一台设备。

产量较小的生产线，可采用人工抓取喂入。图2-2为一种喂棉称重机（ZBG01），可由人工从棉包中抓取纤维，将纤维铺放于喂棉帘上。

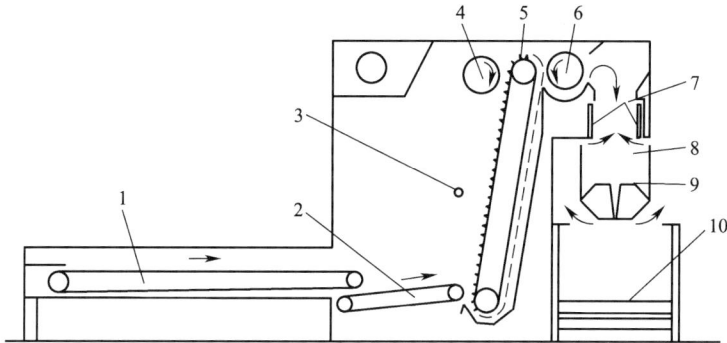

图2-2　喂棉称重机

1—喂棉帘　2—输棉帘　3—光电控制器　4—均棉罗拉　5—角钉帘　6—剥棉打手
7—活门　8—秤斗　9—秤斗活门　10—混棉帘子

三、混合与开松

混合的目的主要有两方面，一是不同成分或不同数量的混合，二是不同色泽的混合。混合的要求是混合充分、原料松散、成分和色相相对均匀，为下道的梳理工序打好基础。产品要求越高，对梳理前混合的要求越高，有时需经过多遍混合。有些产品对混合工序的要求较高，如仿丝棉生产中需加入部分热熔黏合纤维，只有充分混合，才能实现均匀黏合加固，否则成品的强度及蓬松度达不到要求。

图2-3是一种混棉帘子开棉机，由自动称量机将纤维按不同混合比依次连续地铺在混棉帘子上，并输送至给棉罗拉，经打手开松混合后，由前方机台的风机吸走。该机产量600kg/h，机幅920mm，混棉帘子宽度900mm，打手直径405mm，给棉罗拉直径80mm，总功率3kW，总重量约3700kg。

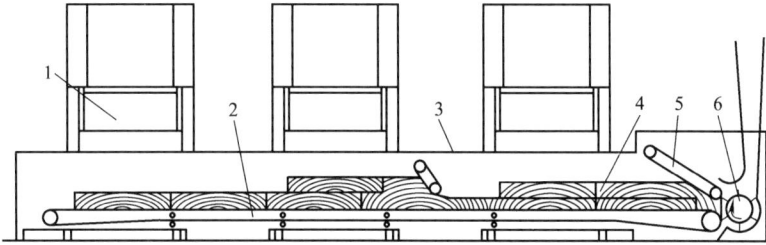

图2-3 混棉帘子开棉机

1—喂棉称重机 2—混棉帘子 3—混棉帘子开棉机 4—混棉层 5—压棉帘子 6—开松打手

也有一些将多仓混棉机与单打手开松机相结合的混合开松设备。图2-4为青岛宏大纺织机械有限责任公司的JWF1029系列多仓混棉机，兼有混合、开松作用，适用于棉和各种化纤的混合。原料喂入本机后，在气流作用下，被均匀地吹入各纤维仓，实现气流混合；各仓的纤维层经90°转弯向前输送，利用其路程差获得延时混合；纤维经斜帘抓取，以及剥棉罗拉和开棉锡林的作用，实现了进一步的开松和混合。工作宽度为1.2m，产量为650kg/h。

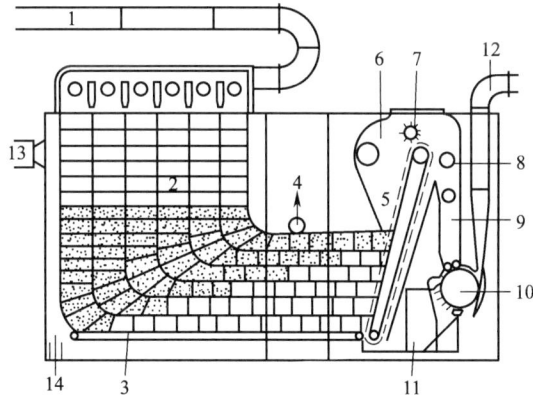

图2-4 JWF1029系列多仓混棉机

1—输棉管 2—立式储棉槽 3—输棉帘 4—输棉罗拉 5—斜帘 6—混棉室 7—均棉罗拉

8—剥棉罗拉 9—储棉箱 10—开棉锡林 11—落棉箱 12—出棉口

13—接排风管的排气口 14—接集尘气的排气口

由于生产非织造布的原料主要是各种合成纤维，其开松和除杂的难度不像加工棉纤维那样高。因此，有时也常见只用一台简单的开松机完成开松和混合的，如图2-5所示。喂入帘和压辊负责向前推送纤维，喂入罗拉夹持纤维缓慢喂入，带有金属角钉的开松辊高速回转，将纤维块迅速开松。

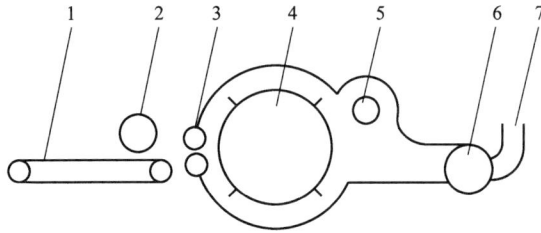

图 2-5　非织造布用简易开松机

1—喂入帘　2—压辊　3—喂入罗拉　4—锡林　5—剥毛辊　6—风机　7—风筒

　　开松机的种类和形式有很多，有毛纺厂用的毛型开松机（如 B261、BC261 等）和棉纺厂用的棉型开松机（如 JWF1109 型单轴流开棉机）等，还有多辊开松机（如五辊开棉机）等。开松工序的主要工艺参数是开松遍数、开松辊的转速、开松辊上的角钉形状等。角钉的形状有刀片状和梳针状等多种，角钉的形状不同其开松效果和对纤维的损伤程度也不同。

四、成网前准备工序的设备配套

　　成网前准备工序通常是由抓棉机、混棉机、开棉机、除杂设备等配套而成的连续生产线。由于这些设备的种类繁多，作用原理和作用效果各不相同，因此在选用这些设备，以及这些设备串联、组合和布局成生产线时，不能简单照搬，应在充分了解相关设备性能的基础上，根据所使用的原料状况、产品的技术要求，并结合企业的投资能力和场地情况，设计确定。即使生产同一个产品，不同生产企业的设备配套也可以有所不同。图2-6为成网前准备工序设备布局实例。

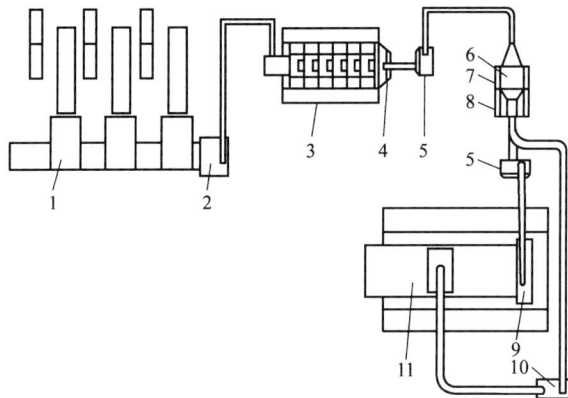

图 2-6　成网前准备工序设备布局实例

1—喂棉称量机　2—混棉帘子开棉机　3—多仓混棉机　4—桥式吸铁　5—输棉风机　6—凝棉器
7—中间喂棉机　8—锯齿辊筒开棉机　9—气流棉箱　10—网式除杂器　11—梳理机

第二节　梳理工程

经准备工序加工后，纤维大多呈束状，为了使其成为单纤维状，必须对其进行梳理，所用设备可以是罗拉式梳理机，也可以是盖板式梳理机。国内外为了满足非织造布产量高、质量高、自动化程度高的要求，20 世纪 80 年代至今已研制出许多牌号的非织造布专用梳理机。尽管梳理机的型号有很多，但是针布对纤维的作用机理是相同的。

一、针布对纤维的作用

梳理机中锡林、盖板、道夫等表面包覆着各种规格和型号的针布。针布的规格型号、工艺性能和制造质量直接影响分梳、除杂、混合和转移的效果，所以针布是梳理机的重要梳理元件。理论与实践均表明，针布的齿向配置、相对速度、相对隔距及针齿密度等变化，将对纤维产生不同的作用。两针面间的作用可归纳为以下三种。

1. 分梳作用

两针面间产生分梳作用的条件是：

（1）两个针面的针齿呈相对平行配置。

（2）两个针面具有相对速度，且一针面对另一针面的相对运动方向需对着针尖方向。

（3）具有较小隔距和一定的针齿密度。

由于两针面间隔距离小，一个针面上纤维束往往能同时被两针面针齿抓住，受到两针面共同作用，如图 2-7 所示，纤维束上梳理力 R[❶] 可分解为 P 力和 Q 力，P 力使纤维沿针齿内运动，Q 力使纤维压向针齿。因而使纤维束向针齿内移动，受到分梳。

2. 剥取作用

当梳理机两针面间的针齿呈交叉配置，且一针面的针齿尖端从另一针面的针齿背上越过时，则一个针面的针齿从另一针面上剥取纤维，称剥取作用，如图 2-8 所示。A 针面针齿将

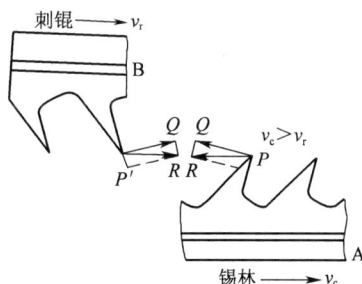

图 2-7　两针面间的分梳作用　　　　图 2-8　两针面间的剥取作用

---

❶　R 即当纤维束一端被一针面握持，另一端与另一针面的针齿切向摩擦滑动时受到的阻力。

B 针面上的纤维剥取，R 梳理力的分力 P 是向针齿内部的。而 B 针面上梳理力的分力 P 力和 Q 力均是向针外移动的。

3. 提升作用

当两针面呈平行配置，相对运动方向是顺着针尖时，梳理力 R 的分力 P 均指向针齿尖端，这就是提升作用，如图 2-9 所示。

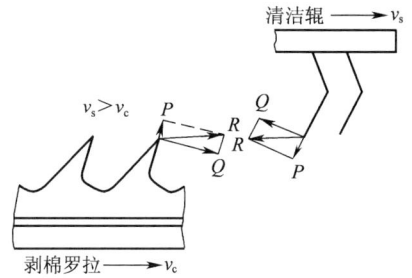

图 2-9 两针面间的提升作用

二、梳理机的工作原理

开松混合后纤维原料经梳理机梳理成由单纤维构成的网状形态。这一过程称纤维梳理，其主要任务有以下几点：

（1）定时定量输出纤维网。

（2）进一步开松除杂、混合均匀。

（3）将块状纤维梳成束状及单根纤维状

（4）梳理成厚薄均匀的纤维网。

梳理是非织造布工程中的关键工序，在干法非织造布生产中，针刺法、热黏合法、化学黏合法、水刺法等都离不开梳理机。非织造布生产中使用的梳理机主要有罗拉式梳理机和盖板式梳理机两大类。另外，随着非织造布生产技术的发展，适合非织造布生产的新型梳理机不断涌现。

（一）罗拉式梳理机

罗拉式梳理机的基本组成如图 2-10 所示。罗拉式梳理机通常适用于加工 51mm 以上的长纤维。

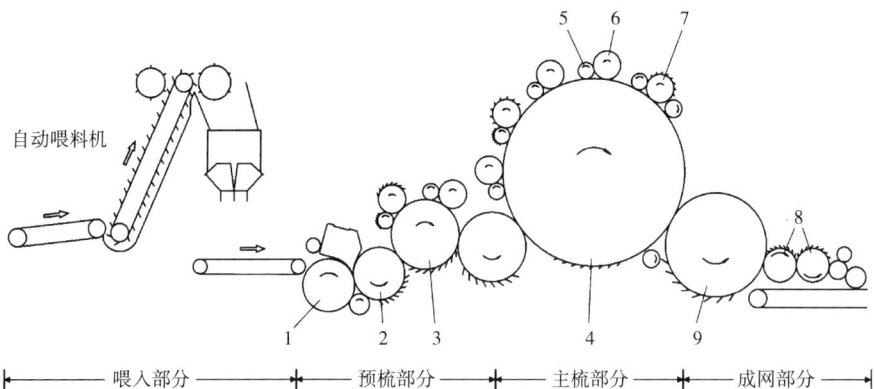

图 2-10 罗拉式梳理机

1—给棉罗拉　2—刺辊　3—胸锡林　4—主锡林　5—剥取辊　6—工作辊

7—风轮　8—凝聚罗拉　9—道夫

工作过程：自动喂料机能定时定量将纤维原料送到喂给帘上，喂给帘运动将纤维送入预梳部分。预梳部分由喂给罗拉、刺辊、开松锡林、工作辊及剥取辊组成，这些回转部件的表面均包有针布，对纤维起预开松作用。纤维经预开松后进入梳理部分，即锡林、工作辊和剥取辊工作区。由于三者针布的针向配置、回转方向（图2-11）和相对速度（锡林表面速度大于剥取辊表面速度，剥取辊表面速度又大于工作辊的表面速度），决定锡林与工作辊间呈分梳作用，同时还决定了剥取辊与工作辊之间以及锡林与剥取辊之间为剥取作用，这样不断反复分梳、转移和均匀混合，从而使纤维束逐步分梳成单纤维状。风轮的针向与锡林针齿呈平行配置，风轮表面速度一般比锡林高20%~40%，能将锡林针隙的纤维提升到锡林表面针尖处，处于锡林表面的纤维先后逐步凝聚到道夫上，并经凝聚罗拉剥下形成纤维网，通过输送网帘输出。

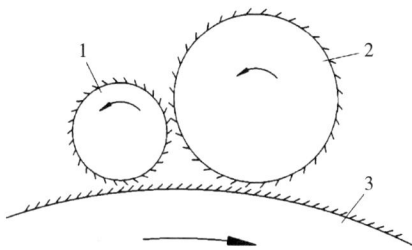

图2-11 锡林、工作辊和剥取辊工作区
1—剥取辊 2—工作辊 3—锡林

影响罗拉式梳理机梳理作用的主要因素有以下几点：

（1）主要机件，如锡林、道夫、工作辊、剥取辊的速度。

（2）主要机件间速比及相互间的隔距和针布配置。

（3）各机件的直径大小。

（4）原料状况。

（5）针布上负荷量等。

如果工艺合理，纤维被梳理充分，单纤维率就高，纤网的均匀度就好。

（二）盖板式梳理机

盖板式梳理机（图2-12）适宜于加工棉及棉型化纤、中长型化纤及其他短纤维。其针布配置原理与罗拉式梳理机相同，所不同的是纤维的梳理主要是在锡林、盖板工作区进行的。锡林、盖板、道夫的针布内能容纳一定量纤维，具有一定"吸""放"作用，从而使梳理机具有更好的均匀混合作用。因为同时喂入的纤维可能不同时输出，而不同时喂入的纤维则可能同时输出，从而使梳理机具有均匀混合作用。

影响盖板式梳理机分梳效果的主要因素是：给棉罗拉握持情况、给棉板的工艺规格、刺辊的针布规格、刺辊转速、锡林盖板及道夫的转速、针布配置及针面之间的隔距。

（三）新型梳理机

1. 双道夫梳理机（图2-13）

为保证梳理机能够输出均匀的单纤维形态纤网，通常锡林表面的纤维负荷是很轻的，通常每平方米不到1g。理论上来说，纤维负荷量越小，分梳效果越好。在锡林转速恒定情况下，要降低纤维负荷，就要限制纤维喂入量，因此也限制了梳理机的产量。锡林转速提高后单位时间内携带的纤维量增加，为了及时将锡林上的纤维剥取转移下来，可在锡林后配置两只道夫，转移出两层纤网。这样既达到了增产的目的，也避免了因剥取不清而形成棉结的可能性。

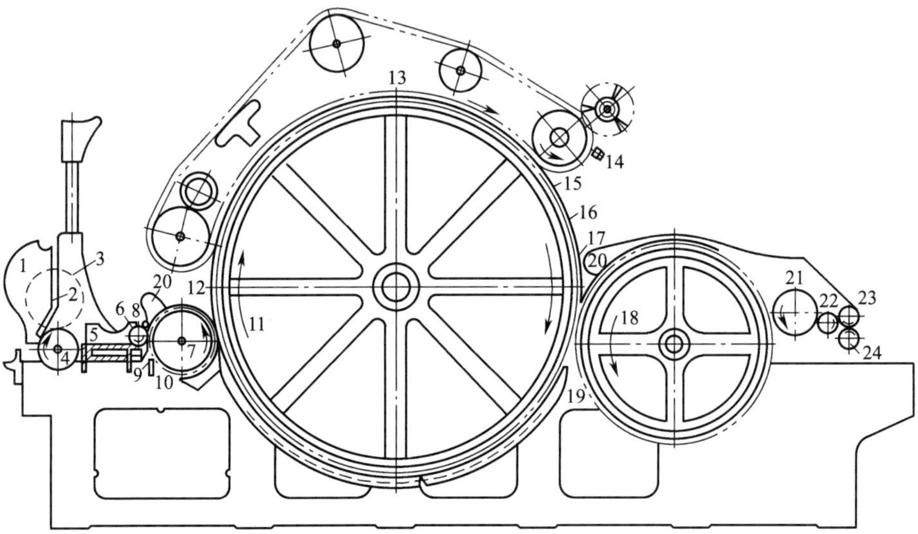

图 2-12　盖板式梳理机

1—棉卷架　2—棉卷杆　3—棉卷　4—棉卷罗拉　5—给棉板　6—给棉罗拉　7—刺辊

8—绒辊　9—除尘刀　10—小漏底　11—锡林　12—后罩板　13—盖板　14—上斩刀　15—前上罩板

16—抄针门　17—前下罩板　18—道夫　19—大漏底　20—吸尘罩

21—剥棉罗拉　22—转移罗拉　23—上轧辊　24—下轧辊

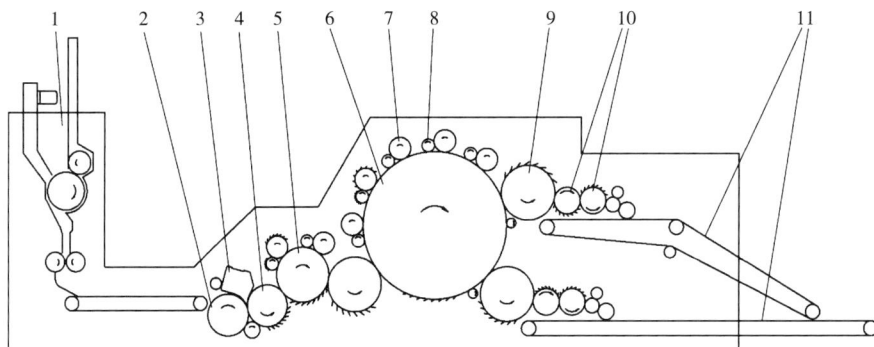

图 2-13　双道夫梳理机

1—气压棉箱　2—给棉罗拉　3—给棉板　4—刺辊　5—胸锡林　6—主锡林　7—工作辊　8—剥取辊

9—道夫　10—杂乱辊　11—出网帘

近年来，双道夫梳理机的机幅工作宽度已达到 2.5m，产量一般可达 300kg/h。由于采用了双道夫，提高了纤维转移率，满足了高产的要求，而且两层纤网叠合有利于提高成网均匀度。为了增加纤维的杂乱程度，双道夫梳理机一般均在道夫后安装一对凝聚罗拉。

2. 双锡林梳理机(图 2-14)

单锡林双道夫是通过提高锡林转速，在锡林表面单位面积纤维负荷量不增加情况下，增加单位时间内纤维加工量，即在保证纤维梳理质量前提下提高产量。双锡林配置则是在原单锡林基础上再增加一个锡林，即在锡林表面单位面积纤维负荷量不变情况下，通过增加梳理工作区的面积来提高产量。与单锡林梳理机相比,双锡林梳理机梳理质量更容易控制。该机具有结构紧凑、占地面积小、产量高、成网清晰等特点,适合加工强度相对较高的化学纤维。

(1)主要机构。有两个锡林,锡林直径762mm,前后配置四对工作辊和剥取辊,两对提升罗拉及剥取辊,加上道夫,共七个分梳工作区。锡林、道夫直径规格相同,具有通用性。

(2)工艺过程。纤维原料由喂给帘1输入,经给棉罗拉2压缩,由沟槽罗拉3、锯齿罗拉4握持,受刺辊5的梳理,清洁辊6托持纤维返回到刺辊。由于胸锡林7的速度比刺辊快,使刺辊上的纤维向胸锡林转移,下刺辊12协助梳理、转移纤维。锡林16上配置二对(或三对)工作辊8与剥取辊9。梳理时,工作辊带走的纤维由剥取辊剥取,送回锡林。提升罗拉10将沉于锡林针隙内的纤维提起,并由剥取辊11收集后输送到锡林表面。锡林表面的部分纤维由道夫17凝聚,经斩刀剥取,形成纤维网。胸锡林上的纤维,由中间道夫转移到锡林上,两个锡林的分流作用基本相同。在锡林、道夫下的三角区内,光面罗拉起托持纤维、稳定气流的作用。

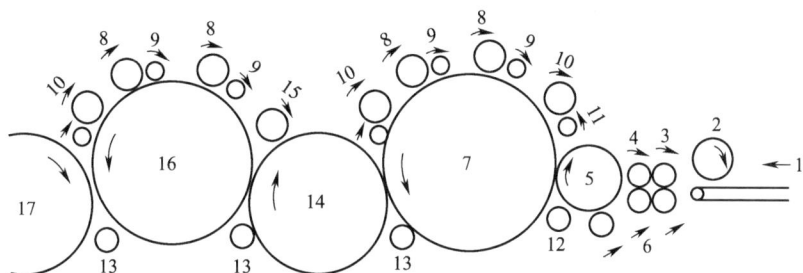

图2-14 双锡林紧凑型梳理机

1—喂给帘 2—给棉罗拉 3—沟槽罗拉 4—锯齿罗拉 5—刺辊 6—清洁辊 7—胸锡林
8—工作辊 9—剥取辊 10—提升罗拉 11—剥取辊 12—下刺辊 13—光面罗拉
14—中间转移罗拉 15—三角剥取辊 16—锡林 17—道夫

3. 高速高产梳理机

图2-15为青岛宏大纺织机械有限责任公司研发的一款新型高速高产梳理机,各主要辊子的直径和线速度见表2-1。该梳理机采用了双锡林配置,胸锡林配置了5组梳理单元,主锡林配置了6组梳理单元,工作幅宽达到3.8m,梳理面积大大增加。该机在胸锡林和主锡林之间采用下中道夫和转移辊转移纤网,解除了单辊转移对胸锡林的速度限制,提升了胸锡林区域的梳理能力。另外,在主锡林与输出双道夫之间增加了一个高速转移辊15,以便将主锡林上的纤维及时完整地转移到线速度较高的高速转移辊上。通过对主锡林、高速转移辊和双道夫的输出线速度、针齿配向和转向的合理配置,使纤维在主锡林与高速转移辊之间,以及高速转移辊与道夫之间反复"掉头",从而使凝聚在道夫表面的纤维网呈现很好的杂乱和立体效果。

为保证纤网顺利转移到透气网帘上,采用了负压抽吸装置,既可减少转移过程中的意外牵伸,也可排除纤网内的空气,适应梳理机高速高产的要求。产品纵横向强力比可达1:1,产量最高可达1500kg/h。

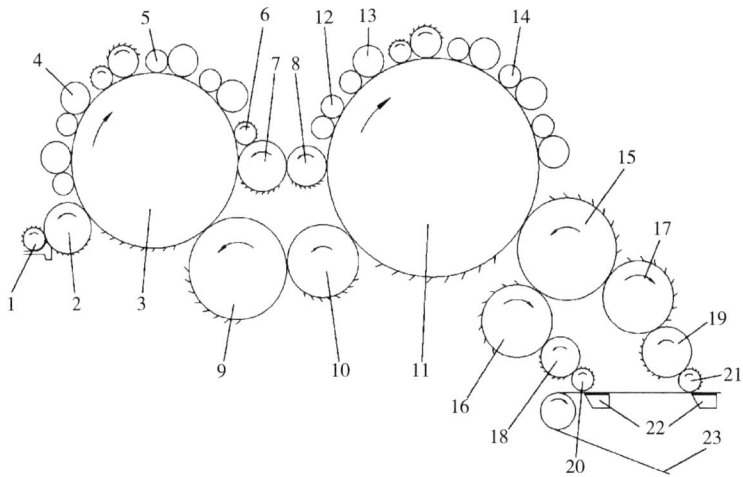

图 2-15　宏大高速高产梳理机

1—给棉罗拉　2—刺辊　3—胸锡林　4—胸锡林工作辊　5—胸锡林剥取辊　6—挡风辊　7—上中间道夫

8—上转移辊　9—下中间道夫　10—下转移辊　11—主锡林　12，13—主锡林工作辊

14—主锡林剥取辊　15—高速转移辊　16，17—道夫　18，19—剥取罗拉

20，21—压棉罗拉　22—负压抽吸装置　23—输出网帘

表 2-1　宏大高速高产梳理机辊子直径和线速度

辊子编号	直径/（mm）	线速度/（m/min）	辊子编号	直径/mm	线速度/（m/min）
1	156	16	12	156	110
2	350	340	13	220	110
3	1200	1300	14	156	240
4	220	70	15	700	1280
5	156	160	16	500	200
6	156	290	17	500	210
7	350	320	18	280	90
8	280	350	19	350	88
9	700	320	20	156	180
10	500	350	21	156	170
11	1500	900			

4. 新型梳理机的发展趋势

新型梳理机的型号很多，各有特点，综合近几年来梳理机的发展趋势，可以归纳为以下几个方面。

（1）新型梳理机的产量、输出速度有很大提高，适纺能力大大增强，可以梳理 1.1dtex

到几十 dtex 的纤维。表 2-2 列举了部分新型梳理机的性能。

（2）采用多个锡林、道夫，并增加杂乱组件，使纤维在纤网中呈多维分布，以提高各向均匀性。

（3）罗拉式梳理机，以双锡林、双道夫、两层棉网输出为主流。为适应高速、高产，锡林之间的纤网转移方式呈现多样化，如采用了转移辊转移、中间道夫转移以及二者兼有的设计。

（4）为加大梳理面积，主锡林的直径在 1500mm 左右的居多，胸锡林、道夫的直径（特别是中间道夫）则相对灵活。

（5）设置纤网监测系统，以检测纤网中破洞、云斑及纤网均匀度，并能通过自调匀整系统及时调节喂入罗拉转速，以减少纤网长片段不匀。目前，能够进行横向检测，并可进行横向调节的自调匀整系统已得到广泛应用。

（6）纤网的输入，主要是顺向和逆向两种结棉结构，纤维的输出，主要有平行网、凝聚网、平行网+凝聚网、杂乱+凝聚网等形式，可实现不同纤维输出的快速切换，在纤维高速输出上，出现了负压吸防飘网以及专利凝聚系统优化输出等新工艺。

表 2-2　部分非织造布梳理机性能

机型	纤维材料	纤维细度/dtex	纤维长度/mm	机幅/m	产量/（kg/h）
TWF-NC	化学纤维	0.7~100	14~150	≤4.2	<450
TWF-NCT	化学纤维	1.1~44	<60	≤4	≤300
HD232	化学纤维	0.8~20	≤76	3	650
HD238	化学纤维	0.8~20	≤76	3.8	800
EK150	化学纤维	1.5~18	65~90	2.5	300
W1202	化学纤维	1.5~18	76	2.5	300
AG-L-5	天然纤维 化学纤维	1.87~2.2	60	2.5	160
AG-L2C$_5$F-d$_1$-R$_1$	天然纤维 化学纤维	1.87~7.37	60	2.5	180

第三节　成　网

单纤维（短纤或长丝）按一定方式组成纤维网的过程叫成网。在非织造布工程中，将纤维网加固就得到了非织造布，所以纤网的质量对最终产品的质量和性能，如强度、均匀度、定量等有直接的影响，包括纤维在纤维网中的状态或排列的形式。在干法非织造布加工中，成网是指短纤维成网。

用斩刀或剥棉罗拉直接从道夫上剥下的纤维网存在以下几个问题：一是纤网均匀度较差；二是纤网纵向强度与横向强度差异较大［可达到（10~12）：1］；三是纤网的定量和幅宽不能满足产品的要求。因而往往不能直接对其进行加固，必须通过铺叠或专门的成网方式加以改善。

一、机械铺叠成网
（一）机械铺叠成网方式及特点（图 2-3）

表 2-3　各种铺网方式及特点

铺网方式	铺网机结构	机构图	特点
平行铺网	3~4 台梳理机串联，纤维网在输送带上叠合		成网宽度受梳理机幅宽的限制，占地面积大，产品纵/横强力比达 12:1，外观好，均匀度好
	几台梳理机并列，纤维网折转 90°在输送带上叠合		
交叉折叠铺网	垂直式铺网：由输送帘、摆动帘和输出帘组成		摆动帘惯性大，不适合高产
	水平式交叉铺叠：由输送帘、储网帘、铺网帘和输出帘组成		成网宽度不受限制，定量轻时网易飘动，不宜高速
双帘夹持铺网	双层环行帘始终夹持纤维网	参见图 2-16	不受气流影响，有斜向折痕

（二）双帘夹持式铺网机简介

图 2-16 所示为青岛宏大 HD312 双帘夹持铺网机，该机采用双层平面夹持带夹持纤维网，可防止在高速运转时由于气流干扰所导致的纤网飘移和意外伸长。夹持带采用抗静电碳帘，厚 0.6~0.9mm，以减少帘子对纤维的静电吸附。导网装置附有一套反转装置，以便快速换向。

双层铺帘速度可达 80m/min，纤网不匀率在 2%。新型铺网机增加了自动控制系统，使铺网层数、铺网宽度、铺网速度控制自如。

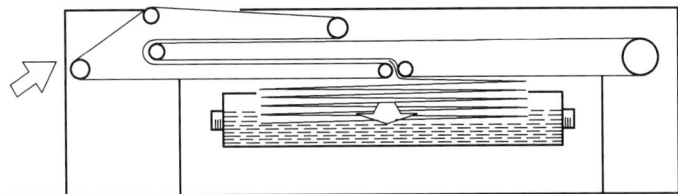

图 2-16　青岛宏大 HD312 双帘夹持铺网机

二、机械杂乱成网

在非织造布生产中，为了改善成品的纵横向强力等性能的差异，先后开发了各种杂乱成网技术，如夹叉折叠铺网、纤网杂乱牵伸机、气流成网及杂乱辊成网等，通过杂乱可改善纤网的纵、横向强力和纵/横向强力比，见表 2-4。但是，这些方法各自仅适用于一定的场合，如气流杂乱成网，适合定量 40~80g/m^2，增加定量后会使成网不匀率增加；交叉铺网适合定量大于 100g/m^2；而其他范围的定量则可采用带机械杂乱装置的梳理机生产。机械杂乱机构有多种形式，其基本形式是在梳理机道夫后安装杂乱辊，经杂乱辊作用后均匀度得到较大改善。

表 2-4　不同纤网的特性

纤网性能	无杂乱	有杂乱
纵向强力/（×9.8mN/5cm）	1025	1075
横向强力/（×9.8mN/5cm）	250	650
纵强：横强	4.1：1	1.6：1

（一）杂乱辊式杂乱成网

图 2-17（a）所示杂乱辊的杂乱机理是靠改变速比，即道夫 3 的速度（100m/min）比杂乱辊 2 的速度快 2~3 倍，杂乱辊 2 的速度又比杂乱辊 2′的速度快 1.5 倍。由于一个比一个慢，纤维就产生凝聚，过量纤维的凝聚使纤维方向性改变，实现杂乱。也有的采用杂乱辊横动装置。图 2-17（a）中 1 为锡林，4 为剥离辊。

图 2-17（b）是在锡林 1 与道夫 3 间加一个杂乱辊 2，使锡林上的纤维杂乱，然后再转移给道夫输出。由于锡林、道夫和挡风轮 4 形成气流三角区，且锡林和挡风轮的转速和方向不一致，使纤维形成杂乱凝聚，从而实现杂乱成网。

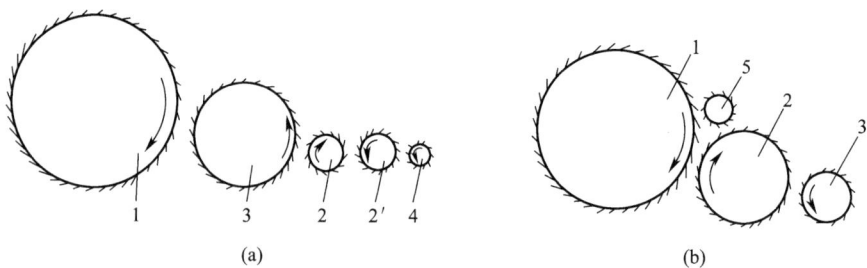

图 2-17　杂乱辊杂乱成网

（二）牵伸式杂乱成网

利用多对罗拉的小倍牵伸使纤网中的横向排列的部分纤维朝纵向移动，从而改变纤维在纤网中的排列，使纤网纵、横向强力比变小，也是杂乱的一种形式。

经杂乱作用后，纤网中的纤维呈三维空间分布，横向强力增大，由于纤维与纤维接触点增多，纵向强力也相应提高。

三、气流杂乱成网

气流杂乱成网通常简称为气流成网，它是利用气流将道夫上的单纤维吹（或吸）到成网帘（或尘笼）上形成纤网，其中的纤维呈杂乱排列，纵、横向强力差异小，纤网的定量较大，一般在 $20\sim1000g/m^2$。

（一）气流成网方式

不同型号的气流成网机在结构和具体的成网方式上往往有很大差别，不在此一一介绍。现将几种气流成网方式加以归纳，见表 2-5。

表 2-5　气流成网的方式

方式	简图	特征
封闭循环式		采用一台风机，气流循环闭路进行纤维剥离，输送成网
抽吸式		采用抽吸气流，将纤维分离，输送成网
自由飘落式		由自身重量而飘落成网

续表

方式	简图	特征
压吸结合式	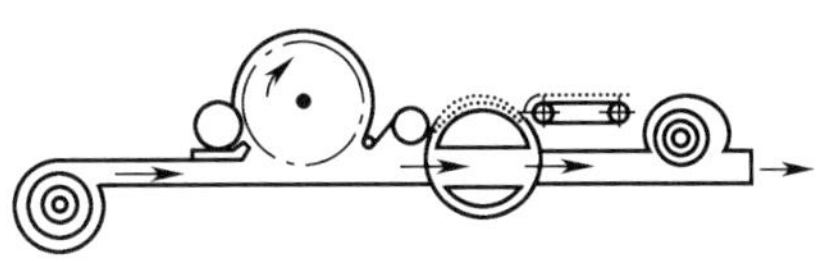	吹、吸两台风机，按需调节风量
压入式	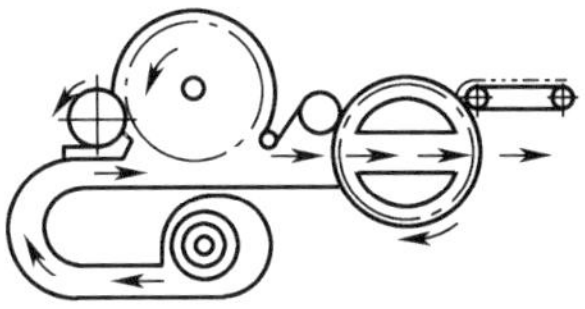	吹入气流使纤维从锡林上分离，输送成网

（二）提高气流成网均匀度的途径

气流成网的均匀度受各种因素影响，主要有喂入纤维层的内在质量、纤维在气流场中的运动状态、纤维的力学性能和形态结构等。提高气流成网的均匀度，可以从以下几个方面考虑：

（1）提高喂入纤维层的单纤维分离程度和纤维层的均匀程度。

（2）在锡林高速回转时，剥离纤维的气流速度应接近锡林表面速度或略低于锡林表面速度，并沿锡林的切线方向。

（3）合理选配纤维长度和细度，以保证在流体中运动的各根纤维间互不缠结；并且混配纤维的比重及细度相差不能太大，以免纤网产生分层现象。理论上，空气流量可按下式选择：

$$Q = K \cdot P \cdot \frac{L^2}{D}$$

式中：L——纤维长度，mm；

D——纤维细度，旦；

P——产量，kg/h；

Q——分离纤维所需空气流量，m^3/h；

K——换算系数。

（4）要合理设计输送管道的角度，尤其在接近尘笼时为了防止纤维成网不匀，要求尘笼输送风道中心线与水平线呈30°~60°，使纤网在尘笼的1/3~1/4表面上形成。输送管长一般为250~1200mm。

（5）尘笼（网帘）表面网眼数以及它们的运动速度等均与成网的均匀度有关，应通过试验合理选择。

第四节 浆粕气流成网技术

浆粕气流成网技术是以木浆纤维为主要原料，经气流成网及相应的固结方式生产非织造布的新方法。这种方法由于使用的纤维接近造纸所用的纤维，在欧洲和日本被称为 air-laid paper，在美国则被称为 dry-formed paper，即常说的无尘纸，又可称为无水造纸或干法造纸。而国际上浆粕与造纸协会（TAPPI）和非织造布协会（INDA 或 EDANA）都称之为 air laid pulp nonwoven，即浆粕气流成网非织造布。

这种短纤成网不同于开松、梳理后的气流成网，因为木浆纤维极短，可短至几毫米。而经梳理机梳理后的气流成网，通常采用的是 25mm 以上的纤维，多数是 38mm 以上的化纤。由于木浆纤维的吸水性能好，且原料成本低，其产品广泛应用于婴儿纸尿裤、妇女卫生巾、高档桌布和揩拭布等方面。此外，为了调控产品的触感、柔软性、蓬松性和吸湿性等，还可添加乳胶粉、热熔纤维或其他可以一并成网的功能材料和固网材料，以开发具有不同厚度、不同柔软度、不同吸湿性和不同体验感的产品。

一、纤维原料

1. 浆粕

浆粕气流成网技术所用的主要原料是短纤浆，它是用木材一类的纤维制成的浆粕纤维，尤以松木为上乘，世界上很多国家都大量种植。除此之外，茶叶、竹纤维、豆腐渣、废纸、皮革纤维、烟叶纤维等也可作为其原料。

2. 复合纤维

在浆粕气流成网工艺中，用来黏结浆粕纤维的通常为低熔点复合纤维，多数为 PP/PE 复合纤维，PE 在外层（即皮层），PP 在内层（即芯层），也可用 PE/PET 或 PET/COPET 复合纤维。此外，还可采用偏心型或并列型复合纤维。偏心型复合纤维由于其具有螺旋结构，多用于高蓬松产品中；而具有微偏结构的偏心型复合纤维既可以保持同心型纤维良好的热黏合性，又能保持偏心型纤维的高蓬松性，在工业化生产中产品品种的控制更简便，在浆粕气流成网非织造布领域应用前景较广。

低熔点纤维仅作为一种黏结纤维，切至 3~5mm，经开松后喂入成网系统，再与木浆纤维及主体纤维混合。

3. 高吸水材料

包括高吸水树脂（super absorbent polymer，SAP）和高吸水纤维（SAF），一般高吸水树脂呈粉末或颗粒状，它们的吸水能力通常可达自重的 10~100 倍。当然也要看吸收液体的种类及吸收时间。通过浆粕气流成网可将这些高吸水材料巧妙地应用于卫生巾、尿布、成人失禁垫、运动裤中的芯吸材料，可有效减少木浆纤维的用量，使产品更轻薄灵巧，包装运输费降低。一般 SAP 在成型头中与短纤浆混合。

4. 乳胶

浆粕气流成网工艺中使用的乳胶（即黏合剂），主要是聚丁二烯、聚丙烯腈及其他聚合物，多数情况是以液态喷洒或泡沫形式加入。黏合剂的用量、种类对最终产品的性能影响很大，如悬垂性、强力、弹性、吸湿性、外观、柔软性、手感、防菌性、防腐蚀性等。

二、浆粕气流成网工艺与设备

浆粕气流成网非织造布的主要原料为绒毛浆粕,如棉绒浆粕。根据工艺和产品的不同,有的需要混有一部分低熔点复合纤维,混用量一般在15%~22%,用于黏合其他纤维;对于高吸湿用品,还需要混有一部分高吸水树脂或高吸水纤维。

气流成网非织造布的加工需要经过三步。第一步是将浆粕和纤维开松,第二步是通过成型头气流成网,第三步是黏结加固纤网。即浆粕开松机将浆粕开松成单纤维,对于需要混入低熔点黏合纤维的,经预开松、计量后喂入成型头;对于需要加入高吸水材料的,也需经过专门的喂入系统吸入成型头,进行混合。各个组分的多少,可以根据产品的需要增减或不用。这些物料输入成型头后通过成型头的打散机构使纤维混合物呈悬浮状态,由于在成型头内有正压,而在输网帘下有负压,在上下正负气压的联合作用下,纤维流通过筛网均匀地沉降于输网帘上,形成纤网。再经热压固结(热黏合固结、胶乳固结或多效固结等)和后处理(如轧花切边、压光、冷却定形、消除静电、给湿等)即制成浆粕气流非织造布。

目前,国内外浆粕气流成网多源于丹麦生产的 Dan-web Forming 和 M & J Fibertech 两种生产工艺和设备。图 2-18 所示为 Dan-web Forming 工艺过程。

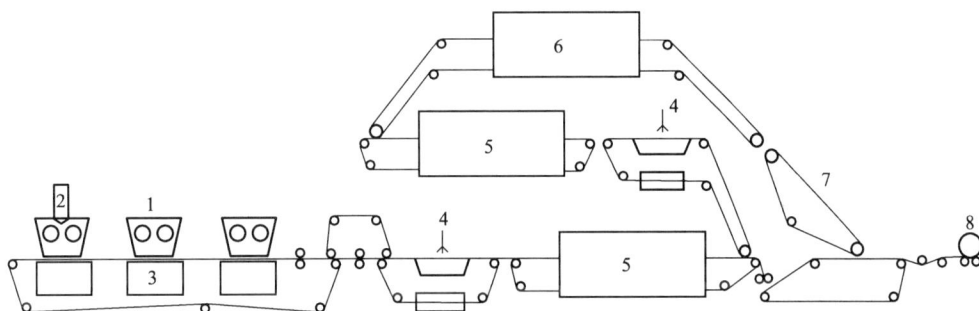

图 2-18 Dan-web Forming 全套生产线流程图

1—成型头(3个) 2—SAP 添加 3—真空箱 4—喷胶 5—烘燥 6—转移烤花 7—冷却 8—卷绕

这类设备能实现浆粕纤维与常规纤维混合成网,以及浆粕纤维与热熔纤维成网,并能实现黏合粉黏合、热熔纤维黏合、热轧黏合及喷洒胶粉剂的黏合,另外还可以施加 SAP 高吸湿剂。

M & J Fibertech 型浆粕气流成网设备由我国天津 BBA 有限公司引进,其全套生产线流程图如图 2-19 所示。

浆粕气流非织造布用原料一般以浆粕板形式存在,有厚的,也有薄的(1~2mm),必须首先开松、磨碎成极短的纤维,然后送入成型头进行成网。成网系统主要靠一个成型头,利用气流成网。Dan-web 是利用筛鼓进行成网,如图 2-20 所示。M & J 的成型头与 Dan-web 的不同,如图 2-21 所示。

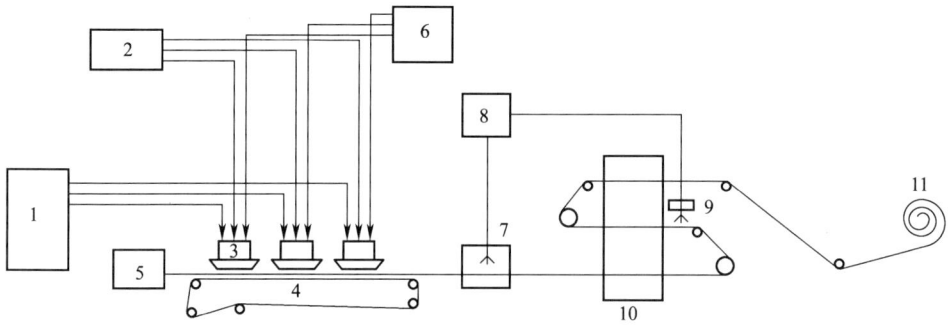

图 2-19   M & J Fibertech 型全套生产线流程图

1—浆粕锤磨机   2—纤维开松   3—成型头   4—传送带   5—退绕机   6—SAP 添加   7，9—喷胶

8—乳胶配制   10—烘烤   11—卷绕

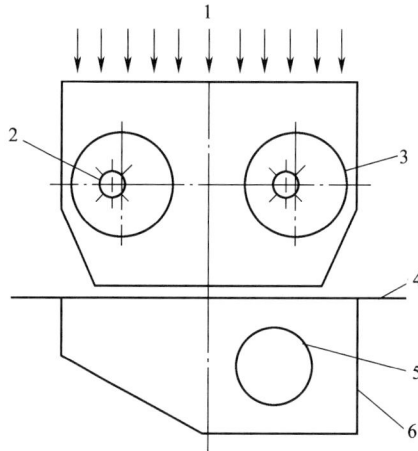

图 2-20   Dan-web 的成型头

1—进风口   2—钉辊   3—圆筒筛   4—网带   5—抽风口   6—真空箱

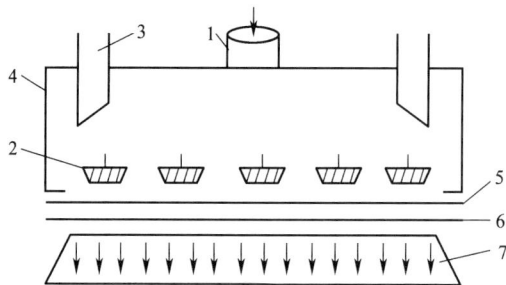

图 2-21   M & J 的成型头

1—气流喂入口   2—成型头搅拌器   3—回流口   4—外壳   5—圆孔筛   6—成型网   7—真空箱

三、浆粕气流成网非织造布的应用

浆粕气流成网非织造布因具有吸收能力强，如胶粘型产品能吸收自身重量的 8~10 倍的水，透气性好，湿强度高，柔软，无静电（胶粘型产品），无掉毛掉粉，可压花、染色或印刷，可层压或复合，可添加多种纤维或粉末物质，而实现纸的功能，已在日常生活、医疗、服饰和汽车等方面得到广泛应用。

（1）日常生活领域。干湿纸巾、餐巾、清洁用布、厕所用纸、桌布、卸妆用纸、婴儿尿布、成人失禁垫、超薄型卫生巾以及卫生棉、纸尿裤等。

（2）医疗卫生领域。手术服、面罩、一次性手术床单、敷裹与包扎材料、吸湿纱巾、医护棉等。

（3）服饰与装饰领域。衬料、鞋衬、合成革基布、服装的絮料和填料、墙布、装潢布、台布、地毯衬布等。

（4）汽车工业领域及其他方面。绝缘材料、涂层基布、车内壁面料（代替毛毯做绝热防潮用）、工业擦拭布、吸油吸墨和吸音材料、过滤材料（气体、液体）、香烟过滤嘴、包装材料（水果或易损物）、电缆绝缘材料、禾苗生长基垫等。图 2-22 是浆粕气流成网产品应用比例。

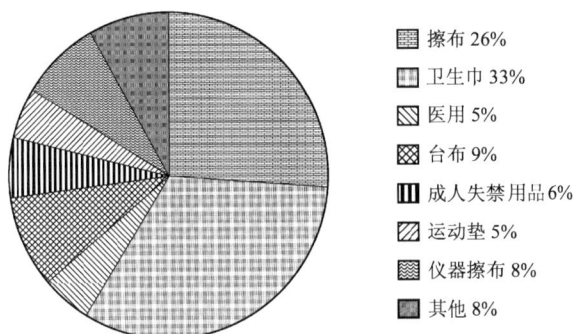

图 2-22　浆粕气流成网产品应用比例

擦布 26%
卫生巾 33%
医用 5%
台布 9%
成人失禁用品 6%
运动垫 5%
仪器擦布 8%
其他 8%

👉 **思考题**

1. 纤维原料混配的目的是什么？试说明常用的几种开松、混合设备的性能。

2. 两针面的不同配置可对纤维产生哪些作用？

3. 试比较罗拉式梳理机与盖板式梳理机的结构特点和性能。

4. 试述新型梳理机的发展趋势。

5. 机械铺叠成网、杂乱成网和气流成网各有何特点？

6. 试比较几种气流成网机的性能特点，谈一谈如何提高气流成网的均匀度。

7. 试述浆粕气流成网技术非织造布的结构特征、用途和发展趋势。

8. 试述浆粕气流成网技术的工艺流程。

9. 试述浆粕气流成网非织造布产品的特点和应用。

第三章 化学黏合法加固

> **本章知识点**
>
> 1. 化学黏合法黏合原理。
> 2. 对黏合强度有决定性影响的因素。
> 3. 黏合剂的分类及工作液的配方。
> 4. 非织造布常用黏合剂的性能及要求。
> 5. 化学黏合法的工艺与设备。

化学黏合法加固是非织造布生产中应用历史最长、使用范围最广的一种纤网加固方法之一。它是将黏合剂通过浸渍、喷洒及印花等方法均匀地施加到纤网中，再经热处理使水分蒸发、黏合剂固化，将纤网内呈分散状态的纤维相互黏合，从而制得非织造布的一种方法。

第一节 黏合原理

两物体间由于一种非金属薄膜（层）的作用而牢固地结合在一起的现象称为黏合，而介于两物体间，起传递应力作用和满足一定物理、化学性能要求的非金属物质称为黏合剂（或黏接剂、胶黏剂、黏着剂）。

人类使用黏合剂的历史已有几千年了。早在四五千年前人们就用泥土黏接石块构筑洞穴。随着科学技术的发展，20 世纪初人们对高聚物黏合剂逐步有所认识，首先发明了酚醛树脂，并生产出胶合板。1957 年，英国发现了可以瞬间固化的氰基丙烯酸酯黏合剂。随后又出现了厌氧胶、热熔胶，以及 20 世纪 70 年代的第二代丙烯酸酯胶，使黏合剂的发展达到了高潮。目前，黏合技术已广泛地应用于纺织、制鞋、图书装订、飞机、汽车制造等领域。

但是，对于"黏合剂是如何产生黏合力的？"这个基本命题，多少年来一直没有得到很好的解决。近 70 年来，各国学者对黏合理论进行了多方面的探索，提出了许多理论，如吸附理论、扩散理论、机械嵌合理论、静电理论等。由于这些理论往往假定在黏合过程中只有单一因素起作用，所以只能用于某一特定黏合场景下的黏合现象，并且理论与实践之间总是存在许多尚未弥合的鸿沟。事实上，黏合过程是一个复杂的物理化学过程，涉及很多学科的理论知识，现在有一种流行的做法，就是"把界面看成具有一定厚度的区域，分子的链段可在其间相互扩散，并且（或者）存在着界面的化学键合作用。认为扩散、界面结构的形状、化学组成及分子间作用力的大小等诸因素的总和，决定了界面区的机械强度"。这就把各种理论认为的对黏合强度起决定作用的影响因素，如润湿能力、扩散能力、化学键合以及机械嵌合等，用一个统一的观点归纳到了一起，给理论与实践的统一带来了希望。

一、润湿（浸润）

黏合剂与非织造布达到良好黏合的前提是黏合剂和非织造布材料能够处于润湿状态，只有这样，黏合剂才能在非织造布表面和内部充分铺展，达到良好接触，从而使黏合剂分子与被黏合的非织造布材料的基体分子有充分靠近的机会，则两者间的分子间作用力也就相应增大，黏结强度增加，黏合效果增强。

所谓润湿，就是黏合剂在被黏合物质表面，由于分子间力的作用而均匀分布的现象。如图3-1所示，液体对固体表面润湿程度可用接触角 θ 表示。它是在液滴、固体、气体接触的三相界面点，作液滴曲面的切线与固体表面的夹角。可见，液体在固体表面上的接触角越小，润湿程度越好。而润湿角的大小取决于它们的表面张力的大小。当一滴液滴在固体表面上达到平衡时，应满足下列方程：

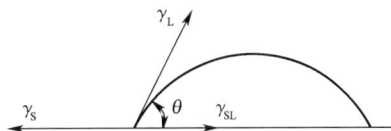

图3-1 液滴的润湿模型

$$\gamma_S = \gamma_{SL} + \gamma_L \times \cos\theta \tag{3-1}$$

式中：γ_S——固、气表面张力；

γ_L——液、气表面张力；

γ_{SL}——固、液表面张力。

如果上式成立，则液体处于静止状态，此时的接触角称为润湿角。此时，要想增加润湿程度，要么增加 γ_S，要么减少 γ_{SL} 或 γ_L。随着润湿程度的增加，θ 角相应减小。当 $\theta=0$ 时，即呈完全润湿时，则 $\gamma_S=\gamma_{SL}+\gamma_L$，可推论为 $\gamma_S>\gamma_L$。也就是说，只有液体的表面张力 γ_L 小于固体的表面张力 γ_S 时，才有可能润湿；而表面张力大的物质不能润湿表面张力小的物质。

表3-1列举了部分材料在20℃时的表面张力。

根据这一原理，为增加黏合剂的润湿能力，可在其中加入适量的表面活性剂，以降低其表面张力，促使黏合剂与纤网材料彼此接触，为黏合创造条件。

表3-1 部分材料的表面张力

物质名称	表面张力/（×10⁻⁵N/cm）	物质名称	表面张力/（×10⁻⁵N/cm）
聚醋酸乙烯乳液	38	聚乙烯醇	37
聚氯乙烯	39	聚甲基丙烯酸甲酯	39
聚偏二氯乙烯	40	涤纶	43
聚乙烯	31	锦纶	46
聚苯乙烯	33	纤维素	45

二、常见的几种黏合理论

人们在长期的应用和开发黏合剂的过程中，逐步形成了一些解释黏合现象的理论，如吸附理论、静电理论、扩散理论、机械互锁理论和化学键合理论等。

1. 吸附理论

德布鲁恩（DeBruyne）以及麦克拉伦（Mclaren）等在20世纪40年代首先提出了吸附理论，他们认为黏合体系中所存在的分子间力是黏合力的主要来源。黏合剂分子与被黏合材料分子的相互作用过程为：黏合剂分子以布朗运动的形式向被黏合材料表面扩散，即黏合剂与被黏合材料的极性分子相互靠近。若同时给体系升温、加压可促进布朗运动的加强。当两种分子间距离达到0.5~1nm时，两种分子便产生相互吸引作用，这种作用使分子间距离进一步缩短直至达到最稳定的平衡状态的距离。在一定范围内分子间距离越小，理论吸附力越大。当分子间距离为1nm时，理论吸附力可达10~100MPa；当距离为0.3~0.4nm时，理论吸附力可高达100~1000MPa。然而实际应用中黏合剂却达不到此种强度。因此，如何使黏合剂与被黏合材料充分接触，使分子间距离足够小才是产生良好黏接强度的关键。

吸附理论将黏合现象与分子间力的作用联系了起来，但早期的吸附理论过于强调黏合力与黏合剂极性之间的关系，却无法解释非极性黏合剂也会达到很好的黏接强度的原因。例如，有研究者指出，在充分润湿的情况下，黏合剂与被黏合材料之间的色散力作用就足以达到较佳的黏合效果，由此认为黏合体系分子之间的接触程度是决定黏合力大小的最主要因素。实际上，孤立地将黏合效果局限于黏合剂的极性是片面的，因为分子间作用力（即吸附力）是提供黏合力普遍存在的因素，但不是唯一因素，因为在某些特殊情况下，其他因素也会起主导作用，并且如果黏合剂的极性太高，反而会影响润湿，降低黏合效果。

2. 静电吸附理论

如果黏合剂和被黏合材料是电子受体和电子供体的一种体系时，则电子会从电子供体（如被黏合材料，多为金属材料）方转移到电子受体（黏合剂）方，而在界面区两侧形成双电层，从而产生静电引力。当黏合剂涂布到被黏合材料时，由于电子亲和力的不同，在黏合界面就会产生类似电容器的双电子层，导致电位差产生，而具有一定的静电引力。这种双电子层产生静电引力的情况可借助仪器来证实。当从被黏合材料表面剥离黏合剂时，就像分开电容器的两个极板一样，产生电位差，其数值随着黏合剂与被黏合材料间距离的增大而升高，达到一定程度时开始放电，有时伴随发光现象。电子的发射强度随剥离强度的加快而增大，还与被黏合材料的表面性质有关。被黏合材料不同时，剥离强度和电子发射强度不同，观察到的放电发光现象也不同。静电现象仅仅发生在能够形成双电层的黏合体系中，即具备电子供体和电子受体，因此，静电理论不具有普遍性，不是提供黏合力的主导因素。

3. 扩散理论

在黏合剂与被黏合材料的溶度参数相近、极性相近的条件下，当它们相互紧密接触时，由于黏合剂分子中的链节、支链、链段等的运动以及整个分子的热布朗运动，而产生黏合剂分子向被黏合材料的扩散现象。这种扩散作用是在黏合剂与被黏合材料之间的界面处交织进行的。扩散的结果导致界面的消失和过渡区的产生，从而使黏合剂与被黏合材料成为一个完整的整体，形成良好的黏合。

黏合剂与被黏合材料溶度参数越相近，越有利于扩散过程的发生，其黏合体系的黏合强度也越大。扩散速度的大小与扩散系数的大小有关，单位时间内黏合剂向被黏合材料所扩散的物质的量与体系的扩散系数呈正比，而扩散系数的大小又与相对分子质量的大小有关。在黏合体系中，适当降低黏合剂的相对分子质量，相应地降低了黏合剂的黏度，扩散系数增大，因而能够改善黏合性能。但黏合剂相对分子质量的下降，使得黏合剂分子间的作用力下降，对黏接强度也会造成一定的影响。因此，黏合剂的相对分子质量不能降低太多，实际应用中要综合考虑扩散速度与相对分子质量的关系。

黏合剂的扩散作用除了与黏合剂相对分子质量有关外，还与分子的结构形态有关。由于黏合剂分子的自身结构不同，导致分子链排列的紧密度不同，即规整度不同。如果分子链的规整度高，则大分子排列紧密、规整，分子间力很大，分子运动受阻；如果被黏合材料的分子排列比较规整，则该材料容易结晶且结晶度高，结晶后的结构致密，晶体内部的缺陷较少，即非晶区的比例较少。由于黏合剂分子只能向其非结晶区扩散，而不能向其结晶区扩散，这样就限制了黏合剂分子向其内部的整体扩散运动，最终导致黏合剂分子在黏合剂与被黏合材料界面区分布不匀，从而影响黏合效果。

另外，黏合剂的扩散作用还受到黏合剂与被黏合材料之间的接触时间、黏合温度、施加压力的大小、被黏合材料的表面处理等工艺条件的影响。一般接触时间越长、黏合温度越高、施加的压力越大、被黏合材料的糙化程度越大，则黏合剂的扩散作用也越强，黏合效果越好。

4. 机械互锁理论

机械互锁理论认为，黏合作用是由黏合剂与被黏合材料表面发生的机械啮合镶嵌等互锁作用产生的，如图3-2所示。非织造布材料具有大量的三维立体孔隙结构，即使是很致密厚实的非织造布材料，其材料内部的孔隙也是大量存在的。当黏合剂施加到非织造布材料上后，会很容易渗透扩散到材料的孔隙中去，固化后便与非织造布材料互相啮合、镶嵌互锁，从而产生很好的黏合效果。

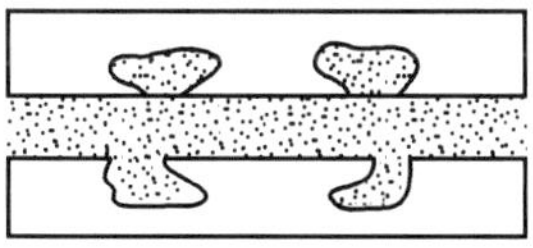

(a) 锚钩作用 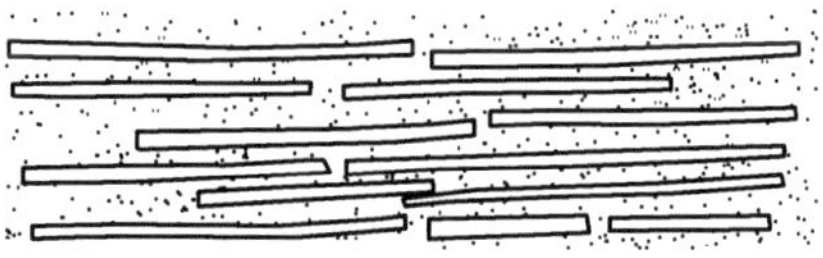   (b) 包覆作用

图3-2　黏合剂的机械结合作用示意图

机械互锁理论对于多孔材料如纸张、织物、皮革等的黏合是适用的。多孔性非织造布材料的黏合，除了机械互锁作用外，也可能存在吸附作用、静电作用以及扩散作用。但机械互锁理论对非多孔性材料的黏合不适用。

5. 化学键合理论

化学键的作用力要比上述理论中的作用力大得多，因此，黏合剂与被黏材料如能够形成化学键，则黏接强度会大大提高。实践证明，某些黏合剂确实与特定的被黏合材料之间存在化学键。有时为了使黏合体系产生化学键可在黏合剂中加入偶联剂。但是化学键的形成要满足一定的条件，因此在那些可能会形成化学键的黏合体系中，化学键产生的机会还是很少的，它们的存在除了对黏接强度有影响外，还会对黏合体系的耐候性、耐化学性等性能产生影响。

对于多孔的非织造布来说，上述五种作用在纤网中均可能存在，要根据具体的黏合体系具体分析和判断。如黏合剂的种类差异，或使用黏合剂的环境差异等，都会影响黏合剂所起的作用及黏合效果；即便是同一种黏合剂，因所用的其他配合成分的不同或用量不同，黏合剂在其中所起的作用也可能不同。

由于化学黏合法加固的主体是纤维网，其黏结强度既取决于黏合剂与被黏合纤维大分子之间的黏结强度，也与黏合剂自身的强度有关。因为在黏合剂与纤维网相互接触的界面上有两种黏合作用：一是特殊黏合，即由于在纤维与黏合剂接触界面之间形成的氢键，或化学键，或界面引力而产生的黏合；二是机械黏合，即由于黏合剂渗入被黏纤网的孔隙中而形成的机械互锁作用。此时，黏合剂自身的强度越高，其机械黏合强度也越高。

第二节　黏合剂

黏合剂的种类繁多，从不同的角度可以有不同的分类和命名方式。

一、黏合剂的分类

（一）按主要成分分类（表3-2）

黏合剂的主要成分是相对辅助材料而言的。对一种特定的黏合剂，除了主要成分以外，往往还需要加入一种或几种辅助材料，以适应产品黏合的需要或满足产品某些特定性能的要求。

表3-2　按黏合剂主要成分分类

```
                      ┌ 热固性——酚醛树脂、环氧树脂、脲醛树脂、不饱和聚酯等
              ┌ 树脂型 ┤ 热塑性——聚醋酸乙烯酯、聚氯乙烯—醋酸乙烯酯、聚丙烯酸酯、聚苯乙烯、
              │       └         聚酰胺、聚氨酯等
       ┌ 合成类┤
       │      └ 橡胶型——丁腈橡胶、丁苯胶乳、氯丁胶乳等
       │
黏合剂 ┤      ┌ 葡萄糖衍生物——淀粉、糊精、阿拉伯树胶等
       │      │
       └ 天然类┤ 氨基酸衍生物——植物蛋白、骨胶、鱼胶等
              │
              └ 天然树脂——木质素、松香、虫胶、甲壳质等
```

（二）按外观状态分类（表3-3）

表3-3　按黏合剂外观状态分类

状态	特点	常用黏合剂品种
溶液	主要成分是树脂或橡胶，在适当的有机溶剂或水中溶解成为黏稠的溶液。如果干燥快，初期黏合力就大。如果是化学反应型的，是不含溶剂的，但在加入固化剂前，也是液态的	热塑性树脂：醋酸乙烯、丙烯酸酯、纤维素、氨基丙烯酸酯、饱和聚酯橡胶（丁苯橡胶、氯丁橡胶、腈基橡胶）
乳液或乳胶	是水分散型的，树脂在水中分散称为乳液，橡胶的分散物称为乳胶或胶乳	热塑性树脂：醋酸乙烯、丙烯酸酯、环氧树脂橡胶（丁苯橡胶、氯丁橡胶、天然橡胶）
泡沫	将空气引入黏合剂而成。主要用于制造低、中表面密度黏合法非织造布，耗能低，黏合后，纤网呈多孔性结构	溶液、乳液，或乳胶型黏合剂中加入发泡剂而成，最好的发泡剂就是表面活性剂
固体	主要是以热塑性高聚物为主要成分的热熔型黏合剂，是不含水或溶剂的粒状、圆柱状、块状、纤维状或网膜状的固体材料，是随涂层设备而发展起来的一种黏合剂。它通过加热熔融黏合，随后冷却固化发挥黏力	醋酸乙烯、聚苯乙烯、丙烯酸酯、聚乙烯、聚丙烯、共聚酰胺、共聚酯

二、非织造布常用黏合剂的性能

非织造布常用的黏合剂主要有两大类：一是水分散型黏合剂，即乳液或乳胶；二是热熔型黏合剂。黏合法非织造布生产中用得最多的是水分散型黏合剂，因该类黏合剂以水为介质，较之溶剂型黏合剂有很多优点，如具有不燃性、无毒性、成本低、制造设备简单，清除容器及储存时，无火灾危险等。因此，国内外正大力开发这类黏合剂。热熔型黏合剂也有较多应用，主要用于热熔黏合衬和卫生材料加工。关于热熔型黏合剂（粉末状）将在第十一章第一节中介绍。

（一）聚丙烯酸酯类

聚丙烯酸酯类包括丙烯酸及其酯类和在分子上含有丙烯酸酯类的大量化合物，其结构式为：

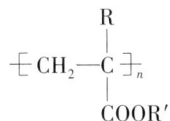

$$\left[CH_2 - \overset{\overset{\displaystyle R}{|}}{\underset{\underset{\displaystyle COOR'}{|}}{C}} \right]_n$$

式中：R 为 H 或 CH_3，R′ 为 H 或 CH_3、C_2H_5、C_2H_7 等。

丙烯酸酯类单体的品种很多，而且其性质各有不同（表3-4），但单体之间的相容性很好。因此，丙烯酸酯作黏合剂时，一般都采用多种单体共聚，通过改变参与共聚的单体品种及用量来控制黏合剂的性能。

聚丙烯酸酯类黏合剂具有良好的柔软性、弹性、高透明性和抗皱性，而且耐水、耐溶剂。在非织造布生产中应用最为广泛，用量最大。它可用于衬布、喷胶棉、卫生材料及屋顶防水膜等。

表 3-4　聚丙烯酸酯类黏合剂的特性

聚合物	伸长率/%	抗张力/g	玻璃化温度/℃
丙烯酸甲酯	75	1005	+6
丙烯酸乙酯	1800	33	−24
丙烯酸丁酯	2000	3	−54
甲基丙烯酸甲酯	4	9000	−107
乙基丙烯酸甲酯	7	5000	28
丁基丙烯酸甲酯	230	1000	−55

（二）聚醋酸乙烯酯类

聚醋酸乙烯酯的化学结构为：

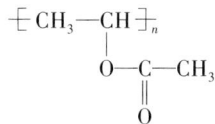

$$\left[CH_3-CH \right]_n$$
$$O-C-CH_3$$
$$O$$

醋酸乙烯酯的均聚物有较高的玻璃化温度（30℃）。因此，由它黏合制成的非织造布手感较硬且伸长较小。将醋酸乙烯酯与其他单体共聚，如马来酸二丁酯、丙烯酸乙酯等，可改变其玻璃化温度，从而改善其手感等性能。

醋酸乙烯酯的成本较低，在非织造布生产中的用量也很大，仅次于丙烯酸酯类。主要用于黏合衬底布、用即弃产品、揩布和过滤材料等。

（三）丁二烯共聚物乳胶

1. 丁二烯—苯乙烯共聚物乳胶(简称丁苯乳胶)

丁苯乳胶的结构为：

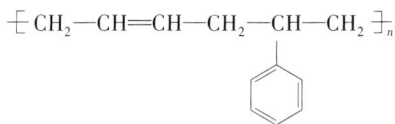

$$\left[CH_2-CH=CH-CH_2-CH-CH_2 \right]_n$$

随着丁二烯和苯乙烯的配比不同，可以得到一系列从软到硬的丁苯乳胶。一般苯乙烯的含量为23.5%，若再高，则手感硬而缺乏弹性，因为侧链上的苯环会妨碍链段的内旋转。

丁苯乳胶的特点是价格低廉，储存稳定；缺点是黏合性能较差，所以很少单独使用。但是与含官能团单体共聚，性能会得到改善。在非织造布生产中多用于厚型非织造布的黏合加固或涂层，产品适于做汽车内饰材料、衬里等。

2. 丁二烯—丙烯腈共聚物乳胶(简称丁腈乳胶)

丁腈乳胶的结构为：

$$\substack{\left\{CH_2-CH=CH-CH_2\right\}_m\quad\left\{CH_2-CH_3\right\}_n\\ \qquad\qquad\qquad\qquad\quad | \\ \qquad\qquad\qquad\qquad\quad CN}$$

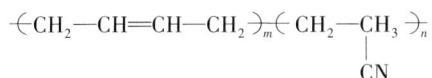

丁腈乳胶有很好的黏合性能，成膜强度高、弹性好、柔软、耐磨，还有很好的耐油、耐溶剂性能。在非织造布生产中，可用于人造革底布、衬布和高蓬松性材料。它的缺点是在光、热作用下会泛黄，价格较高。

（四）氯丁乳胶

氯丁乳胶是 2-氯-1，3-丁二烯的加成聚合物，其结构为：

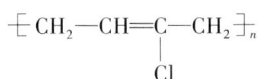

$$\substack{\left\{CH_2-CH=C-CH_2\right\}_n\\ \qquad\qquad\qquad | \\ \qquad\qquad\qquad Cl}$$

由于氯丁乳胶分子含有强极性基团，所以黏合性很好。它还有优良的耐气候性、耐溶剂性、耐氧化性和耐热、耐燃性。可广泛应用于许多方面。

（五）聚氯乙烯

聚氯乙烯的结构为：

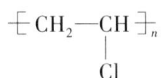

$$\substack{\left\{CH_2-CH\right\}_n\\ \qquad\quad | \\ \qquad\quad Cl}$$

氯乙烯均聚物具有很高的玻璃化温度和模量，黏合力较差，抗氧性差，用于非织造布手感较硬，很少单独使用。但它有优良的阻燃性能，可通过改性取长补短。如果氯乙烯与乙烯共聚且两种单体的配比控制适当，对纤维材料有很好的黏合力和柔软性，并保持一定的阻燃性，可用于非织造布生产。

（六）聚氨酯

聚氨酯（PU），全名为聚氨基甲酸酯，有聚酯型和聚醚型两大类，可制成聚氨酯塑料、纤维（即氨纶）、橡胶、黏合剂、涂料、合成革等。聚氨酯具有优良的耐热水性、耐热性、耐寒性、耐油性、耐氧化性、耐臭氧性、回弹性和力学性能等，因此常用于包装、隔音、过滤、纺织、制鞋和医疗等行业。

从化学角度来看，聚氨酯黏合剂可分为三种类型：

（1）多异氰酸酯黏合剂。它是由多异氰酸酯单体溶解于适当比例的溶液中，或与橡胶混合而制得的改性多异氰酸酯黏合剂。

（2）端基为异氰酸酯基的聚氨酯预聚体黏合剂。

（3）聚氨酯树脂黏合剂。它是由异氰酸酯与多羟基化合物充分反应制成的溶液、乳胶、薄膜或粉末等状态的黏合剂。

聚氨酯是一种新材料，用作非织造布黏合剂的历史还不长，应用不是很多，主要是由于价格较高。但是，由于聚氨酯黏合剂具有许多优良性能，近年来发展很快，是一种很有发展前途的黏合剂。

三、黏合剂辅助材料

除主要成分外，配制黏合剂时，还需要加一些辅助材料，也称添加剂或助剂。常用辅助材料有以下几种。

（1）增塑剂。增塑剂是一种能降低主要成分的玻璃化温度和熔融温度、改善胶层脆性、增进树脂流动性的物质。常用的增塑剂有邻苯二甲酸二丁酯、磷酸二酚酯等。

（2）乳化剂。乳化剂是指能使两种或两种以上互不相溶的液体形成稳定的分散体系（乳状液）的物质。它属于表面活性剂的范畴，是水分散型黏合剂不可缺少的助剂。

（3）增稠剂。增稠剂是指能增加黏合剂表观黏度、减少流动性的物质。常用的增稠剂有酪素、甲基纤维素等。

（4）交联剂。交联剂是指能帮助线型或轻度支链型大分子转变为三维网状结构的物质。它能改善黏合剂的综合性能。常用的交联剂有过氧化物、多异氰酸酯化合物、环氧化合物、多元核酸等。

（5）偶联剂。偶联剂是指能同时与极性物质和非极性物质产生一定结合力的物质，可看成两种材料之间的结合剂。其结构特点是分子中既有极性部分也有非极性部分。常用的偶联剂有有机硅烷及其衍生物、有机铬化合物、有机钛化合物等。

（6）分散剂。分散剂是指能使黏合剂组分均匀地分散在介质中的物质，是制成水分散型黏合剂所必需的。

（7）促进剂（催化剂）。促进剂（催化剂）是指能促进化学反应、缩短固化时间、降低固化温度的成分。

（8）络合剂。络合剂是指能与被黏合材料形成电子转移配价键、增加黏合性能的物质。

（9）引发剂。引发剂是指在一定条件下能分解、产生游离基的物质。

（10）填料。填料是一些非黏合性的固体粉末。加入填料可起到增稠作用，控制流动性，能降低固化过程中的放热量，降低热应力，减少缩率，并可提高成膜强度、韧性。有时也是为了降低成本或赋予黏合剂某种特殊性质，如导电性。常用填料有金属氧化物（如二氧化钛）、金属粉末、矿物等无机物。

应当指出，黏合剂的辅助材料还有很多，不同牌号的黏合剂所用的辅助材料的品种和数量往往有很大不同。对化工厂来说，为保证黏合剂性能稳定，满足一般的应用要求需要加相应的辅助材料。而对非织造布厂来说，为满足施加工艺和产品性能要求，在应用前也要加入相应的助剂和水，将其调配成可直接施加的工作液。

四、黏合剂的性能指标

（1）固体含量（简称含固量）。在规定条件下，测得的黏合剂中非挥发性物质的质量分数，一般在 40%～50%。增加含固量，可提高运输效率；但太高，乳液不稳定。

（2）黏度。又称黏（滞）性或内摩擦。是流体内部阻碍其相对流动的一种特性。用作用于 $1cm^2$ 面积上，并使相距 $1cm$ 的两层流体的速度相差 $1cm/s$ 的黏滞力表示，单位为 $Pa \cdot s$。测定黏度的仪器有毛细管黏度计、旋转黏度计和落球黏度计三类。

（3）pH。pH 反映了黏合剂的酸碱程度，一般在 2～10。丙烯酸酯类乳液的 pH 一般在 2～5，略偏酸性，以便使其稳定且易于固化交联。而丁腈液乳胶则要求应用时呈碱性。

（4）离子属性。一般采用适用性广的阴离子型乳化剂，也有采用阴离子—非离子型的。同一离子属性的黏合剂可以配合使用。

（5）平均粒子直径。高聚物粒子的平均直径一般在 $0.1 \sim 3\mu m$。如果粒子直径较小，其黏合剂外观呈淡蓝白色，用它加工产品，手感较柔软。如果离子直径较大，黏合剂外观为黄白色，其非织造布产品的手感较硬。

（6）玻璃化温度。玻璃化温度是高聚物从玻璃态向高弹态转变的温度，也就是高聚物链段开始发生运动的温度。它与黏合剂成膜后的手感有密切关系。玻璃化温度越高，手感越硬；反之，手感越软。

此外，储存稳定性、成膜的延伸性和可熔性、与其他助剂的配伍性也是很重要的技术指标。

表 3-5 列举了几种黏合剂的性能指标。

表 3-5　几种黏合剂的性能指标

黏合剂型号	黏合剂类别	含固量/%	pH	黏度/ $(\times 10^{-2} Pa \cdot s)$	玻璃化温度/℃	成膜手感
WF-821	丙烯酸酯类	45±0.5	5~6	<90	-29	软
WF-822		45±0.5	5~6	<30	25	硬
WF-823		45±0.5	5~6	<60	17	中硬
WF-824	丙烯酸酯类	45±0.5	5~6	<60	14	中软
WF-860		40±1	5~6	<30	38	特硬
WF-825		40±1	5~6	<100	-19	软
WF-840	醋酸乙烯酯类	40±1	5~6	<200	24	中硬
OZ-1814	丙烯酸酯类	45±1	5~6	<30	24	硬
OZ-1852		45±1	5~6	<90	-27	软
Batafan307D	丁二烯—苯乙烯	50±1	8~9.5	20~60	23	硬
Batafan395D		约50	8~9.5	20~60	3	中
H-802	丙烯酸酯类	45	2~3	<100	45	特硬
H-829	醋酸乙烯—丙烯酸酯	45	2~4	<300	33	中硬
H-8603	丙烯酸酯类	50	3.5~4.5	<300	2	软

五、黏合剂的选用

黏合剂的选用，应从以下几个方面考虑。

（一）产品的性能要求

产品的用途不同，其性能要求也不相同（表 3-6）。因此，在选用黏合剂之前，必须认真分析产品的用途与性能要求。在此基础上，提出黏合剂应具有的性能。

表 3-6　几种非织造布的性能要求

产品用途	强力	弹性	抗皱	手感	耐湿洗住	用于洗性
衬里布	+++	+++	+++	中等柔软	+++	+++
用即弃布	+++	−	−	很软	−	
工业用布	+++	(+)	−	各不相同	−	
合成革	+++	+++	+++	软	++	+

注　"+"越多，表示对该项指标要求越高；"−"表示对该指标无要求。

（二）黏合剂的性能与价格

黏合剂的性能直接决定和影响到非织造产品性能。因此，必须对各种黏合剂性能特点有清楚的了解。此外，在满足性能要求的前提下，应尽量选择价格较低、通用性较强的黏合剂。表 3-7 归纳了几种主要黏合剂及所制非织造布的性能与用途。

表 3-7　几种有代表性的黏合剂及所制非织造布的性能和用途

黏合剂	产品手感	耐气候性	耐洗性		强度	价格比较	产品用途
			湿	干			
醋酸乙烯共聚物	硬	优	劣	良	良	价廉	滤材、卫生材料、"用即弃"尿片等
氯乙烯共聚物	硬	良好	良	良	优	中等	汽车内部装饰材料等
丙烯酸酯共聚物	软	优	良	良	优	价高	热熔性充填材料、衬里、装饰用品、卫生巾与尿片包覆布等
丁二烯、苯乙烯共聚物	稍硬	中等	良	中等	良	价廉	卫生巾、尿片包覆布、抛光材料、医药外科用品、衬里、运输带、衬布等
羟基丁二烯、丙烯酸酯共聚物	稍硬	中等	优	优	优	价高	衬里、鞋材、覆盖物、输送带、帘子布等

六、工作液的配制

一般来说，在非织造布生产中，不能直接应用"原装的"黏合剂乳液或乳胶。因为对一个具体的产品来说，不仅要求黏合剂能够把纤维牢牢地黏在一起，而且有具体的手感、透气性、强力等方面的要求。因此，在实际生产中往往需要将"原装的"黏合剂加水和其他助剂调配后才能使用，这种调配后的黏合剂通常称为工作液。

工作液的配制是一项实践性很强的工作。一个具体的配方，往往需要针对具体的纤维原料、黏合剂特性、黏合剂的施加方法和产品要求，通过反复试验才能确定。因此，一般企业都把工作液的配方作为技术诀窍而加以保密。但是，对一个具体产品来说，工作液的配方并不是唯一的，对于不同牌号的黏合剂，其工作液的配制方法也往往是不同的。通常，黏合剂生产厂可以给予一定的帮助和指导。

下面是几个工作液的配制实例。

例1

丙烯酸酯类乳液	9%
碱性增黏丙烯酸酯乳液	5%
氨水（20%）	1%
水	85%

适用于50/50的黏胶纤维（3.3dtex×51mm）/涤纶（3.3dtex×51mm），定量为40g/m² 的薄型非织造布。

例2

丙烯酸酯类黏合剂乳液（10%溶液）	94.5%
交联剂M	3.4%
非离子性表面活性剂	1.3%
消泡剂	0.2%
催化剂	0.2%
染料	0.4%

适用于涤纶、锦纶作原料的混合胎棉。

例3

Phopiex HA-16	100份（以重量计，下同）
水	100份
硝酸铵（催化剂）（20%）	0.5份

用于喷洒黏合法制造高蓬松非织造布。

例4

Rhoplex HA-8	100份（以重量计，下同）
Metooel 400（3%）	5份
硝酸（催化剂）（20%）	2.5份
曲力通X-100（渗透剂）	2.5份

用于再生纤维素纤维（1.65dtex×30mm），定量为18g/m² 薄型非织造布。适宜压印黏合法。

例5 服装衬里用非织造布。产品定量38g/m²；纤网定量22g/m²；原料用涤纶（2.2dtex×51mm）50%、锦纶（1.65dtex×51mm）50%；黏合剂附着量6.4g/m²，采用丙烯酸酯乳液，泡沫黏合法。

配方1

黏合剂Utrasol 2635K（含固量45%）	342份（以重量计，下同）
发泡剂Cyclopearl F-30（浓度70%）	66份
增稠剂Nigsol VT253（浓度28%）	35份
氨水	40份
水	517份

泡沫重量：125g/L。

干燥条件：预烘100℃，5min。焙烘150℃，3min。

配方2

| 黏合剂HA8或HA16 | 25% |
| 乳化剂Trition X-155 | 0.2% |

| 催化剂氯化铵溶液（酸性催化） | 0.5% |
| 表面活性剂 Trition GB | 0.05% |

第三节　化学黏合法工艺与设备

有了纤维网和工作液之后，接下来的问题就是如何把黏合剂工作液有效地施加到纤网上。施加工作液的基本要求是：均匀、适量、便捷。

一、浸渍黏合法及其设备

浸渍黏合法又称饱和浸渍法，这是最早被采用的黏合方法，它是由传统的饱和染色工艺发展而来的（图 3-3）。但是，未经预加固的纤网强力很低，易发生变形。为此，对传统的浸渍机进行改进，设计开发了专门用于纤网浸渍的设备。其中，比较有代表性的有以下几种。

（一）双网帘浸渍机

图 3-4 所示为双网帘浸渍机。它利用上、下网帘将纤网夹持住并带入浸渍槽中，浸渍后的纤网，经一对轧辊的挤压，除去多余的黏合剂，再经烘干、焙烘即制得非织造布。

轧辊是涂橡胶的，夹持点的压力一般为 $6.8 \sim 9.8 \times 10^4 Pa$。纤网经过浸渍槽的长度为 $40 \sim 50cm$，浸渍速度为 $5 \sim 6m/min$，浸渍时间约为 5s，设备幅宽一般为 $50 \sim 244cm$。

浸渍帘网是该类设备的重要配件，按织造帘网的材料可分为不锈钢丝网、黄铜丝网、尼龙网、聚酯网。为保证正常生产，需对网帘按时清洗，定期更换。如清洗丙烯酸酯类黏合剂，可用四氯化碳或二甲苯。饱和浸渍黏合法非织造布的特点是手感较硬，适宜作衬布。

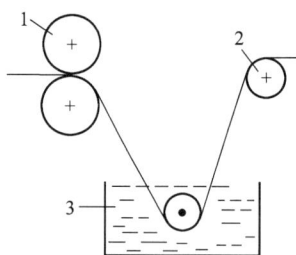

图 3-3　无帘网浸渍机
1—轧辊　2—导辊　3—浸洗辊

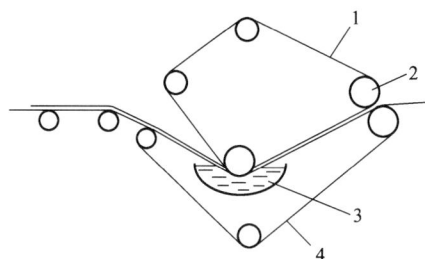

图 3-4　双网帘浸渍机
1—上网帘　2—轧辊　3—浸渍辊　4—下网帘

（二）单网帘浸渍机

图 3-5 为单网帘浸渍机，也叫圆网滚筒压辊式浸渍机。它是将双网帘浸渍机的上网帘改为圆网滚筒而成的，这样可有效减少网帘的损耗。在此基础上，若将轧辊换成真空吸液，如图 3-6 所示，或经真空吸液后用轻辊轻轧，会赋予产品更好的蓬松性和弹性。这是生产薄型黏合法非织造布较理想的方法。产品适宜用作衬布和"用即弃"卫生材料等。

也可用实壁滚筒代替圆网滚筒，以避免黏合剂堵塞圆网，也简化了滚筒的结构，如图3-7所示。

图3-5 单网帘浸渍机

1—纤网 2—圆网滚筒 3—循环帘网 4—浸渍槽 5—轧辊 6—浆槽 7—帘网清洗槽

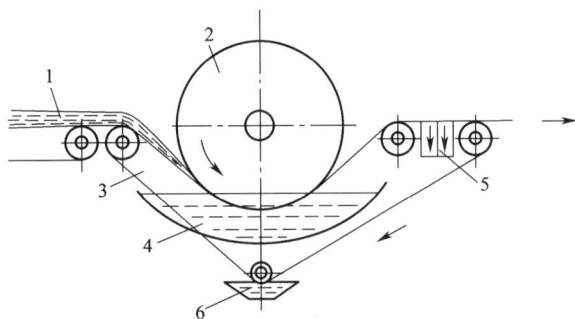

图3-6 圆网滚筒真空吸液式浸渍机

1—纤网 2—圆网滚筒 3—帘网 4—浸渍槽 5—真空吸液装置 6—帘网清洗槽

图3-7 实壁滚筒浸渍机

1—刮刀 2—黏合剂 3—实壁滚筒

（三）转移式浸渍机

图3-8是美国兰多邦德（Rando Bonder）公司制造的一种黏合剂转移式浸渍机。它采用上、下金属帘网夹持纤网。黏合剂由浆槽流到转移辊上，透过上帘网的孔眼浸透到纤网中，溢出的黏合剂由下面托槽流入储液槽。浸透黏合剂的纤网经过真空吸液装置时，抽吸掉余液。上、下金属帘网都装有喷水洗涤装置。其特点是：纤网是呈水平运动，且有帘网上下夹持，故纤网不易变形，车速可达10m/min以下，适用于对宽幅纤网的浸渍加工。这类饱和浸渍、

真空吸液的黏合生产线，一般生产速度为 8~10m/min，纤网最低定量为 5g/m²。

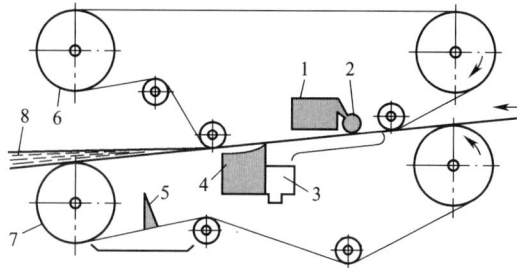

图 3-8　黏合剂转移式浸渍机

1—黏合剂浆槽　2—黏合剂转移辊　3—储液槽　4—真空吸液装置　5—帘网洗涤装置

6，7—上、下金属帘网　8—纤网

二、喷洒黏合法及其设备

喷洒黏合法主要用于制造高蓬松、多孔性非织造布。

（一）喷头型式

喷头型式基本上有两种：气压式（二元式）喷头和液压式（无空气静压式）喷头。

1. 气压式（二元式）喷头

该喷头是采用空气为传送介质，与油漆喷枪原理基本相同，它只适用于对已经初步加固的纤网进行喷洒和加工，因为气流会破坏纤网的均匀度。

2. 液压式（无空气静压式）喷头

该喷头是采用静压力来控制分散喷出的雾粒，因此，雾粒小而均匀，在喷出散射面周围很少呈稀密层次。这就避免了散射面接头处的重叠现象，使黏合剂喷洒均匀。因而，这种喷头也可称为均匀喷嘴。无空气静压式喷头输送的液量取决于喷头的压力和喷孔直径，一般喷压在 1.37~2.74MPa，喷孔直径在 0.35~0.65mm。

（二）喷洒方式

喷头的安装和运动方式对黏合剂的分布均匀度有很大影响。

1. 多头往复式喷洒[图 3-9（a）]

往复式喷洒装置是应用最广泛的设备之一，它是把喷头安装在走车上，走车往复横走，喷洒宽度可自由调整。走车上的喷枪一般为 2~4 个。

2. 旋转式喷洒[图 3-9（b）]

旋转式喷洒运转平稳，不过很难喷洒均匀。

3. 椭圆轨迹喷洒[图 3-9（c）]

这种椭圆轨迹喷洒能均匀地喷洒黏合剂，并运转平稳，是目前较为合理的喷洒方式，但设备价格较贵。

4. 固定式喷洒[图 3-9（d）]

固定式喷洒一般价格较低。但是，如果一只喷头发生故障，就会造成很大的浪费，而且需要的喷头数较多。

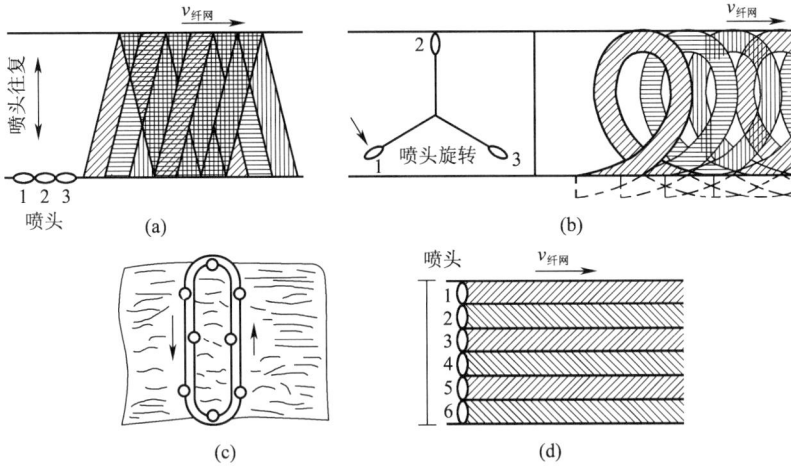

图 3-9 喷洒方式

（三）喷洒量与喷洒设备

黏合剂的喷洒量应根据产品用途、纤网定量和黏合剂品种等确定（表 3-8）。

表 3-8 产品用途与黏合剂喷洒量的关系

用途	纤网定量/（g/m²）	黏合剂喷洒量/（g/m²）	纤网类型
被褥用（保暖絮片）	45~165	10~20	平行网
家具用（沙发等）	150~600	10~20	交叉网
睡衣用	165~265	10~30	平行网
枕头用	500~1000	1~3	交叉网
擦用和缓冲衬垫	70~400	15~100	气流成网
滤尘用	100~200	30~40	气流成网或交叉网

喷洒黏合法的基本生产工艺流程为：纤维成网—喷洒（单面或双面）—干燥与焙烘—切边卷绕。

图 3-10 所示为双面式喷洒机，它采用横向往复式喷洒。先向正面喷洒，然后干燥、反转，再向反面喷洒，最后干燥、焙烘、切边、卷绕，即得到喷洒黏合法非织造布。为了使黏合剂渗入纤网内部，可在喷头的下方设置吸风装置。

三、泡沫浸渍法及其设备

泡沫浸渍法就是利用涂刮或轧压等方式，将制备好的泡沫状黏合剂均匀地施加到纤网中去，待泡沫破裂后，黏合剂释出，烘干，即成布。由于泡沫浸渍法具有显著的节能、节水、节约化学品和提高产品手感和品质等优点，近几年来发展很快。

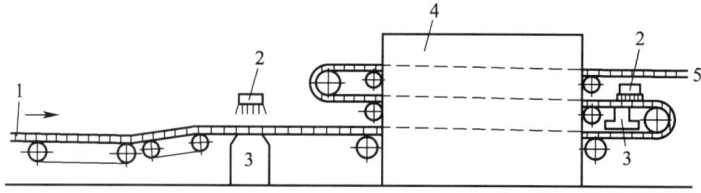

图 3-10　双面式喷洒机

1—纤网　2—喷头　3—吸风装置　4—烘房　5—成品

（一）泡沫黏合剂的制备

制备黏合剂泡沫的设备很多，但基本思路是一致的，都是采用混合装置将空气与黏合剂和发泡剂液体充分混合而制得黏合剂泡沫。

混合头（又叫混合器）是混合装置的主要器件，按工作原理可分为动态混合头和静态混合头。

常见的动态混合头由一个锭子和一个转子组成。锭子有一组固定的内齿；转子有一组与锭子很相似的可转动的外齿，如图 3-11 所示。转子回转，使气体和液体在内、外齿形成的曲折通道内通过，由于剪切作用，而使气体（空气）与液体（黏合剂和发泡剂）充分混合形成泡沫。

静态混合头是由固定不动的筛网状剪切件所组成，如图 3-12 所示。空气和液体定量地供给发泡装置，经多层筛网后，气、液混合物形成泡沫。

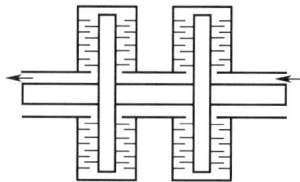

图 3-11　动态混合头

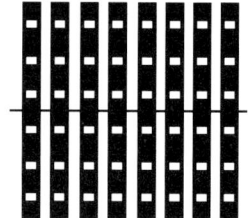

图 3-12　静态混合头

动态发泡对混合头的制造要求高，动力消耗大，设备价格较贵。静态发泡避免了这些缺点，但使用一段时间后，网眼易堵塞。因此，两者各有利弊。

（二）泡沫黏合剂的技术指标

1. 发泡率

也称发泡比、发泡度或吹泡率，是指一定体积待发泡液体的重量（G_0）与同体积泡沫的重量（G_1）之比。也即发泡前液体密度（ρ_0）与发泡后泡沫的密度（ρ_1）之比，即：

$$发泡率 = \frac{G_0}{G_1} = \frac{\rho_0}{\rho_1}$$

发泡率可以根据导入空气的量加以调节。随着发泡率的提高，泡沫的密度降低，黏度相应提高。应根据纤维种类、纤网定量和产量要求，选择最佳的发泡率。通常机械式发泡机发泡率能控制在（5~25）：1。

2. 泡沫的半衰期

泡沫的半衰期是指在一定体积的泡沫中，流出其中液体重量的一半所需要的时间。它表征了泡沫的排液速度和稳定性。生产中应严格控制泡沫的半衰期，使之在施加到纤网上以前很少或不产生排液，而一旦施加到纤网上以后，即开始排液。泡沫的半衰期可通过加入稳定剂控制，一般在 2~12min。常用的稳定剂有月桂醇、十二烷基酸和羟乙基纤维素等。

3. 气泡直径

气泡的大小要尽可能均匀，以利于泡沫在纤网上均匀地分布。气泡越小，泡沫越稳定。气泡的大小，以保证泡沫为亚稳态为佳。所谓亚稳态泡沫，就是其稳定程度介于稳定泡沫与不稳定泡沫之间，它在施加于纤网之前稳定，而在施加于纤网之后易于破裂。气泡直径一般在 50μm 左右。为了确定气泡的大小和其均匀程度，可将制备后的泡沫立即放到显微镜下观察、测量。

4. 润湿性

泡沫一旦施加到纤网上，即要求在纤维表面上迅速破裂、润湿并渗透到纤网中去。泡沫的润湿性可采用滴注观察法评定。泡沫的润湿性受到很多因素的影响，如发泡率、半衰期、纤维的吸湿性、稳定剂品种等。为了提高泡沫渗透性，必要时还可加入一些渗透剂，如磺化琥珀酸二辛酯钠盐等。

5. 泡沫的黏度

泡沫的黏度可用旋转黏度计测定。亚稳态泡沫具有一种假可塑的流动特性，与非牛顿流体相仿。就是说，剪切力越大，它的黏性就越小。发泡比、泡沫直径和原液黏度都对亚稳态泡沫的黏度有影响。

要制得符合要求的泡沫黏合剂，选择适当的发泡剂、稳定剂、渗透剂等助剂是至关重要的。通常最有效的发泡剂就是表面活性剂，如十二烷基磺酸钠等。应当指出，所用的这些助剂大多是表面活性剂。有时一种表面活性剂具有多方面效果，并被同时划入不同的类别，如羟乙基纤维素，有人把它归入稳定剂，也有人把它归入增黏剂。但对制备泡沫黏合剂来说，如何归类影响不大，因为不管是看作稳定剂，还是作为增黏剂，其目的都是用来延长泡沫寿命。

（三）泡沫浸渍法设备

施加泡沫黏合剂的方式主要有刮刀式和轧辊式两种，如图 3-13 所示。不同牌号的设备，其施加方式往往有许多不同。

1. 百得补公司的浸渍机

图 3-14 所示为德国百得补（Freuden-berg）公司的浸渍机示意图。它是一种刮刀与轧辊相结合的浸渍机。

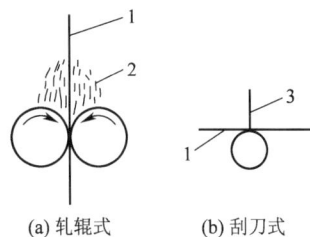

图 3-13 施加泡沫的方式
1—织物 2—泡沫 3—刮刀

(a) 轧辊式　　(b) 刮刀式

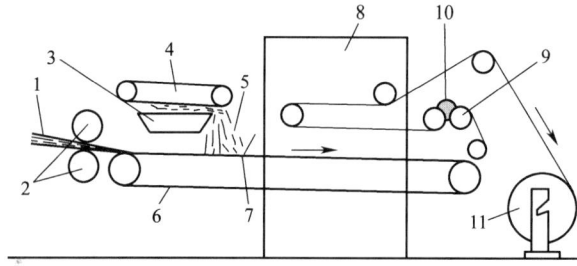

图 3-14　百得补浸渍机示意图

1—纤网　2—压辊　3—泡沫黏合剂槽　4—发泡装置　5—泡沫黏合剂　6—帘网　7—刮刀

8—烘房　9—轧辊　10—反面施加泡沫　11—卷取装置

2. 孟福士公司的浸渍机

图 3-15 所示为德国孟福士（Monforts）公司的浸渍机示意图。它是利用刮刀先将泡沫黏合剂均匀地涂布在具有一定透气性的橡胶输送带上，随着橡胶输送带的回转，纤网与涂布的泡沫黏合剂接触，并紧贴压在真空滚筒的表面，泡沫黏合剂在真空的作用下膨胀破裂并渗透到纤网内部。这是一种间接施加泡沫的方法，泡沫黏合剂的施加量与纤网的线速度大小无关，而且真空辊筒可改善黏合剂在纤网中的分布，从而可提高中厚及厚重纤网的浸渍效果。这一装置也可用于脱水。

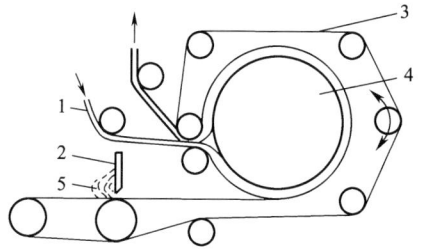

图 3-15　孟福士泡沫施加装置示意图

1—织物　2—刮刀　3—橡胶输送带

4—真空滚筒　5—泡沫

3. 埃默公司的浸渍机

图 3-16 所示为埃默（Elmmer）公司的浸渍机示意图。它采用双面浸渍泡沫黏合剂的方法，能浸渍较厚的纤网。泡沫黏合剂自上方通过上辊 1 的孔眼，并借助磁性辊式刮刀 2，施加到纤网 3 上。磁性刮刀是由圆辊 5 与电磁铁 6 组成，槽 4 内的泡沫黏合剂通过第二只磁性刮刀施加于纤网的另一面。图中 7 为输浆管。

泡沫浸渍法由于液体的增重不大，不易损伤运动的纤网，而且黏合剂的分布比较均匀，用量也较少。因此，所得产品比较蓬松、柔软、悬垂性好、档次较高。

表 3-9 为不同纤网定量时有关的工艺参数。

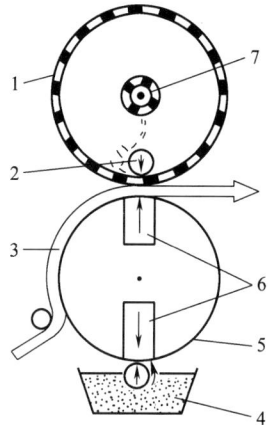

图 3-16　埃默浸渍机示意图

1—上辊　2—磁性辊式刮刀　3—纤网

4—泡沫黏合剂槽　5—圆辊

6—电磁铁　7—输浆管

表3-9　不同纤网定量时有关工艺参数

纤网定量/（g/m²）	泡沫的比重/（g/L）	纤网带液量/%	生产速度/（m/min）
15~30	40~80	150~400	80
25~250	50~150	100~300	5~20
150~1500	80~300	20~80	2~10

四、印花黏合法及其设备

　　采用花纹辊筒或圆网印花滚筒向纤网施加黏合剂的方法称印花黏合法，如图3-17所示。该法适宜于制造20~60g/m²的非织造布。主要用作"用即弃"产品，具有成本低廉的优点。它只用少量黏合剂，就能有规则地分布在纤网上，即使黏合剂的覆盖面积小，也能得到一定的强度。黏合剂的分布一般在纤网总面积的10%~80%。涂布黏合剂的多少，需根据产品的用途来决定，在工艺上可由印花辊筒雕刻深度和黏合剂浓度来进行调节。也可在黏合剂中添加染料，既黏合加固，又印花。根据印花辊筒的不同花纹，能制造出多种产品。黏合剂可用丙烯酸酯、纤维素黄原酸酯或羟基纤维素。黏合剂的选择必须根据产品实际要求而决定。

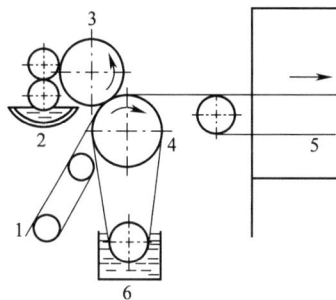

图3-17　印花黏合示意图

1—纤网　2—黏合剂槽　3—印花辊筒
4—输送帘　5—烘燥室　6—清洗槽

　　印花黏合法非织造布与饱和浸渍黏合产品相比，强度低一些，应用范围受到一定的限制，但产品的手感很柔软，宜用纤维素纤维生产卫生用和医用非织造布及揩布等。

☞ **思考题**

　　1. 论述非织造布中常用黏合剂的性能与应用。试检索五种性能优良的非织造布用黏合剂。

　　2. 黏合剂常用辅助材料有哪些？

　　3. 表征黏合剂性能的指标有哪些？

　　4. 试比较各种施加黏合剂的方法及其产品特点。

第四章　针刺法加固

本章知识点

1. 针刺法的基本原理。
2. 针刺机的机构及针刺方式。
3. 平绒、毛圈及花纹形成的原理和机构要求。
4. 刺针的结构、刺针规格的表示及选用。
5. 针刺工艺。
6. 针刺机的性能。

第一节　概述

针刺法是一种机械加固方法，最早应用于制毡生产中，早在1870年英国一家公司就曾制造出针刺机的样机。但是，直到20世纪40年代，英国拜瓦特（Bywater）对老式针刺机做了重大改进之后，才为现代针刺技术的发展奠定了基础。1957年，詹姆斯·亨特（James Hunter）公司对针刺机的主轴传动偏心轮平衡机构做了进一步改进，使冲刺频率达到800次/min。随着新技术、新材料的不断应用，现代针刺机各项性能已有很大提高。针刺机的最高速度可达3500次/min，最大幅宽可达16m。

针刺法生产线在非织造布生产线中所占比例为28%~30%，产量占22%~25%。针刺法非织造布表面平整，具有良好的强力、密度和弹性以及耐磨性、舒适性、屈挠性、透气性和各向同性，呈多层三维网状结构。产品主要用于合成革基布以及过滤、土工、装饰材料等领域。由于针刺非织造布独特的结构性能和技术特点，使其广泛应用于各个领域，市场占有量越来越大，具有广阔的发展前景。

针刺法的基本原理是：用截面为三角形（或其他形状）且棱边带有钩刺的针，对蓬松的纤网进行反复针刺，如图4-1所示。当成千上万枚刺针刺入纤网时，刺针上的钩就带住纤网表面的一些纤维随刺针穿过纤网，同时由于摩擦力的作用，使纤网受到压缩。刺针刺入一定深度后回升，此时因钩刺是顺向，纤维脱离钩刺以近乎垂直的状态留在纤网内，犹如许多的纤维束"销钉"钉入了纤网，使已经压缩的纤网不会再恢复原状，这就制成了具有一定厚度、一定强力的针刺法非织造布。

针刺过程是由专门的针刺机来完成的，如图4-2所示。纤网由压网罗拉和送网帘握持针刺区。针刺区由剥网板、托网板和针板等组成。刺针是镶嵌在针板上的，并随主轴和偏心轮的回转做上下运动，穿刺纤网。托网板起托持纤网作用，剥网板起剥离纤网的作用。托网板和剥网板上均有与刺针位置相对应的孔眼以便刺针通过。受到针刺后的纤网由牵拉罗拉拽出。

图 4-1　针刺法原理示意图

1—纤网　2—刺针　3—托网板　4—剥网板

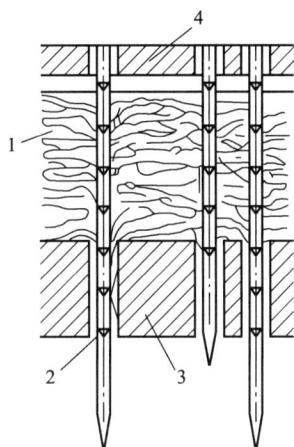

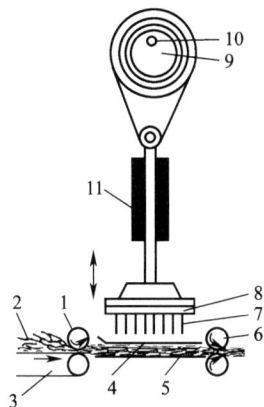

图 4-2　针刺机原理简图

1—压网罗拉　2—纤网　3—送网帘
4—剥网板　5—托网板　6—牵拉辊
7—刺针　8—针板　9—偏芯轮
10—主轴

第二节　针刺机的机构

针刺机的种类繁多。按所加工纤网的状态可分为预针刺机和主针刺机；按结构来分，针刺机有单针梁式和双针梁式；按传动形式来分，有上传动式和下传动式等。针刺机的机构有送网机构、针刺机构、牵拉机构、花纹机构（仅花纹针刺机有）、传动机构、附属机构、机架，本节重点介绍前三种机构。

一、送网机构

针刺机的机型不同，送网机构也不相同，一般预针刺机对其送网机构要求较高，因为喂入预针刺的纤网高度蓬松而且纤维的抱合力很小，为保证纤网顺利喂入针刺区，不产生拥塞，不同牌号的预针刺机采用的送网方式各具特色。

（一）压网辊式

压网辊式是预针刺机上常用的一种送网方式，如图4-3所示。纤网1经压网辊3压缩喂入剥网板6和托网板7之后被牵拉辊8拉出，预针刺即告完成。

这种送网方式的预针刺机有个缺点，即由于剥网板和托网板的隔距有一定限度，喂入的纤网虽经压网辊压缩，但由于纤网本身的弹性，在离开压网辊后，仍会恢复至相当蓬松状态而导致拥塞（图中A处），此时纤网受到剥网板和托网板进口处的阻滞，纤维上下表面产生速度差异，有时在纤网上产

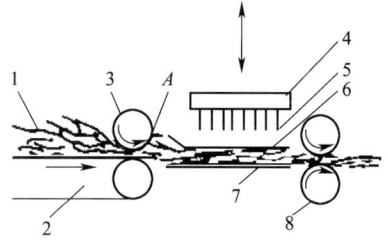

图4-3　压网辊式送网装置示意图

1—纤网　2—送网帘　3—压网辊

4—针板　5—刺针　6—剥网板

7—托网板　8—牵拉辊

生折痕，影响预刺纤网的质量。为了克服这一缺点，可将剥网板安装成倾斜式，使进口大、出口小，即成喇叭状，或者将剥网板设计成上下活动式。

（二）压网帘式

为了克服拥塞现象，可将压网辊改为压网帘。压网帘与送网帘相配合，形成进口大、出口小的喇叭状，使纤网受到逐步压缩，如图4-4所示。纤网离开压网帘后，有时还受到一对喂入辊的压缩。

图4-5所示为导网片送网装置示意图。这种送网机构在喂入辊的沟槽中嵌入导网片，以帮助纤维顺利进入针刺区。许多公司也有类似的送网机构，还推出了一种在压网帘和喂入辊之间加装一对小罗拉的送网机构，如图4-6所示，它可以防止纤网在压网帘与喂入辊之间产生拥塞。

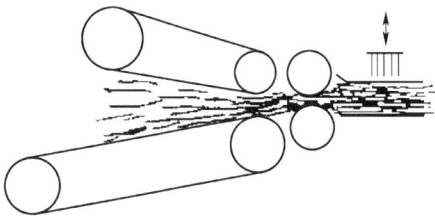

图4-4　压网帘式送网
装置示意图

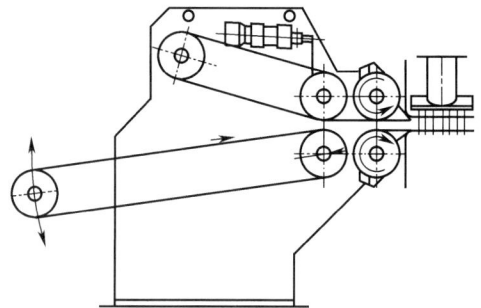

图4-5　导网片送网装置示意图

（三）槽形辊式

图4-7所示为法国阿萨林（Asselin）公司的产品，槽形辊7既起积极输送纤网的作用又起托持纤网的作用。槽形辊3与槽形辊7相配合起输入作用，槽形辊6与槽形辊7相配合起输出作用。工作时，刺针每次都刺在槽形辊7的沟槽内，因而植针必须直线排列。这种积极式传动机构也能有效地消除纤网拥塞现象。

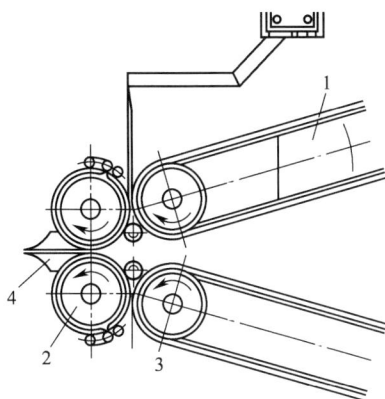

图 4-6 改进的导网片送网装置示意图

1—压网帘 2—喂入辊 3—小罗拉 4—导网片

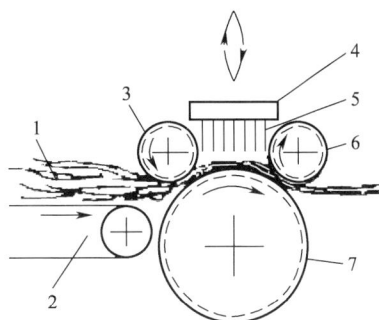

图 4-7 法国阿萨林（Asselin）公司的 1434 预针刺机示意图

1—纤网 2—输送带 3，6，7—槽形辊 4—针板 5—刺针

二、针刺机构

针刺机构是针刺机的主要机构，它决定和影响了针刺机的性能。

（一）针刺机构的一般要求

（1）运转平稳，振动小。这是针刺机最基本的要求。在这个前提下，冲刺频率越高，意味着技术水平也越高。因此，现在许多针刺机的针梁和针板都采用轻质合金材料，有的甚至采用碳纤维复合材料。

（2）针板的植针孔应与托网板和剥网板的孔眼相对应，不得有偏差。

（3）针板的装卸应方便，为此，迪罗公司采用了气动夹紧装置。

（4）针板要坚固耐用，不易变形，植针数要高。

（5）摩擦要小。为了减小磨损，迪罗公司的针刺机采用了独自开发的摇臂式导向装置，如图 4-8 所示。它解决了气缸式导向装置（参见图 4-2）由于面接触而带来的磨损、发热、易油污的问题，有利于提高速度。

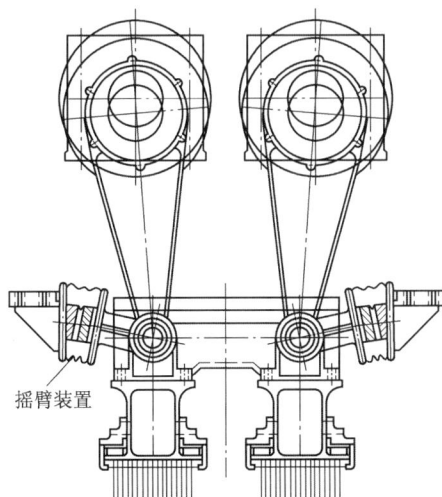

图 4-8 摇臂式导向装置示意图

（二）针刺方式

针刺的方式有许多种。按针刺的角度可分为垂直针刺和斜向针刺，其中垂直针刺又可分为向上刺和向下刺两种，如图 4-9 所示。按针板数的多少有单针板、双针板和多针板之分，如图 4-10 所示。按针刺方向有单向针刺和对刺两种，其中对刺式又可分为异位对刺和同位对刺两种，如图 4-11 所示。异位对刺式所生产的产品强力高、收缩较小，多用于人造革基布的生产，但设备价格较高。对同位对刺式针刺机来说，针板常为同向运动，如图 4-12 （a） 所示；若采用相向运动，如图 4-12 （b） 所示，布针密度需减少一半。

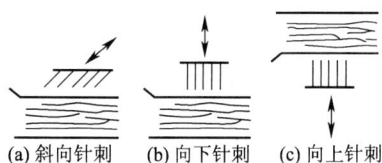

(a) 斜向针刺   (b) 向下针刺   (c) 向上针刺

图 4-9   针刺方式 （Ⅰ）

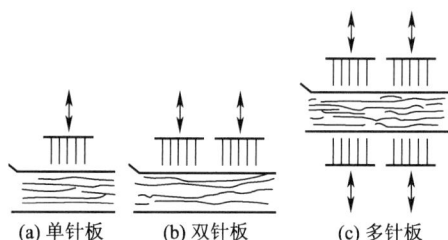

(a) 单针板   (b) 双针板   (c) 多针板

图 4-10   针刺方式 （Ⅱ）

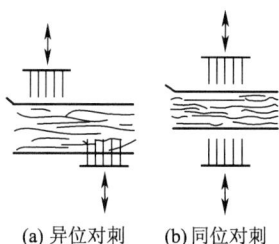

(a) 异位对刺   (b) 同位对刺

图 4-11   针刺方式 （Ⅲ）

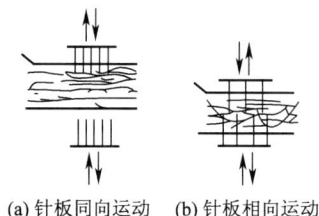

(a) 针板同向运动   (b) 针板相向运动

图 4-12   针刺方式 （Ⅳ）

（三）平绒、毛圈及花纹形成的原理和机构要求

有些针刺机能够在预针刺的纤网上刺出特殊的外观效果，如平绒效果、凹凸毛圈条纹及简单几何花纹。

实现平绒、毛圈、花纹针刺的基本要领有以下几点：

（1）所刺的纤网必须经过预针刺，一般预针刺密度在 70~150 刺/cm。

（2）在针板上按花纹图案要求布针，并合理选用刺针。

（3）使刺针有规律地"刺入"或"不刺入"。

（4）纤网的进给速度有规律地变化，在"刺入"时，纤网以 0.1~0.2mm/刺的速度缓慢地进给，在"不刺入"时，纤网以正常速度快速进给。

（5）为使纤维成圈，须用冠形针、叉形针或单刺针。同时，托网板和剥网板须相应地改用由薄钢片组成的纵向肋条式槽形板，如图 4-13 所示。

（6）按图 4-14 布针，可得平绒效果。

（7）按图 4-15 布针，刺出的毛圈排列成条，可得纵向凹凸毛圈条纹效果。

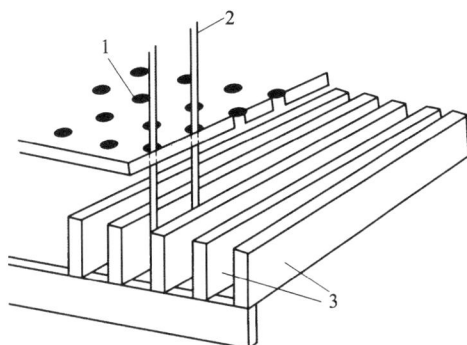

图 4-13 花纹针刺机的针刺区
1—剥网板 2—叉形刺针 3—托网板

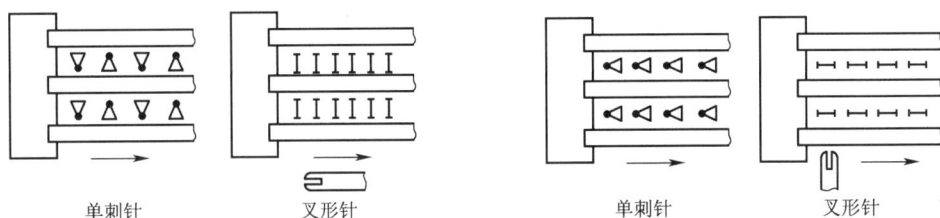

图 4-14 平绒布针方式

图 4-15 凹凸条纹布针方式

三、牵拉机构

牵拉机构也称输出机构，由一对牵拉辊组成。牵拉辊是积极式传动，其表面速度必须与喂入辊表面速度相配合，牵拉速度太快会增大附加牵伸，影响产品质量，严重时甚至引起断针。牵拉辊、喂入辊、送网帘的传动方式有间歇式和连续式两种。一般认为，当针刺机的主轴速度超过 800r/min 时，可采用连续式传动。连续式传动与间歇式传动相比，不仅机构简单，而且机台运转平稳，可减少振动，有利于高速运转。

在布针系统方面，迪罗公司新推出了两款不同规格的托网板，即 6000X 和 8000X。前者对应的针板针密可达 6000 针/m，水平方向的动程为 0~6mm；后者的动程范围更宽，针迹分布更均匀，使针刺毡表面质量更佳，可应用于汽车内饰、地毯和墙面装饰、合成革等的加工。图 4-16 为 6000X 托网板。

图 4-16 6000X 托网板

第三节 刺针

一、概述

刺针是针刺机最重要的配件，其规格、质量对产品有直接的影响。因此，对刺针的形状、规格设计、选材以及制造工艺都有一定要求。

（1）针的几何尺寸要正确，针杆要平直，表面要光洁、无毛刺。

（2）针尖应锐利光滑，针的弹性要好，表面硬度要高、耐磨。

（3）刺针不能"宁弯不断"，即如果刺针弯到一定程度就必须断裂，并且断裂的部分不会损伤纤网或托网板，或碰弯其他的刺针。

鉴于对刺针的种种要求，以及刺针在穿刺时要经受较大的针刺阻力（可达 10~30N），刺针一般用优质钢丝经成型模具冲压，并经热处理而成。

刺针由带有弯柄的针杆、中间段（分为单针杆和双针杆）、工作段和针尖四部分组成。其中工作段是刺针的主要区段。按工作段截面及外观形状可将刺针分为九种，见表 4-1。

表 4-1 刺针按工作段截面及外观形状分类

名称	特点	用途
锥形针	工作段呈锥形，使其拥有良好的抗折断性能	主要应用于厚重非织造物的生产
三角形针	工作段截面呈三角形	用于常规针刺加固，是目前应用领域最广的刺针种类
三叶形针	工作段呈三叶形，在针刺时纤维可藏于由两个相邻棱脊线所产生的凹槽内	可用于常规针刺加固，可减少针刺阻力，节约能源
钻石形针	只有一个棱脊线上有钩齿	特别适用于机织物为基布或作为筋骨的非织造物的生产
圆柱针	工作段呈圆柱形状	由于没有钩齿，主要用于修面
星形针	工作段呈星形，四条棱脊线都有钩齿	具有更高的针刺效率并能获得更均匀的纵横向拉力比，主要用于土工布或过滤材料的生产
螺旋形针	工作段为具有特定角度的螺旋形，可提供更高的针刺效率	可强化纤维的开松和缠结，适用于纤维强力高和缠结要求高的产品
冠形针	集合了普通针的结构特点，每条棱脊线上只有一个钩齿，且针尖到第一钩齿的距离短，钩齿间距小	可为织物提供更加平整的表面或用于长绒毛型花色生产
叉形针	在针头上有一倒叉口，可冲压大量纤维，使之形成毛圈	其产品主要应用于汽车内饰和铺地材料

二、刺针的结构

对每一种刺针来说，任何一个细小部分的变化都会影响刺针的性能和用途。

（1）针尖形状可以有许多变化。表4-2为常见的六种针尖形式（不包括开叉针）。在加工有基布或有纱线层的产品时，一般用球形针尖，而不用尖锐型针尖，以减少针尖对纱线的损伤。

表 4-2 刺针的六种针尖形式

针尖代号	SS 针尖	LS 针尖	S 针尖	S1 针尖	S2 针尖	M 针尖
针尖结构图						
特点	标准针尖，适用于各针号	轻微圆头针尖	小圆头针尖	圆头针尖	大圆头针尖	凿形针尖

（2）钩刺的结构可以有许多变化。图4-17为钩刺的一般结构。其中，L为钩刺长度；H为钩刺深度；h为钩刺的刺突高度；β为钩刺的下切角度。钩刺越大，针刺时带动的纤维量越多，针刺效率也越高，同时针刺力也越大，因此刺针的损伤和磨损也越严重。根据钩刺的结构可将其分为标准式钩刺、圆角钩刺、无突钩刺、中突钩刺等若干种。

（3）针柄的相对弯曲方向有多种变化。图4-18（a）为普通刺针的弯柄偏转角度。因为有的针板背面带有凹槽，刺针的针柄只能嵌在凹槽内（图4-19），不能随意安放。如果产品有经纱层，弯柄的朝向应使刺针钩刺的朝向如图4-20所示为宜，以减少钩刺对纱线的损伤。

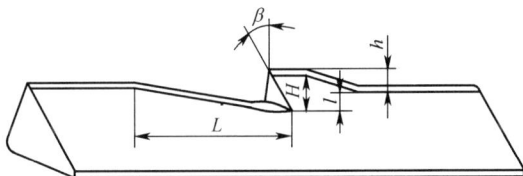

图 4-17 钩刺的结构

同样，叉形针也有多种弯柄朝向，如图4-18（b）所示。不同的弯柄朝向，实际上是改变了叉口的方向。如果用叉形针加工地毯，通过改变叉口的方向，可生产出绒面或毛圈条纹地毯。

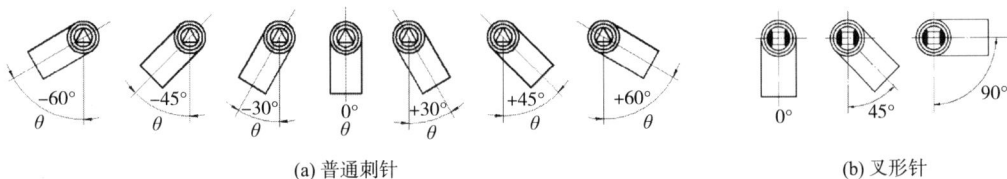

(a) 普通刺针

(b) 叉形针

图 4-18 弯柄位向角示意图

（4）工作段的截面形状有圆形、三角形、正方形、菱形等。常用的工作段截面形状为三角形。菱形的也有应用，采用图4-20所示的布针方式，可以有效减少钩刺对纱线的损伤。

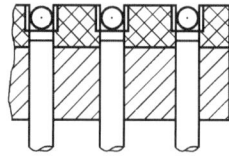

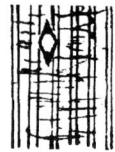

图4-19　针板结构

(a)　　　　(b)

图4-20　钩刺的朝向

（5）刺针的几何尺寸是刺针规格的重要参数。图4-21为普通刺针的形状及尺寸。刺针总长度一般在63.5~127mm。

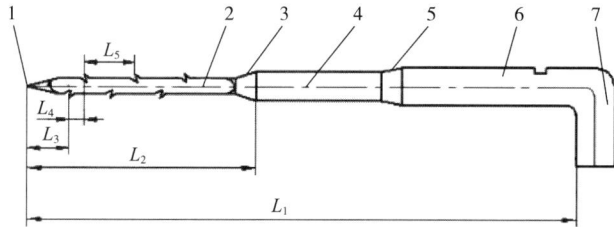

图4-21　刺针的形状及尺寸

1—针尖　2—工作段　3，5—过渡段　4—针腰　6—针柄　7—弯柄

L_1—刺针总长度　L_2—工作段长度　L_3—第一个钩刺至针尖的距离

L_4—相邻两棱钩刺间距　L_5—同棱相邻钩刺间距

图4-22所示为叉形针的形状及尺寸。叉形针的总长度一般在62~88mm。

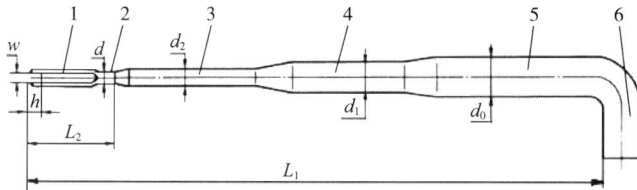

图4-22　叉形针的形状及尺寸

1—针叉　2—工作段　3—第二中间段　4—第一中间段　5—针柄　6—弯柄

d—工作段直径　d_0—针柄直径　d_1—第一中间段针柄直径　d_2—第二中间段针柄直径

w—叉位宽度　h—叉位深度　L_1—刺针公称长度　L_2—工作段长度

（6）钩刺形态各有不同（图4-23）。

（7）钩刺的排列各有不同。钩刺的排列一般分为标准型（RB）、中密型（MB）和加密型（CB），见表4-3，有的厂家还有高密型（HDB）刺针。

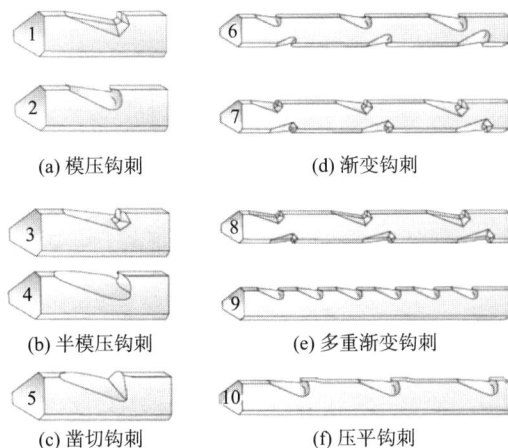

(a) 模压钩刺　　(d) 渐变钩刺

(b) 半模压钩刺　　(e) 多重渐变钩刺

(c) 凿切钩刺　　(f) 压平钩刺

图 4-23　钩刺形态示意图

表 4-3　钩刺的种类　　　　　　　　　　　单位：mm

制造公司		Groz-Beckert 公司	胜家公司	Foster 公司	青岛锦钻针业公司
加密型 （CB）	L_2	21.4	22	19	22、20
	L_3	6.3	6.3	4.7	3.18
	L_5	3.1	3.3	3.9	3.18
	L_4	1.0	1.1	1.3	1.06
中等型 （MB）	L_2	—	30.0	25.4	27、24
	L_3	—	6.3	6.3	4.8
	L_5	—	4.5	4.8	4.8
	L_4	—	1.5	1.6	1.6
标准型 （RB）	L_2	29.3	30	28.5	33、30
	L_3	29.3	6.3	6.3	6.36
	L_5	6.1	6.3	6.3	6.36
	L_4	2.1	2.1	2.1	2.12

三、刺针规格的表示

刺针规格一般按下列顺序和方式表示：

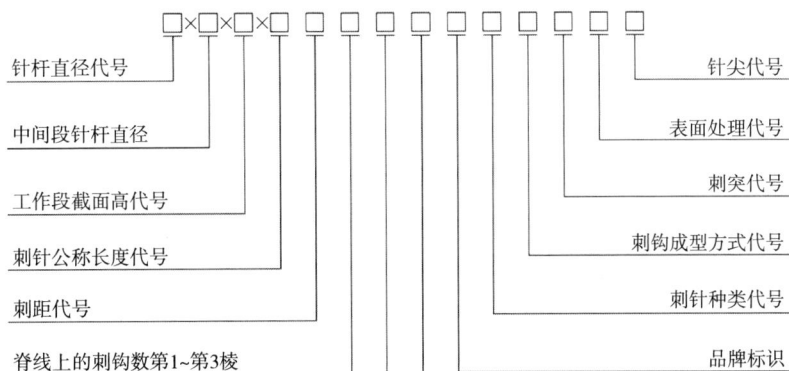

针杆直径代号

中间段针杆直径

工作段截面高代号

刺针公称长度代号

刺距代号

脊线上的刺钩数第1~第3棱

针尖代号

表面处理代号

刺突代号

刺钩成型方式代号

刺针种类代号

品牌标识

例如，一枚刺针的标号为：

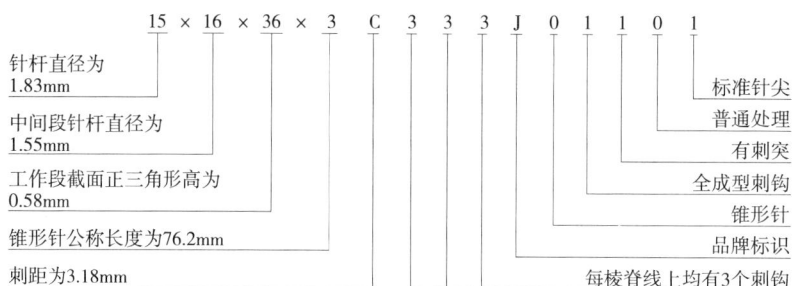

15 × 16 × 36 × 3 C 3 3 3 J 0 1 1 0 1

针杆直径为
1.83mm

中间段针杆直径为
1.55mm

工作段截面正三角形高为
0.58mm

锥形针公称长度为76.2mm

刺距为3.18mm

标准针尖

普通处理

有刺突

全成型刺钩

锥形针

品牌标识

每棱脊线上均有3个刺钩

但是，不同的公司在刺针的表示上有一些细小的差别。如德国胜家公司推荐的一种能使纤网得到较高针刺密度的刺针，规格为15×18×40×3.5RB22，A06/06B222PP。其中，"B22"表示针叶长度是22mm；"A06/06"表示模压刺针，钩刺的高度和深度均为0.6mm；"B222"表示针叶的三个棱上均各有二个钩刺；"PP"则表示针尖经过磨光处理。又如青岛锦钻针业有限公司的一种叉形针，规格为15×18×25×38×63.5DJ3011。其中，"18"为第一中间段标号；"25"为第二中间段标号（中间段分两段过渡）；"D"表示针柄位置（与开叉方向呈90°）；"J"表示锦钻牌；"3"表示叉形针种类（为多缩径，还有单缩径、双缩径等）；"0"表示表面处理（为标准处理，还有镀镍、镀铬抛光处理）；倒数第二个"1"表示叉口宽度（为0.15mm，最大为0.6mm）；倒数第一个"1"表示叉口深度（为0.15mm，最大为0.7mm）。因此，在选购刺针时，最好是参考生产厂家提供的刺针手册。

四、刺针的选用

刺针是针刺机中直接与纤维接触并将纤维加以缠结的易耗品，刺针品质的好坏及刺针型号的正确选择，决定了针刺产品的品质。

生产中，主要根据纤维细度选择刺针的号数。通常纤维较细时，选用大号的刺针；反之则选用小号的刺针。表4-4为不同纤维原料适用的刺针号数。

当数台针刺机组成一条生产线时（一般包含预针刺、主针刺及修面针刺等），其各自的作用是不同的。为了减少针刺毡表面的条痕现象，刺针选用一般应掌握"细—粗—细"的原则。即预针刺的刺针可以选略细的，以使纤网在较缓和针刺作用下压缩。而在主针刺时，按"先粗后细"的顺序选用刺针，以减少针刺毡表面的针痕。

表4-4　不同纤维原料适用的刺针号数

纤维品种	针号	纤维品种	针号
棉	30~46	合成纤维（粗）	16~25
毛（粗）	16~25	合成纤维（细）	25~40
麻	13~46	玻璃纤维	14~20

当用一台针刺机反复进行针刺加工时，可在针板的前几列植入较细的刺针。

刺针的新旧程度显著地影响到针刺效率，同时也影响到产品的性能。因此，应定期更换刺针。在换针时，一般采用逐渐替换的办法，以减少产品性能的突然改变。也就是说，在规定的时间内先更换整个针板上全部刺针的 1/3~1/4，过一段时间再更换 1/3~1/4，依此类推。

许多针刺产品，如合成革基布和造纸毛毯等，其产品性能有严格的要求。对于这类产品，满足其性能要求是选择刺针的首要前提。

（1）从强力角度考虑。针刺产品的强力取决于纤网中纤维互相缠结的程度。一般来说，标准针适合于预针刺用，若希望产品有更高的强力，可考虑选用中等型针，并将其排在主针刺中的前几台中；加密型针一般用作最后一台针刺机中；高密型针在有限的针刺深度内钩刺全部进入纤网中，它能够以最短的针刺深度提供最高的纤维缠结力及布的强力，因此特别适应厚度极薄又需要极大强力的针刺非织造布（如纺粘法针刺布）。

（2）从厚度角度考虑。在针刺加工时，常要求在保证产品克重的前提下生产一定厚度产品。这时应从以下三个方面着手：更换针的规格和型号；提高或降低针刺密度；增加或缩短针刺深度。

（3）从透气角度考虑。对于土工布、过滤布、造纸毛毯等，对透气度要求较高的产品，可以在以下四种刺针中选择：粗号针；具有较大钩刺及较深钩刺角度的针；钩刺上弯较大的针；开放式钩刺的刺针。

（4）从布面平滑度考虑。对于汽车内顶篷布、合成革基布、服装面料等表面要求十分平滑且不允许有针痕的布，在此建议：选用标准型针；细号针；三角针；钩刺不上翘的针；三条棱边上只有 1~2 排钩刺的针；最后一块针板选用无钩刺的圆柱针，对布面进行修面针刺。

第四节　针刺工艺

一、针刺力

针刺力是指刺针穿刺纤网时受到的阻力。图 4-24 为在一定条件下测得的针刺力曲线。刺针刚开始刺入纤网时针刺力增加缓慢，当第一个钩刺带住纤维时针刺力迅速增加。随着针刺深度的增加，刺入纤网中的钩刺数增加，被钩刺带住的纤维量也增加，针刺力继续增加。当刺到一定深度时，针刺力达到最大值。随后因部分纤维断裂或钩刺穿过纤维网，针刺力逐渐下降。针刺力在一定程度上反映了纤网的可针刺性。一般来说，纤网中的纤维越长、越细，纤维间摩擦系数越大，针刺力也越大。如果针刺力过大，一方面会损伤纤维，另一方面会使刺针断裂。因此，在纤网结构和纤维性能一定的情况下，可通过调整针刺工艺，如针刺深度、针刺密度等改变针刺力。针刺力还与纤网的特性关系密切，图 4-25 为几种不同原料纤网的针刺力曲线。

据测试，普通刺针的最大针刺力可达 10N，而叉形针可达 50N。

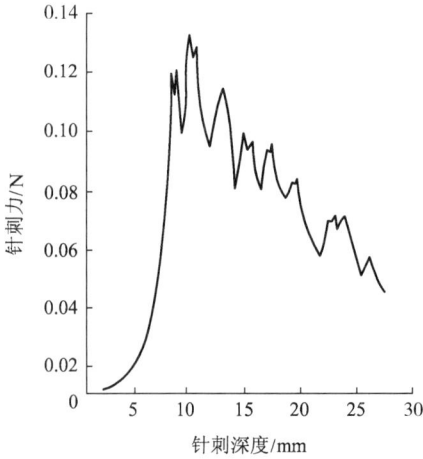

图 4-24　针刺力曲线图

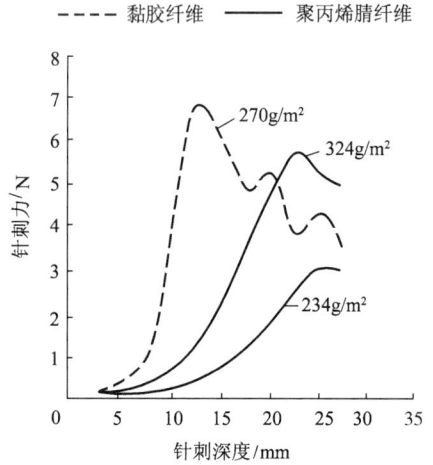

图 4-25　不同原料纤网的针刺力曲线

二、针刺工艺流程

针刺工艺流程是非常灵活、多种多样的，有时仅一台针刺机也能生产出所需的针刺非织造布。但是在多数情况下，为了提高生产效率，满足产品质量要求及某些特殊要求，需要将数台针刺机及有关设备按一定顺序排成一个流程。工艺流程的基本模式大致有两种。一种模式是将主针刺与预针刺连成一条流水线，经过预针刺的纤网可以直接喂入主针刺。这样排列有利于连续化生产，可以提高生产效率，减轻劳动强度。另一种模式是间断式，将预针刺和主针刺分开安装，经预针刺的纤网先行卷绕成卷，然后运至主针刺机前退卷，喂入主针刺机。如果有两台以上主针刺机，可以将主针刺机排成一条生产线。间断式排列灵活性好，翻改品种方便。例如，为了提高产品的均匀度和克重，可将两层预刺纤网同时喂入主针刺机进行复合针刺。在设计时，如何安排工艺流程，应针对具体情况具体分析，不能一概而论，通常主要考虑的因素有：

（1）产品性能及外观要求。

（2）针刺机的能力及自动化程度。

（3）场地状况。

（4）工人素质及管理水平。

表4-5为德国迪罗公司推荐的针刺工艺流程，供参考。

表4-6为我国青岛宏大纺织机械有限责任公司推荐的针刺工艺流程，供参考。

表 4-5　迪罗推荐的生产工艺流程

功能	生产流程图
短纤维土工布生产线	 leger　　DI-LOOM OD-Ⅱ　VE4　DI-LOOM OUG-Ⅱ TC　LS/QM RS/SW

功能	生产流程图
合成革 生产线	**I** CBFT-DI-LOOM OD-I　DI-LOOM UD-Ⅱ　DI-LOOM OD-Ⅱ　DI-LOOM OUG-Ⅱ
	II CBFT-DI-LOOM OD-I　DI-LOOM UO-I　DI-LOOM UO-I　DI-LOOM OUG-Ⅱ
	III CBFT-DI-LOOM OD-I　DI-LOOM OUG-Ⅱ　DI-LOOM OUG-Ⅱ　DI-LOOM OUG-Ⅱ

表 4-6　青岛宏大推荐的针刺工艺流程

功能	生产流程图
超纤皮革基布针刺生产线	
土工布针刺生产线	
过滤材料针刺生产线	
汽车内饰针刺生产线	

三、针刺工艺参数

（一）针刺密度 D

针刺密度是指纤网在单位面积（1cm²）上受到的理论针刺数，单位为刺/cm²。

假设针刺机的针刺频率为 n（刺/min），输出速度为 v（m/min），植针密度为 N（枚/m）。则：

$$D = N \times \frac{n}{10000v}$$

由于植针密度往往是固定的，因此，一般情况下是通过调整针刺频率和输出速度来满足不同针刺密度的要求。

针刺密度是最重要的工艺参数。一般来说，针刺密度越大，产品的强力越大，越硬挺。但是，如果纤网已足够紧密，再针刺就会造成纤维的损伤或断针，反而会使产品的强力下降。图4-26为纤网的强力与针刺遍数的关系曲线。其工艺是：每遍的针刺密度为76.7刺/cm²，原料为50%的高收缩涤纶、40%锦纶、10%黏胶纤维，纤网定量为265g/cm²。从图4-26可以看出，针刺密度在460~690刺/cm²时，产品的断裂强力较高。但是，如果原料发生变化，关系曲线和最佳针刺密度也会发生相应的变化。表4-7为部分产品所采用的针刺密度。应当指出，针刺密度相同时，如果刺针的型号不同，针刺效果也往往不同。因此在生产中，针刺密度应根据不同原料、不同的刺针型号和产品要求通过试验来确定。

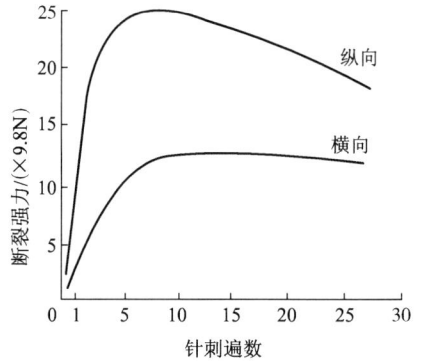

图4-26　针刺遍数（密度）与产品断裂强力的关系

表4-7　部分产品的针刺密度

规格	涤纶土工布	丙纶土工布	丙纶地毯	黏胶纤维
线密度/dtex	66	16.5	4.4	2.2
纤维长度/mm	60	90	51	57
纤维重量/（g/m²）	350	450	190	150
针刺密度/（刺/m²）	220	360	184~245	54

有试验表明，随着针刺密度的增大，土工用针刺非织造布的面密度减小、密度增大、断裂伸长下降，厚度及孔隙率、孔径先减小后有上升趋势，断裂、撕裂、顶破、刺破、落锥穿透等强度先上升达到最大值后开始下降，垂直渗透系数先减小后增大，过滤效率先增大后减小，各项指标的转折点均出现在470刺/cm²左右。

（二）针刺深度

针刺深度是刺针穿刺纤网后，突出在纤网外的长度，单位为mm。

在一定范围内，随着针刺深度的增加，纤维之间的缠结更充分，产品的强力有所提高，但是刺得过深，会使纤维断裂，产品强力降低。针刺深度通常掌握在3~17mm。在具体确定针刺深度时，应掌握以下几个原则。

（1）对由粗、长纤维组成的纤网应刺得深一些；反之，则刺得浅一些。

（2）厚纤网刺得深一些，薄纤网刺得浅一些。

（3）要求硬实的产品刺得深一些；反之，可刺得浅一些。

（4）开始时刺得深一些，随着针刺遍数的增加可刺得浅一些。

图 4-27 为一定条件下测得的不同针刺深度、不同纤网定量时的针刺力曲线。可见针刺深度以及纤网定量对针刺力的影响是比较微妙的。

（三）步进量

针刺步进量是指针刺机每针刺一个循环，织物所前进的距离。一般短纤织物针刺的步进量为 3 ~ 6mm/针。一旦针板的布针方式确定，步进量将会对布面的平整和光洁性产生一定的影响。如果步进量与刺针之间的间距呈整数倍，就有可能导致重复针刺而产生针刺条痕。即使布针方式、植针密度相同，步进量不同，针迹效果完全不一样。

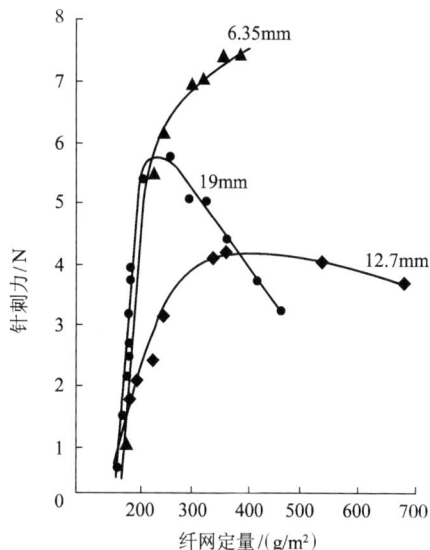

图 4-27　不同针刺深度、不同纤网
定量时的针刺力曲线

布针方式可以归结为纵向基本等距和纵向杂乱两种。纵向基本等距布针方式在 20 世纪 90 年代前基本为人字形方式，如图 4-28（a）所示。近年来，纵向杂乱方式已有两种，如图 4-28（b）（c）所示。假定针板植针密度为 3000 针/m，步进量为 5mm，用计算机模拟的上述三种布针方式的针迹图如图 4-29 所示。可见，三种布针方式中，B、C 型布针效果较好。研究表明，A 型布针方式的理想步进量范围过窄，在生产中易出现纵横向的针迹。而 B、C 型布针方式的理想步进量范围较广，基本上能满足针刺产品对表面质量的要求，但不是所有的步进量都能适用，生产中如果选用的步进量不当也可能产生条纹。需要指出的是，生产中如果牵伸不大，产品表面产生的针迹与计算机模拟的针迹基本一致；而牵伸较大时，产品表面的针迹就与计算机模拟的针迹差异较大。在实际生产中，若发现产品表面有明显的纵横向针迹，可以适当提高或降低针刺频率，以改变步进量，从而改善产品的表面质量。

(a) A 型　　　　　　　(b) B 型　　　　　　　(c) C 型

图 4-28　布针方式

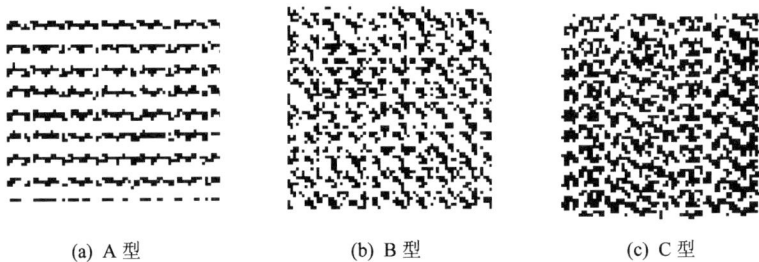

| (a) A 型 | (b) B 型 | (c) C 型 |

图 4-29　步进量为 5mm 时计算机模拟的针迹效果

第五节　几种针刺机的性能介绍

针刺机的种类繁多，性能各异。目前，表征针刺机性能的主要指标有：

（1）针刺频率（次/min）。即每分钟的针刺数。它反映了针刺机的技术水平，针刺频率越高，说明技术水平越高。现在的针刺机一般在 800~1000 次/min，最高的可达 3500 次/min。

（2）布针密度（枚/m）。也叫植针密度，是指 1m 长针刺板上的植针数。布针密度越高，针刺效率也越高，但同时对针板用材及机械设计要求也越高。预针刺机的布针密度较低，在 1000 枚/m 左右；主针刺机较高，在 4500 枚/m 左右。最高的可达 10000 枚/m。

（3）工作幅宽（m）。即针刺机的最大有效宽度。一般为针板长度的整数倍，通常一块针板的长度为 0.7~1.1m，不同型号的针刺机有一定差异。现在常见的工作幅宽为 2m、2.5m 和 3.2m 等，最大的可达 16m。

（4）针刺动程（mm）。它等于偏心轮偏心距的 2 倍。针刺动程越小，振动也越小，越有利于提高针刺频率。但是，过小会影响纤网从剥网板和托网板之间顺利通过而产生拥塞。通常，预针刺的针刺动程略大（一般在 50mm 左右），以便放大剥网板和托网板之间的距离，减少拥塞；而主针机的针刺动程较小，一般在 30mm 左右，最小可达 25mm。

（5）自动化程度、减振性能及动力消耗。综合以上各种性能，目前世界上针刺机制造水平较高的是德国迪罗（Dilo）公司、奥地利费勒（Fehrer）公司及法国的阿萨林（Asselin）公司。我国台湾首行公司的针刺机技术水平近年迅速提高，已有一定影响。我国针刺机的开发起步较晚，但近几年发展很快，生产厂家已有十多家。有些型号产品的性能已达到国际水平。

一、德国迪罗（Dilo）公司的针刺机

德国迪罗机械公司建于 1902 年，从 20 世纪 50 年代中期开始生产针刺机，到目前为止已研制开发了 DI-LOOM、DI-LOOP、DI-LOUR、PMF、BELTEX 等系列针刺机，是世界上最有影响的针刺机生产厂家之一。

（一）DI-LOOM 系列针刺机

DI-LOOM 系列针刺机主要用于产品的预针刺或主针刺，是迪罗公司的主要机种，约占总

产量的80%。该系列针刺机有单针板向上刺、单针板向下刺及对刺式多种（表4-8），可直接用于生产土工布、合成革基布、过滤布等产品。

表4-8 DI-LOOM 系列针刺机的性能

型号	针刺方式	工作幅度/m	布针密度/（枚/m）	针刺频率/（次/min）	针刺动程/mm
DI-LOOM UD-Ⅰ	▽	1.5~7.5	2000~5000	1200	40/50/60
DI-LOOM DU-Ⅰ	△				
DI-LOOM OD-Ⅱ	▽▽	1.5~7.5	4000~10000	1200	40/50/60
DI-LOOM UD-Ⅱ	△△				
DI-LOOM OD-ⅡS	▽▽	2.5~6	4000~15000	2200	25~60
DI-LOOM UD-ⅡS	△△				
DI-LOOM OUG-Ⅰ	▽ △	1.5~7.5	4000~10000	1200	60
DI-LOOM OUG-Ⅱ	▽▽ △△		8000~20000		
DI-LOOM OU-Ⅱ	▽ △	1.5~7.5	4000~10000	1200	40/50/60
DI-LOOM UO-Ⅱ	▽ △				
DI-LOOM OUG-ⅡS	▽▽ △△	2.5~6	5000~30000	1500	60
DI-LOOM OD-ⅡSC	▽▽	2.5~6	4000~15000	3000	25~60

图4-30 为 DL-LOOM OUG-ⅡS 针刺机示意图。

（二）DI-LOOP 系列针刺机

DI-LOOP 系列针刺机是专门用以生产绒面、毛圈条纹及花纹图案地毯的设备，其性能见表4-9。它的托网板是用薄片状的钢板组成的槽形板。另外，机上只配叉形针。叉形针刺穿预刺纤网，并把纤维束挤入槽形板内，根据叉形针的叉口方向不同，可在预刺纤网的表面产生毛绒或毛圈。通过槽形板台架的上下移动使叉形针有规律地"刺入"或"不刺入"，再加上针板上的刺针按一定图案排列，可在预刺纤网表面形成各种花纹图案。值得一提的是，DI-LOOP 针刺机的槽形板台架的上下移动完全是由计算机控制的液压系统操纵，如图4-31所示。

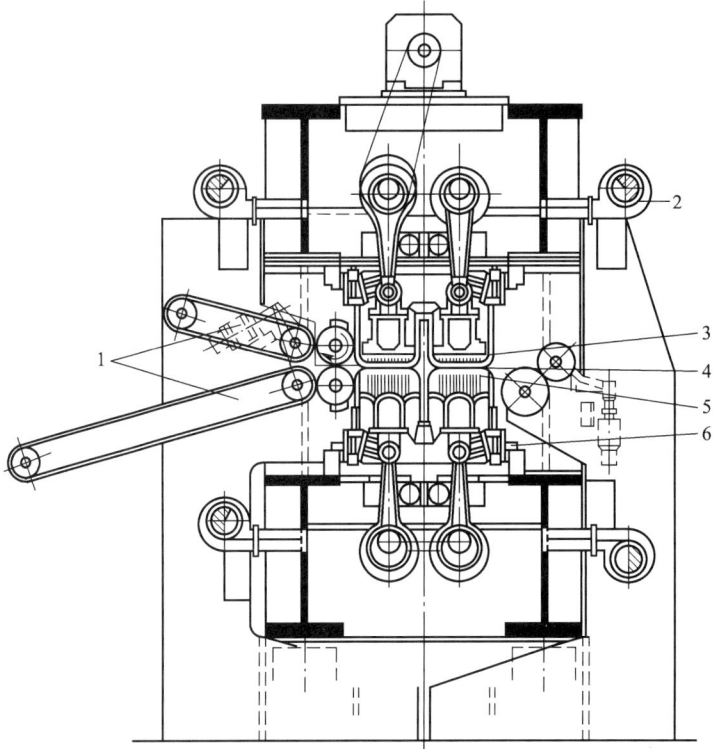

图 4-30　DI-LOOM OUG-ⅡS针刺机示意图（附带 CBF）

1—CBF 送网装置　2—风机　3—针板　4—剥网板　5—托网板　6—摇臂装置

表 4-9　DI-LOOP 系列针刺机的性能

型号	针刺方式	工作宽度/m	布针密度/（枚/m）	针刺频车/（次/min）	针刺动程/mm
DI-LOOP VA	▽	2.5/3.5/4.5	3000~14300	1200	40
DI-LOOP DA	▽	2.5/3.5/4.5	3000~14300	1200	40
DI-LOOP VS	▽	2.5/3.5/4.5	3000~14300	2000	30/40
DI-LOOP DS	▽	2.5/3.5/4.5	3000~14300	2000	30/40

（三）DI-LOUR 系列针刺机

DI-LOUR 针刺机（图 4-32）是把托网板改成回转毛刷帘子，专门用以生产拉绒产品。刺针在预刺纤网上反复穿刺，把纤维束刺入毛刷内，使底面形成很多毛绒，当输出罗拉把毛绒从毛刷帘子内拉出时，便形成均匀、致密、无规则的毛绒。有毛绒的表面称为毛绒面，也就是使用面。

与 DI-LOOP 针刺机相比，DI-LOUR 针刺机通常使用比较细的纤维，而且可以选用冠形针或叉形针。DI-LOUR 针刺机性能见表 4-10。

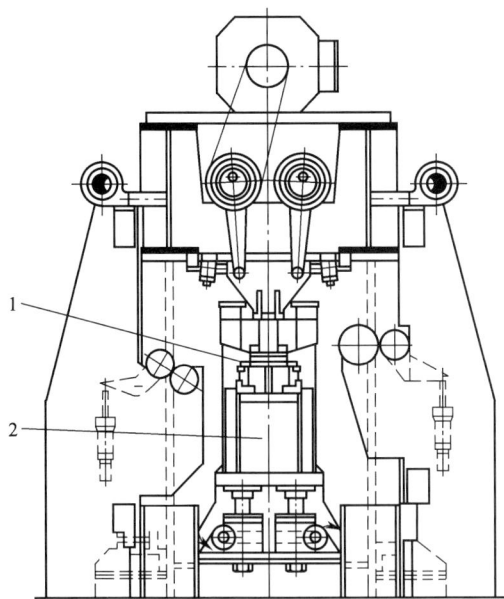

图 4-31 DI-LOOP 针刺机

1—槽形板台架 2—液压系统

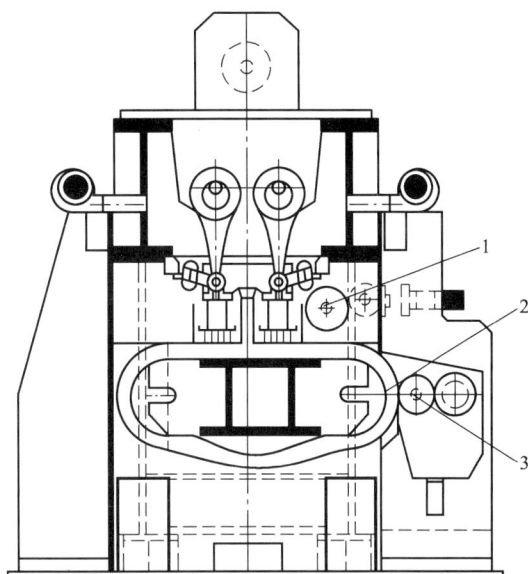

图 4-32 DI-LOUR IS 针刺机

1—输出罗拉 2—毛四帘子 3—清洁辊

表 4-10 DI-LOUR 系列针刺机性能

型号	针刺方式	工作宽度/m	布针密度/（枚/m）	针刺频率/（次/min）	针刺动程/mm
DI-LOUR Ⅱ		2.5/3.5/4.5	8000~10000	1200	30/40
DI-LOUR ⅡS		2.5/3.5/4.5	8000~15000	2000	30/40

（四）生产造纸毛毯的 PMF 系列和 BELTEX 针刺机

迪罗公司也制造生产造纸毛毯的大型针刺机，最大工作幅宽可达 16m。

造纸毛毯一般使用锦纶等，经过梳理及铺网后的纤维层经预针刺后成卷，然后将预刺纤维网卷移至 PMF 主针刺机上，一层或多层地铺在基布上进行主针刺。基布需事先在主针刺机套好。为了对环状基布里外两面进行针刺，PMF 针刺机配有多块针板，有的针板从外向里刺，有的针板从里向外刺。PMF 系列针刺机的型号和性能见表 4-11。为了与 PMF 针刺机配套，迪罗公司专门生产了型号为 DI-LOOM OD-IP 的宽幅预针刺机。

表 4-11 PMF 系列针刺机的型号与性能

型号	针刺方式	工作宽度/m	布针密度/（枚/m）	针刺频率/（次/min）	针刺动程/mm
PMF2-0-2-0		最大 16	3000~12000	800	60

型号	针刺方式	工作宽度/m	布针密度/（枚/m）	针刺频率/（次/min）	针刺动程/mm
PMF2-0-2-2	▽▽ ▽▽ △△	最大 16	4500~18000	800	60
PMF2-2-2-0	▽▽ △△ ▽▽	最大 16	4500~18000	800	60
PMF2-2-2-2	▽▽ △△ ▽▽ △△	最大 16	6000~24000	800	60
DI-LOOM OD-IP	▽	8~16	1500~3000	1000	60

因为造纸毛毯在造纸机上作为传送带使用，因而要求环状，且圆周很长，并要求环状无接缝。PMF 针刺机配有一支架，针刺机的中间横梁可以从主机上分离，并一边悬挂在支架上。这样，刺好的毛毯可以从一边取下，同样基布也可以从一边套上去。造纸毛毯在针刺过程中被游车拉紧，如图 4-33 所示。

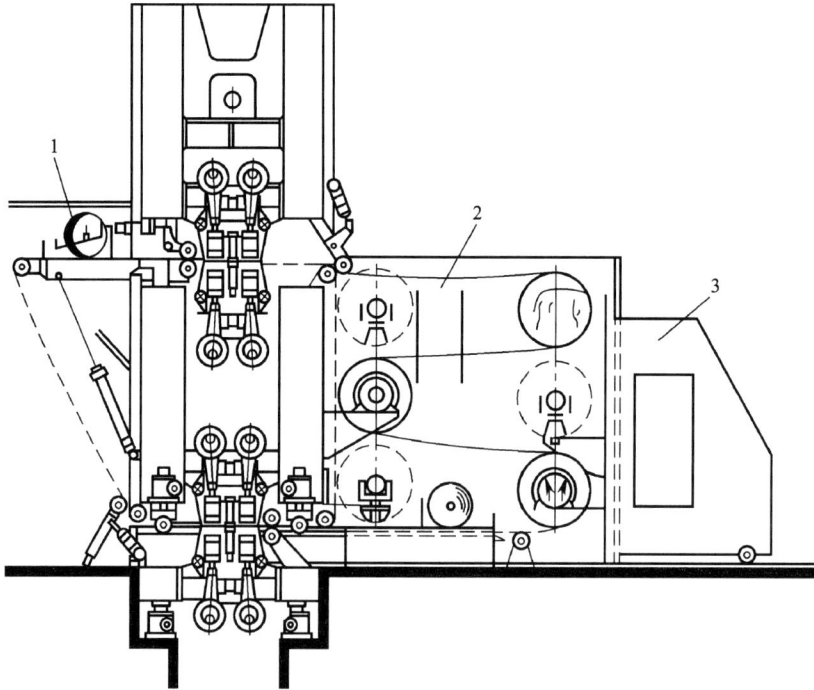

图 4-33　PMF 针刺机

1—预刺纤网　2—基布　3—游车

BELTEX 也是生产造纸毛毯的专用针刺机，结构组成如图 4-34 所示。它的工艺过程与 PMF 针刺机不同，从道夫上剥下来的纤网被分裂成四条并分别折转 90°叠在一起，形成宽约 0.5m 的纤网，该纤网跨越滚筒 6 喂入幅宽只有 1.2m 的针刺机，经针刺后的纤网随滚筒的转动环绕于滚筒 5、6 之外，形成一个无接缝的环状带。在滚筒转动的同时，滚筒上周边分布的链条作纵向移动，以便使刚喂入的纤网与已针刺的纤网均匀地衔接成具有一定宽度的环状毛毯，如图 4-35 所示。可加工的最大宽度为 16m。该针刺机为悬臂式，共有四块针板，两块从外向里刺，两块从里向外刺。

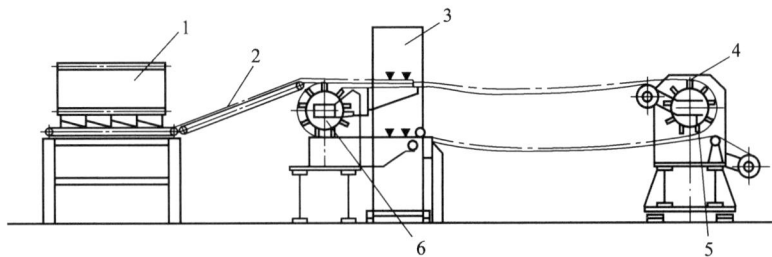

图 4-34　BELTEX 针刺机

1—道夫　2—纤维网带　3—针刺机　4—链条　5，6—滚筒

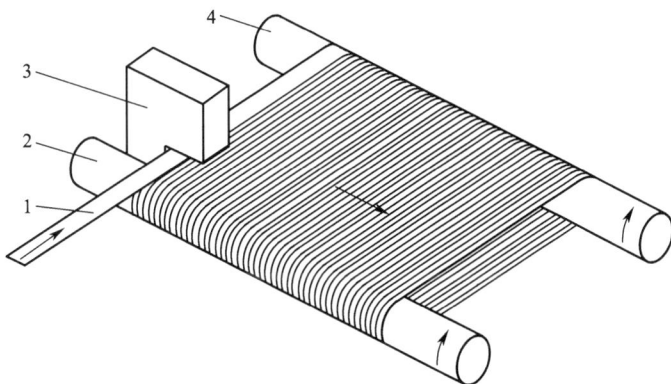

图 4-35　BELTEX 针刺机的工作过程

1—纤维网带　2，4—滚筒　3—针刺机

由于纤维是纵向喂入针刺区的，因此纤维是沿毛毯的周向分布的，从而使 BELTEX 针刺机生产的造纸毛毯具有强度高、伸长小、脱水性能好、表面平整致密的特点。如果把 BELTEX 针刺机生产的毯坯在 PMF 针刺机上套上基布进行主针刺，可以得到档次更高的造纸毛毯。

BELTEX 针刺机生产的布针密度为 8000~20000 枚/m，针刺频率为 1800 次/min，针刺动程为 40~60mm。

（五）椭圆形运动轨迹针刺机

普通针刺机由于针梁垂直运动，在刺针刺入纤网期间，刺针会使纤网滞留一段时间，刺针离开纤网后，纤网的速度就必须马上从零提升到原有的速度，从而导致纤网的牵伸和变形。

而针梁的椭圆形运动可使刺针与纤网同步移动，避免了这些缺陷，除了可获得高车速之外，还可大大减少牵伸并改善针刺产品的表面平整性，减少纵、横向牵伸和断针现象。

针梁的椭圆形运动是由垂直和水平两个方向的运动组成。水平方向的运动减少了刺针与纤网之间的速度差。为了满足针板椭圆形运动的需要，剥网板和托网板都开了狭长孔，以便针梁能够跟着纤网同步移动。

迪罗公司推出的 DI-LOOM HV Hyperpunch 型针刺机，采用椭圆形针刺轨迹。其基本原理是针板横梁在做上下垂直动运动时，针板横梁绕摇杆连接点进行旋转，从而形成椭圆轨迹，如图 4-36 所示。可设定动程的方向是垂直或水平。无级变化的相位角使水平动程自动可调，而相位角可通过将第 2 主轴转至与第 1 主轴逆向的位置来调整。形成的相位角越大，针板横梁的水平动程越大，主轴用于相位切换的传动单元可在计算机操作面板上进行调整，水平动程在 0~8mm 内。HαV 针刺机主要用于克重较小、针刺频率和产能均居于中等水平产品的预针刺和修面针刺。也可用于造纸毛毡的预针刺，工作幅宽可达 16m。迪罗公司椭圆形运动针刺机的针刺频率在 3000 次/min 时，针刺速度可高达 150m/min。

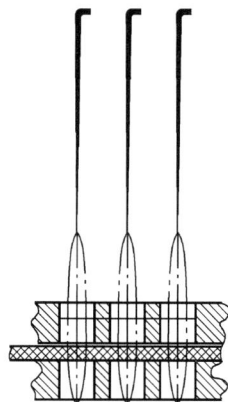

图 4-36　刺针的椭圆形运动轨迹

（六）其他针刺机

迪罗公司还专门开发了用于生产管状产品的针刺机，DI-LOOM OR 型和 ORC 型针刺机所产生的圆管（筒）的长度是固定的，而 RONTEX 系列针刺机生产的圆管的长度不受限制。

加工的圆管的直径不同，所用针刺机的型号不同，见表 4-12。

表 4-12　生产管状产品的针刺机型号及性能

型号	布针密度/（枚/m）	针刺频率/（次/min）	管径范围/mm	圆管长度/m	针刺方式
RONTEX 50	3000	1800	25~170	—	
RONTEK75	3560	800	4~500	—	
DI-LOOM OR	1600~4000	1000	300~20000	2.5/3.5/4.5/6.5	
DI-LOOM ORCS	3000	750	内径10~1200mm 外径800mm	最大 0.8	

迪罗公司还提供专门用于生产垫肩的 SKE 型和 SKR 型针刺机。SKE 型针刺机是用来生产垫肩填料的。针刺填料可用下脚废料为原料，先将其制成 250mm 宽的预针刺纤维卷，再将纤维卷喂入 SKE 针刺机，经开松、成型、针刺即得到圆形的垫肩填料，产量最高可达 500 个/h。

SKR 型针刺机是把垫肩的三层（上基布、中间填料、下基布）刺在一起的专用针刺机。它的托网装置为槽辊，刺针恰好刺在槽辊的凹槽内，因此垫肩的外形是与槽辊直径相吻合的弯曲状。工作时，将已剪好外形轮廓的上、下预针刺基布和中间针刺填料用手工叠好，然后送入 SKR 型针刺机针刺复合，经针刺后的垫肩通常需从中间剪开，使其成为一对。

二、青岛宏大公司的针刺机

青岛宏大纺织机械有限责任公司（简称青岛宏大）从 20 世纪末开始研发针刺机等非织造布用机械，目前主要有预针刺机、双针板针刺机、对刺针刺机、单板下刺机、单板上刺机等产品，其性能及用途见表 4-13。其针刺机主要有以下特点：曲柄箱采用双轴驱动，配有单独循环润滑系统，运转平稳，震动小；输入、输出罗拉及曲柄箱均采用变频电动机传动，可根据工艺需要调整速度，方便操作。

表 4-13　青岛宏大公司的针刺机性能及用途

型号	针板排列	工作宽度/ m	针刺频率/ （次/min）	针刺动程/ mm	主要用途
HD411F	▽ , △	1.5~6	1200	60	主要用于预针刺
HD421	▽▽	1.5~6	1200	40	主要用于主针刺和修面针刺
HD422	△△	1.5~6	1200	40	主要用于主针刺和修面针刺
HD424	▽ △	2~4.4	1200	40	主要用于主针刺和修面针刺
HD411Z	▽	2~4.8	1200	40	主要用于主针刺
HD412	△	2~4.8	1200	40	主要用于主针刺

三、其他针刺机

随着非织造布工业的快速发展，国内参与针刺机等非织造布用设备开发的企业越来越多。其中，恒天重工股份有限公司（前身是郑州纺织机械股份有限公司）于 20 世纪末即着手开发针刺机等非织造布用设备，目前也是国产针刺机的主要供应商之一。还有广东三辉无纺科技有限公司、常熟市迎阳无纺机械设备有限公司、常熟市飞龙无纺设备有限公司、常州市锦益机械有限公司、青岛德峰机械公司等提供的针刺机基本都能够满足常用针刺非织造产品开发的需求。

随着我国改革开放的不断深入，国外知名企业以独资或合资的方式在我国落户的越来越多。其中，奥地利安德里兹集团在我国注册安德里茨（中国）有限公司（简称安德里茨）。安德里茨拥有从给棉箱、eXcelle 系列梳理机和交叉铺网机，到预针刺机和定制化的专业用途针刺设备，其性能及特点见表 4-14。其中，在针刺设备方面开发了一款用于无规起绒的针刺机 SDV，其核心技术为毛刷倾斜排列技术，可使产品呈现出耐用、无规的起绒效果，目前其主要用于汽车内饰的生产。

表 4-14　安德里茨针刺机性能及特点

性能	A50-L	A50-RS 系列 SDV-2/2+2	A50-R/RS 系列 SD-1 & SM-1	A50-RD	A35
针刺频率/ （次/min）	1200~1900	1600~2000	1400~2200	1200	400
布针密度/ （枚/m）	3200~28000	16000~32000	3000~7000	1500~3000	4000~8000

☞ **思考题**

1. 试述针刺机构的技术要求与性能指标。
2. 花纹针刺机是如何实现花纹针刺的？
3. 阐明几种常见型号针刺机的性能特点。
4. 刺针在结构上可有哪些变化？这些变化对针刺产品有什么影响？
5. 选用刺针的原则是什么？
6. 针刺密度和针刺深度对产品质量有什么影响？
7. 试比较连续式和间歇式针刺工艺流程的特点。
8. 综述国内外针刺技术的新进展。

第五章　热黏合加固

本章知识点

1. 热轧黏合及热风黏合的加固原理。
2. 热轧对纤网和纤维结构的影响。
3. 热黏合加固的适应性。
4. 热轧黏合设备基本要求。
5. 热轧机种类及特点。
6. 热风黏合设备设备分类及特点。
7. 热黏合生产工艺及产品。

第一节　概述

随着合成纤维的快速发展和广泛应用，纤维热黏合技术得到了迅速发展，并成为纤网加固的一种重要方法。

一、热黏合加固的特点

许多高分子材料都具有热塑性，即加热到一定温度后会软化熔融，变成具有一定流动性的黏流体，当温度低于其软化熔融温度后，又重新固化，变成固态。热黏合技术就是充分利用热塑性高分子材料的这种特性，使纤网受热后部分纤维软化熔融，纤维间产生粘连，冷却后使纤维保持粘连状态，纤网得以加固。根据加热纤网的方式，热黏合可分为热轧黏合、热风黏合及其他方式黏合。

热黏合具有以下特点：

（1）生产速度高。热轧黏合一般生产速度在 $20 \sim 60 \mathrm{m/min}$，最高的可达 $100 \sim 120 \mathrm{m/min}$ 或更高。热风黏合生产速度与产品的克重有关，在生产 $50 \mathrm{g/m^2}$ 的薄型非织造布时，速度可达 $100 \mathrm{m/min}$。可以说，热黏合技术是非织造布生产技术中的"高速路"。

（2）能耗低。作为热黏合基本材料的低熔点纤维或双组分纤维，尽管其成本高于常规纤维和一般的黏合剂，但就其总的能耗而言，要比化学黏合法低。据统计，用丙纶热黏合加固，每千克非织造布耗能 2.4×10⁵J，而采用浸渍法黏合加固，每千克的能耗为 3.9×10⁶J。随着低熔点纤维、双组分纤维生产技术的改进，生产成本的降低，热黏合技术的这一优点会更加显著。

（3）产品的卫生性好。热黏合产品不带有任何化学试剂，因此卫生性好，非常适合于医疗卫生用品的生产和使用，而且生产过程没有"三废"产生，更符合环境保护，生产过程也无噪声，有利于改善生产的工作环境。

（4）生产灵活性大。热黏合既可作为主要的纤网加固手段，直接生产出非织造布，又可作为辅助加固，改善其他加固方法的不足。例如，在针刺加固的纤网中混入少量的热熔纤维，在针刺后再经热处理，可显著提高强力和改善布的纵横向强力比。

二、热轧黏合加固原理

（一）热轧黏合过程分析

热轧黏合是指用一对热轧辊对纤网进行加热，同时加以一定的压力的热黏合方式。如图 5-1 所示，当含有热熔纤维的纤网喂入由热轧辊系统组成的黏合作用区域时，在轧辊的温度和压力的作用下，纤网中纤维部分熔融产生黏合，纤网走出黏合区域后经冷却加固成布。实际上热轧黏合是一个非常复杂的过程，其中发生了很多变化过程，包括纤网被压紧和加热、纤网产生形变和熔融、熔融聚合物的流动过程和冷却成型过程等。现就几个主要的过程进行讨论分析。

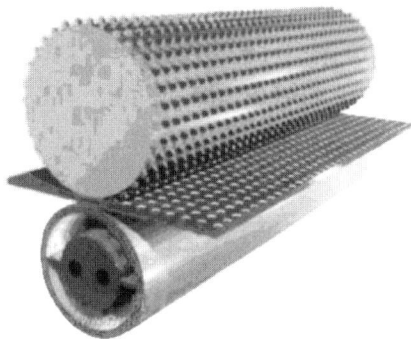

图 5-1 热轧黏合过程示意图

1. 热传递过程

当含热熔纤维的纤网进入热轧黏合区时，因热轧辊表面温度较高，所以热量迅速从热轧辊表面传向纤网，并由外向内逐层传递。在热传递过程中，纤网发生了许多物理变化。例如，蓬松的纤网进入热轧辊钳口后，厚度和密度发生变化，随之热传递系数也发生变化，热传递的速度也会逐层减慢。以聚丙烯纤维为例，当轧辊温度为 155℃ 时，单靠热传递只能使纤网内层的温度达到 120℃。也就是说，单靠热传递不能向纤网中间层提供必需的热量。

2. 形变过程

两轧辊间强大的压力可使高聚物产生形变热，进而导致纤网的温度进一步提高。研究表明，当轧辊线压力为（2.7~7）×10³N/cm 时，纤网中间层的温理论上可升高 25~40℃。当然，高聚物的熔融也要消耗掉一部分能量，因此实际温升可达 30~35℃。尽管纤网在热轧黏合时停留的时间极短（约 13μs），且纤网中间层的温度较低，但形变热对纤网尤其是中间层温度的提高大有帮助。

3. 克莱帕伦（Clapeyron）效应

高聚物分子受压时熔融所需的热量远比常压下多，这种现象称为克莱帕伦效应。对聚丙烯纤维来说，压力使其熔融温度提高的幅度约为 $38℃/10^8 Pa$。在热轧黏合过程中，钳口线处的压力最大，此处的高聚物的熔融温度将会提高。而轧辊表面的加热温度又受到远离钳口线处纤维熔融温度的限制。例如，对丙纶来说，轧辊的表面温度不能高于 $155℃$，以免损伤纤维性能。所以轧辊间压力的大小必须限制在钳口处高聚物能够熔融的范围内。这样才能达到良好的黏合效果。

4. 流动过程

在热轧黏合过程中，部分纤维在温度和压力作用下会熔融，进而产生流动，而流动是形成良好黏合的必备条件。为促使其产生一定的流动，必须给热轧机提供必要的轧辊温度和压力，并要考虑到增大压力会使高聚物的熔融温度相应提高而带来的流动性减弱。因此，选择恰当的压力和温度极为重要。当然，生产速度对流动过程的影响也很重要且更为复杂。譬如，提高生产速度将缩短纤维的受热时间，纤维的温升相应降低，进而其剪切应力会相应提高，因此生产速度也会影响其流动过程的进行。

5. 扩散过程

高聚物在熔融流动的同时，伴随着向相邻纤维表面的扩散。但是，因受热熔时间和温度的制约，扩散区域仅发生在纤维熔融后相互接触的界面处，并难以消除纤维间的分界面。研究结果表明，高聚物分子在黏合过程中的扩散距离仅为 $1nm$（$10Å$）左右。尽管如此，扩散过程仍对形成良好的黏合起着重要的作用。

（二）热轧对纤网和纤维结构的影响

纤网经热轧黏合后，黏合只发生在纤维交叉点或刻花辊轧点处，未黏合处保持了纤维原有的形态和性能，所以热轧黏合的非织造布具有很好的柔软性、透气性和弹性等。

借助电子显微镜可以观察到，即便是黏合点处的纤维，在形态上也多为完整的，仅发生了一定的变形，但有少量纤维被轧断。纤维变形的程度和被轧断的数量与热轧的温度和压力配置有关。如果温度过低，且压力过高，会有大量的纤维被轧断，此时热轧非织造布的强力会显著下降。

在热黏合过程中，由于纤维受到热的和机械的作用，其微观结构将发生一定的变化，纤维的性能必然产生一定程度的变化。对聚丙烯纤维的热黏合过程研究表明，在 $150℃$ 的温度下，纤网就会产生收缩，如图 5-2 所示，这是纤维中非晶区分子链松弛的结果。在更高的温度下，由于微小的带有缺陷的晶体部分开始熔融，致使纤维产生突然而迅速的收缩。非晶区分子链解取向的程度与黏合温度有关，黏合温度越高，分子链解取向的程度越大。

热黏合后纤维结晶度的变化，不仅受黏合温度的影响，而且更主要的是受冷却速率的影响。在低于熔点温度热黏合时，结晶度随黏合温度的升高而增加，如图 5-3 所示。因为随着黏合温度的上升，非晶区的分子运动变得越来越容易，使得各晶区都有生长，反映在晶面方向的平均晶粒尺寸增大。当黏合温度超过熔点后，在黏合区内的纤维熔融，若再急剧冷却，将导致相对结晶速率减慢，结晶度降低。

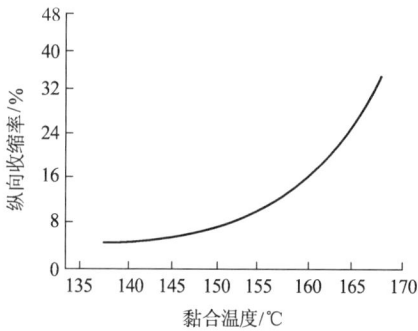

图 5-2　黏合温度对收缩的影响　　　　图 5-3　黏合温度对结晶的影响

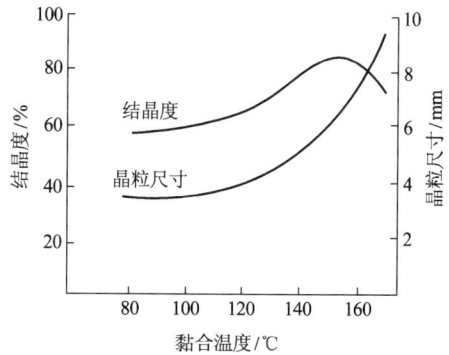

对聚丙烯纤维而言，在热黏合过程中大约有 10% 的晶体——最不稳定的结晶部分和非晶态部分产生熔融，变得能流动。稳定的晶体部分在温度和压力的作用下被韧化。因此，不熔融的稳定结晶越多，热轧黏合后纤维的完整性保持越好。

三、热熔黏合加固原理

热熔黏合工艺是指利用烘房对混有热熔介质的纤网进行加热，使纤网中的热熔纤维或热熔粉末受热熔融，熔融的聚合物流动并凝聚在纤维交叉点上，冷却后纤网得到黏合加固的过程。与热轧黏合相似，热熔黏合工艺存在热传递过程、流动过程、扩散过程、加压和冷却过程。

1. 热传递过程

热熔黏合工艺中的传热与热轧黏合有所区别。热轧黏合时，轧辊热量主要通过传导和辐射施加到纤网上，同时，由于轧辊钳口的压力作用，纤网内部出现形变热。而热熔黏合工艺主要是利用热空气穿透纤网对热熔纤维进行加热，少数采用如红外辐射的加热方式。

辐射加热仅用在特殊场合，因为要得到高的辐射热，并促使纤网中热熔纤维达到熔融温度是很困难的。对于较厚的纤网，辐射加热只能黏合其表面。而热风循环穿透式加热方式则具有较高的热传导效率，其适应性也较强，可广泛应用于 $15 \sim 2000 g/m^2$ 甚至更厚的纤网黏合加固，生产速度可达到 $20 \sim 100 m/min$。

2. 流动过程

热熔黏合时存在与热轧黏合相同的聚合物流动过程。在热熔黏合过程中，纤网中部分纤维或热熔粉末在温度的作用下发生熔融，熔融的高聚物向纤维交叉点流动。与热轧黏合工艺相同，烘房温度升高将有利于熔融高聚物的流动。

3. 扩散过程

热熔黏合时存在与热轧黏合相同的聚合物扩散过程。在熔融高聚物的流动过程中，同时存在着高聚物分子向相接触的纤维表面的扩散过程，扩散作用有利于形成良好的黏合。研究表明，尽管高聚物在黏合过程中的扩散距离仅为 1nm 左右，但对于纤网的黏合有重要的作用。

4. 加压和冷却过程

在热熔黏合过程中，纤网离开烘房的热熔区域后应马上采用一对轧辊对纤网加压，轧辊的机械作用可改善纤网的黏合效果，同时提高产品的结构和尺寸稳定性。与热轧黏合工艺相同，快速冷却热熔黏合后的纤网可改善产品的强度和手感。

热熔黏合工艺按热风穿透形式可分为热风穿透式黏合和热风喷射式黏合，如图 5-4 所示，其技术特点见表 5-1。图 5-5 所示为单层双帘式烘房的热风黏合生产线。

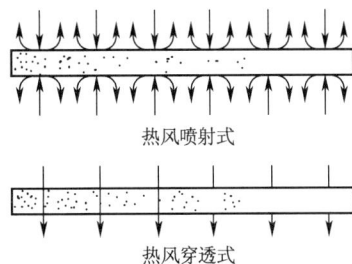

图 5-4 热风加热

表 5-1 两种热熔黏合工艺技术特点

黏合方式		特点
热风穿透式黏合	单网帘式	平网热风穿透式黏合是一种应用较早的热熔黏合工艺，其与平网热风穿透式烘燥的原理基本相同。采用了单层网帘，纤维没有受到加压作用，热熔黏合后经过相当长的自然冷却过程，因此产品蓬松、弹性好
	双网帘式	纤网在热风穿透黏合时，由上下两层网帘夹持，这样，在生产较大定量的厚型产品时，可控制产品的厚度和密度。纤网黏合后，还要经过一道热轧处理，进一步控制产品厚度，并使产品表面比较光洁。热轧后，纤网必须经过水冷或风冷，然后才成卷
	圆网滚筒式	纤网送入圆网烘房后，热风从圆网的四周向滚筒内径方向喷入，对纤网进行加热。而进入滚筒内部的热风被滚筒一侧的风机抽出，在滚筒的内部形成负压。当定量较小时，纤网将被负压吸附在金属圆网上。当离开滚筒的区域，滚筒内部要设气流密封挡板，让该区域滚筒表面无热空气吸入，使产品能顺利离开加热区 日本最早采用 ES 纤维为原料的纤网经圆网热风穿透黏合产品，用作用即弃卫生产品的包覆材料，其显著的特征是产品膨松、柔软，渗透性、强度好，适应新型卫生巾、尿片生产线的高速生产，具有热轧产品所没有的优点
热风喷射式黏合	单网帘式	薄网经撒粉装置加入热熔粉末，然后由交叉铺网装置铺成较厚的纤网，再输入烘房中进行热风喷射加热黏合。热熔黏合后的纤网离开烘房后，再经轧辊加压作用，使产品结构进一步稳定并改善非织造材料的表面质量。如果在纤网中混入一定比例的热熔纤维，则无须使用撒粉装置
	双网帘式	双网帘夹持方式可使产品不受热风喷射的影响而变形，同时可调节产品密度并形成稳定的纤网结构。与单网帘热风喷射式热熔黏合相同，如果在纤网中混入一定比例的热熔纤维，则无须使用撒粉装置

热熔黏合生产中大多要在纤网中混入一定比例的低熔点黏结纤维，或采用双组分纤维，或在纤网进入烘房前借助于撒粉装置施加一定量的热熔粉末，热熔粉末的熔点要低于纤维的熔点，热熔粉末受热后先熔融，使纤维之间产生黏合。

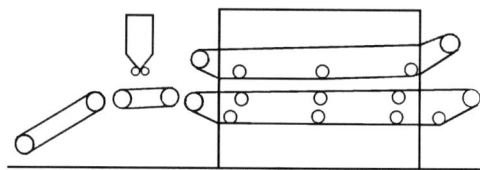

图5-5 单层双帘式烘房的热风黏合
生产线示意图

四、热黏合加固的适应性

由热塑性合成纤维构成的纤网都可以采用热黏合加固，如目前非织造布生产中聚酯、聚酰胺、聚丙烯等纤维。由于棉、毛、麻、黏胶纤维、壳聚糖纤维和海藻纤维等不具有热塑性，所以这类纤维单独组成的纤网不能用热黏合加固。在热塑性纤网中可加入少量的棉、毛等纤维，以改善非织造布的某些性能，但一般不宜超过50%。例如，棉/聚酯以30/70混合比制成的热轧黏合非织造布，可明显改善吸湿性、手感和柔软性，非常适合于做医疗卫生用品。棉纤维含量增加，非织造布的强力会下降。当然，对于完全由非热塑性纤维组成的纤网也可以考虑采用撒粉热黏合的方法加固。

热轧黏合一般适合于纤网定量在 $20\sim200g/m^2$ 范围内，其中最适宜纤网定量在 $20\sim80g/m^2$ 的薄型产品，纤网太厚，中间层黏合效果差，易产生分层现象。

热风黏合适合于纤网定量在 $16\sim2500g/m^2$ 的产品。近年来，薄型热风黏合非织造布发展迅速，定量一般在 $16\sim100g/m^2$。

黏合纤维的强度较正常纤维低，因此加入的量不宜过大，一般控制在 15%~50%。双组分纤维由于其热收缩率小，因此十分适合单独使用或作为黏结纤维用于热风非织造布生产，形成良好效果的点黏合结构，强力较高，手感也柔软。

此外，热黏合也常用于复合非织造布的生产，如热熔层压非织造布，或作为其他加固方法的补充手段。例如，在纤网中混入少量低熔点纤维，针刺加固后再经热风黏合，可明显提高针刺产品的强度和尺寸稳定性。

第二节 热黏合设备

一、热轧黏合设备

（一）基本要求

热轧机主要由一对轧辊组成，在轧辊两端装有液压加压系统，轧辊内部装有加热部件，轧辊可由多种热源进行加热。为了保证产品性能的均匀一致。一般轧辊两端和中间的温度和压力应均匀一致。一般轧辊两端和中间的温度差控制在±1℃。以避免中部和两边所得到的黏合效果不一样。

轧辊压力是在轧辊两端施加的，轧辊会因此而产生弯曲变形，机幅越宽，越易变形。如果弯曲变形不采取补偿措施，则两轧辊间中部的压力会由于轧辊弯曲而低于两端。所以一般在轧辊结构设计上采用一定的措施来补偿上述的变形。目前主要有以下几种补偿方式。

1. 中凸轧辊

这是最简单和最有效的方式之一，但它仅适用于特定的加压要求，即在中凸辊设计时已经设定了所要施加的压力，依此来设计中凸度的大小。压力大小变化，辊的中凸度也需随之改变。因此这种方法有一定的局限性。

2. 轴线交叉

两轧辊的轴线通过主轴承的侧向位移而相交，可使轧辊两端的钳口尺寸增大，即大于中间的钳口尺寸，以达到弯曲变形补偿。

3. 内压空心轧辊

用液压支撑芯轴补偿空气轧辊的弯曲，也是一种有效的方法。这种方法提供了应力线上的局部补偿。这种补偿也只能限于一定的范围，不能得到完全补偿。

4. 外加弯矩

这种方法是通过轧辊外端施加弯矩使应力得到补偿。

通过采取以上几种结构，轧辊弯曲变形造成的压力不匀可得到一定程度的补偿。只有中凸轧辊方法才能得到完全的补偿，然而这种结构仅适合于特定的压力。

（二）热轧机的种类及特点

各公司生产的热轧机的种类型号很多，按其采用的加热方式可分为三类。

1. 电加热型

这是最老式的加热方式，采用在轧辊内腔安装加热管加热。国内生产的窄幅热轧机常用这种加热方式，其特点是结构简单，易于维修，升温速度快；但温度控制精度较低，加热的均匀性和稳定性较差，不适应宽幅热轧机。这种方法现在应用得越来越少。

2. 导热油加热型

利用油炉对导热油进行加热，导热油经输送管送入轧辊内，不断循环，对轧辊进行加热。这种加热方式温度控制精度较高，整个轧辊温度均匀稳定，温度偏差小，可控制在±1℃。这是目前多数采用的加热方式。由于需要从轧辊端头通入导热油，因此密封要求较高，如果使用或维修不当，易造成漏油。此外，需要配备导热油加热系统。

3. 电磁感应加热型

电磁感应加热轧辊的工作原理是：如图5-6所示，感应线圈绕在芯轴上，相当于一次线圈，它固定不动，钢辊体作为二次线圈通过轴承套在芯轴外，可以转动，当交流电通过感应线圈产生交变磁场时，钢辊表面就产生了感应电流并产生焦耳热，加热温度范围可达400℃，升温快，控温方便。高水平的电磁感应加热轧辊的温控精度可控制在±1℃（在100~260℃时）。

为减小轧辊的表面温差，在钢辊体的圆周方向均匀分布了数十个轴向长孔，并在长孔内

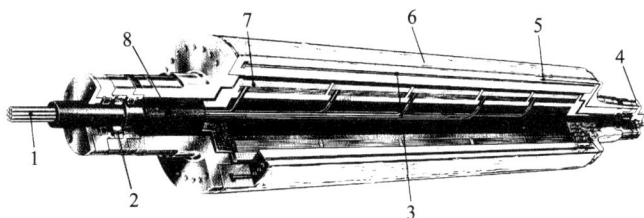

图 5-6　电磁感应加热轧辊的结构

1—电源导线　2—轴承　3—轴向长孔　4—轮毂　5—温度传感器
6—钢辊体　7—电感应线圈　8—芯轴

真空注入热媒（主要为纯水），利用热媒的流动性和储热、放热特性补偿温差。其中，一部分长孔的两端封闭，以补偿轴向温差；另一部分长孔的两端连通，以补偿圆周方向的温差。电感应线圈采用分段供电，如果中部线圈供电加强，则钢辊因热膨胀而呈中凸辊，可有效补偿轧辊线压力的平衡。

由于电感应轧辊不使用蒸汽、导热油，维护成本低，但制造成本高。

（三）典型的非织造热轧机

按照热轧机轧辊的数目分有两轧辊、三轧辊、四轧辊等。热轧辊根据产品需要可选用表面刻有花纹的刻花辊或光辊。刻花辊/光辊组合，在热轧黏合时，只在刻花辊凸轧点处纤维产生热黏点，具有这种结构的热轧黏合非织造布产品较柔软。

光辊/光辊组合，在热轧黏合时，纤维交叉点处都产生黏合，因此黏合点多，产品平整密实，手感较硬挺。

光辊/棉辊组合（钢辊上包覆一层厚棉层），在热轧黏合时，形成单面的表面黏合效果，只有靠近光辊的纤维产生黏合。这种产品可满足某些特殊用途的需要。也可将两台热轧机串联使用，在纤网两面形成表面黏合，中间层保持线网状，以达到既有良好的柔软和通透性，又有平整光滑表面的要求，可用于生产医疗卫生用品。

图 5-7 为 Ramisch 公司生产的二辊热轧机。轧辊表面最高温度可达到 250℃，温度误差不大于 ±1℃，轧辊钳口压力调节范围为 15~150N/mm。当热轧非织造材料需要不同的轧点花纹时，两辊热轧机必须停产一定的时间更换刻花辊。

图 5-8 为 Ramisch 公司生产的三辊热轧机。一般配置一根点黏合刻花辊和一根复合用刻花辊，其轧辊钳口变换非常迅速，变换工艺时无须花很多时间更换刻花辊。

图 5-9 为 Küsters 公司生产的热轧机。图 5-10 为 Comerio 公司生产的二辊热轧机。

根据刻花辊上凸点的形状和排列方式，可在布的表面形成一定的花纹。当产生不同定量或不同性能要求的热轧非织造材料时，应选择不同轧辊花纹和不同轧点高度的轧辊才能保证产品的预期质量。常用的轧点形状如图 5-11 所示。

图 5-7　Ramisch 公司生产的二辊热轧机

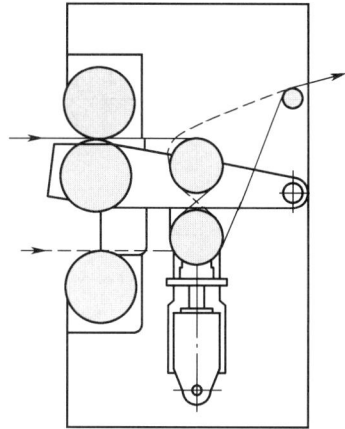

图 5-8　Ramisch 公司生产的三辊热轧机

图 5-9　Küsters 公司生产的热轧机

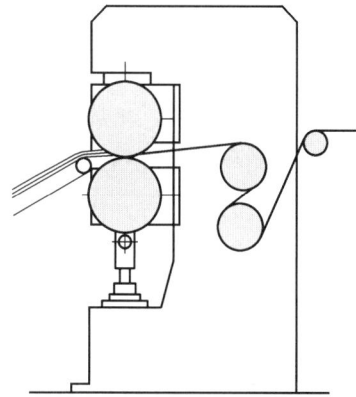

图 5-10　Comerio 公司生产的二辊热轧机

图 5-11　常用的轧点形状

87

各生产厂家生产的热轧机的主要技术特征见表5-2。

表5-2 各生产厂家生产的热轧机的主要技术特征

生产厂家	东电公司	Ramish 公司	Küsters 公司
工作宽度/mm	2300	2300	4000
轧辊直径/mm	500	430	500
工作温度/℃	100~260	250	80~250
工作速度/（m/min）	5~100	1~100	400
最大压力/（kN/m）	—	40	108
加热功率/kW	90×2	56	—
加热方式	电磁感应	油热	油热
温度偏差/℃	±1.0	±1.0	±1.0

二、热熔黏合设备

（一）热熔黏合工艺的设备要求

在热熔黏合中，空气是热载体，随着热空气穿透纤网，将热量传递给纤维。因此，首先，要保证热风在循环流动过程中不会破坏纤维网的结构。纤网在进入烘房的初始阶段，纤维之间只是依靠抱合力而结合，热气流的导入方式和速度如果不合适，就会破坏纤网的结构。其次，必须保证纤网受热均匀，以使纤网加固后的各项性能均一稳定。各处的温度偏差应控制在±1.5℃范围内。最后，烘房温度应能满足工艺要求。普通的烘干设备主要用于干燥水分，其加热的温度一般较低，不适合于热风黏合生产。烘房温度应能达到所用黏结纤维的熔点温度，一般需要在140~220℃。

另外，必须保证纤网能够有足够的受热时间，以获得良好的黏合效果，即烘房需有足够的长度。

（二）几种常用热熔黏合设备

按照纤网在烘房设备内运行的方式，可将其分为圆网滚筒式、平网式及红外线辐射式。

1. 圆网滚筒式

如图5-12所示是一种圆网滚筒式加热机示意图。当采用单个滚筒时，纤网对滚筒的包围角可达300℃。轴流风机以滚筒侧面抽风，形成循环气流。气流经过热交换器时进行加热。这种设备具有占地面积小、加热速度快、纤网贴附在滚筒上、不易产生变形等特点。

圆网滚筒也有采用两个或更多的，排列方式可垂直排列也可水平排列。这两种形式都可使热风交替地穿过纤网的两面，加热效果较理想。通过改变

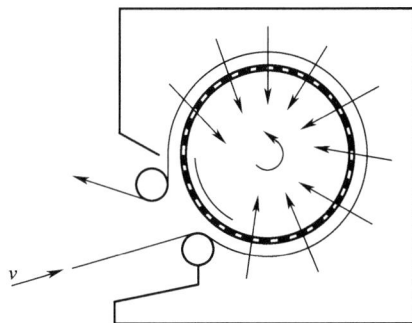

图5-12 圆网烘燥机示意图

滚筒直径，可增大其加热能力，一般滚筒直径在 1000~3500mm，最大工作宽度可达 6500mm。每只滚筒都可以单独调速，以适应不同规格的非织造布。因为滚筒温度会影响到产品的热收缩率，为保证在整个工作宽度上温度均匀，必须采取一定的措施。目前，工作宽度为 2200mm、工作温度为 250℃的滚筒，温度温差可控制在±1.5℃。有时为了防止纤网变形，在圆网滚筒上附加一层压网帘，纤网由压网帘和滚筒夹持运行。

2. 平网式

图 5-13 所示是单层平网式烘燥设备示意图。这种设备可根据需要将整个工作长度分为几个不同的温度区域，以满足工艺要求，比较适合厚型纤网的热风黏合，但设备占地面积大。

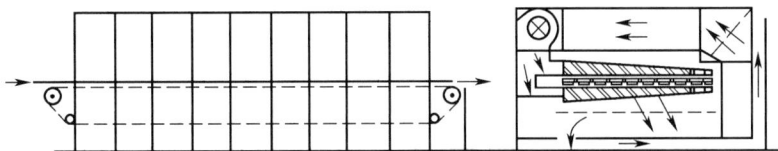

图 5-13　单层平网式烘燥设备示意图

也有采用双层或多层平网式烘房。多层烘房的特点是节省占地面积，在保持一定生产速度条件下，能增加纤网受热时间，从而保证黏结材料充分熔融，形成良好的黏合。多层平网式一般用于厚型的软棉或硬棉衬垫材料的生产。

3. 红外线辐射式

红外线辐射烘燥机已广泛应用于非织造布生产和热定形，其特点是加热速度快，热损失小，加热温度高达 500~1800℃。控制纤网的加热温度，可通过改变辐射器与纤网的距离或纤网运行速度的方法实现。这种设备特别适合于厚重、高密度产品生产，它可使非织造布的内部得到较好的加热。

在选择烘燥设备时，应考虑以下因素：

（1）加热时纤网的定量、纵向强力、体积密度和透气性。

（2）最终产品要达到的体积密度、柔软性。

（3）连续生产时所需达到的生产速度。

第三节　超声波黏合工艺

一、超声波黏合工艺概述

超声波在介质中传播时，声波与介质相互作用，由于其频率高的特点，产生了一般声波所不具备的超声效应：线性的交变振动作用、非线性效应和空化作用。超声波黏合利用的是非线性效应，而超声波清洗则是利用了超声波的空化作用。

超声波用于各种工业生产已有近 50 年的历史。美国杰姆士·亨特机械公司在 20 世纪 70 年代后期研制成功了称为 Pinsonic 的超声波热黏合技术，用以取代传统的绗缝机，生产床毯、垫褥、滑雪衫等绗缝产品。超声波黏合技术发展至今，已经可取代某些热轧机生产叠层复合非织造材料。

二、超声波黏合工艺过程及机理

如图 5-14 所示，超声波发生器发出 20kHz 的高频电信号，换能器将电能转换为高频振动机械能，经过变幅杆振动传递到传振器，振幅进一步放大，达到 100μm 左右。在传振器的下方安装有钢辊筒，其表面按照黏合点的设计花纹图案植入许多钢销钉，销钉的直径约为 2mm，露出辊筒约为 2mm。超声波黏合时，被黏合的纤网或叠层材料喂入传振器和辊筒之间形成的缝隙，纤网或叠层材料在植入销钉的局部区域将受到一定的压力，在该区域内纤网中的纤维材料受到超声波的激励作用，纤维内部微结构之间因摩擦而产生热量，最终导致纤维熔融。在压力的作用下，超声波黏合将发生和热轧黏合一样的熔融、流动、扩散及冷却等工艺过程。

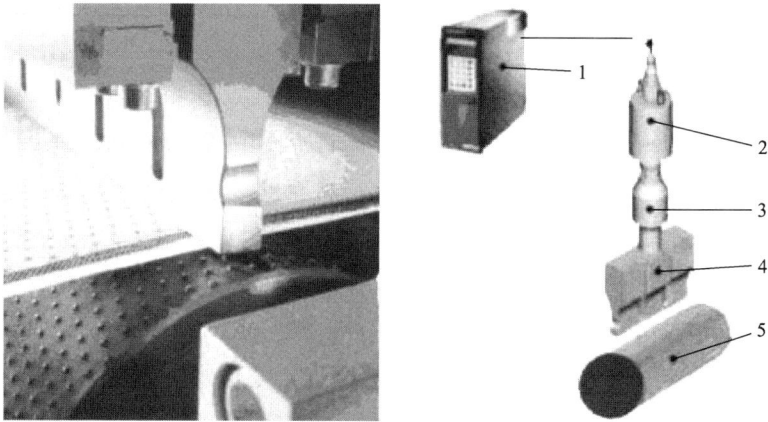

图 5-14　超声波黏合机理示意

1—超声波发生器　2—换能器　3—变幅杆　4—传振器　5—辊筒

与热轧黏合相比，设备上无加热部件。因为其不采用从纤网材料的外表面传递热量来达到熔融黏合的方式，超声波能量直接传送到纤网内部，能量损失较少，每个部位比常规热黏合节省 300%~1000% 的能量，生产条件大大改善。

超声波黏合设备的可靠性高、机械磨损较小、操作简便、维修方便。与绗缝机相比，产量要高得多，一般高 5~10 倍。如 3.3m 工作宽度的 Pinsonic 黏合设备，其生产速度可达到 9m/min，并且不用缝线，黏合缝的强度比较高，洗涤后无缝线收缩之缺陷。与针刺复合相比，超声波黏合复合的生产速度较快，可达到 4~8m/min。

第四节　热黏合生产工艺及产品

热黏合非织造布可以通过不同的加热方式来实现。黏合方式和工艺、纤维种类及梳理工艺、纤网结构最终都将影响到非织造布的性能和外观。

对于含低熔点纤维或双组分纤维的纤网,既可以采用热轧黏合,也可以采用热风黏合。对于普通热塑性纤维及其与非热塑性纤维混合的纤网,可采用热轧黏合。在成网工艺相同的情况下,热黏合工艺将对非织造布的性能有重要影响,并决定产品的用途。

一、影响热轧黏合产品性能的工艺参数

1. 黏合温度

温度的选择主要取决于纤维的软化熔融温度,它对产品的许多性能有影响。

图5-15为热轧温度对涤纶热轧黏合非织造布拉伸强力的影响。从图中可看出,随着温度的升高,强力不断增大,当温度升高到232℃左右时,强力达到最大值。温度继续提高,布的强力反而下降。这是因为在温度低时,纤维在黏合作用区尚未完全软化,冷却固化后黏合强力很小,所以布的强度较低。随着温度升高,黏合作用区中的纤维逐渐完全软化熔融,这时形成的黏结强力显著上升,所以布的拉伸强力增大。但在温度高达临界点后,继续升高温度,纤维的原有结构遭到破坏,导致布的强力降低。图5-16是丙纶热轧黏合非织造布的拉伸强力随黏合温度的变化曲线。

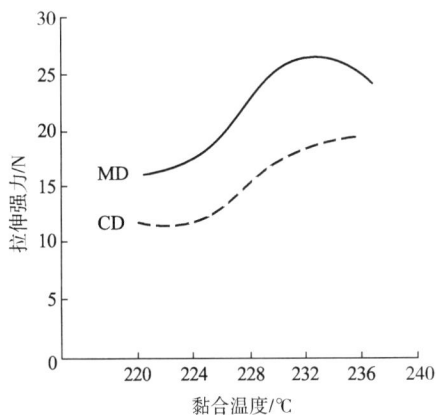

图5-15 涤纶热轧温度与拉伸强力的关系

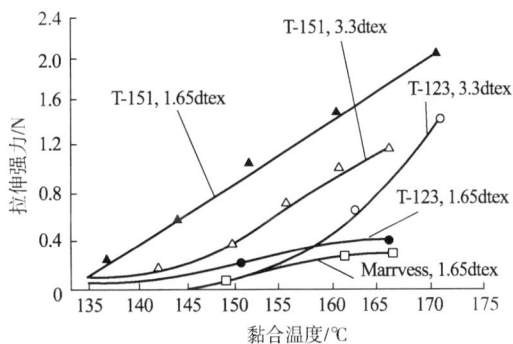

图5-16 丙纶热轧温度与拉伸强力的关系

热黏合温度对布的尺寸稳定性的影响(参见图5-2):黏合温度越高,收缩率越大。这主要是纤维无定形区分子链受热后松弛和解取向的结果。此外,随着黏合温度的增加,布的弯曲刚度也增大。因为超过适宜的黏合温度,大部分纤维熔融,导致黏结面积增加,缩短了黏结点之间的纤维长度,使布的柔软性随之减小,刚度增大(图5-17)。

2. 黏合压力

从黏合过程分析可知,压力对改善轧辊到纤网的热量传递、促进熔融纤维的流动、增加纤维的接触面积有重要作用,是形成良好黏合的必要条件。压力的选择取决于纤网的厚度、纤维种类等因素。在其他条件一定时,轧面压力有一个最佳值。在低于最佳压力时,压力增大,布的强力随之增大,达到某一临界值后,继续增大压力,强力反而下降。这是因为过大

的压力，会在布的黏合区与非黏合区交界处造成纤维的严重损伤，产生弱点，使布的强力下降（图 5-18）。

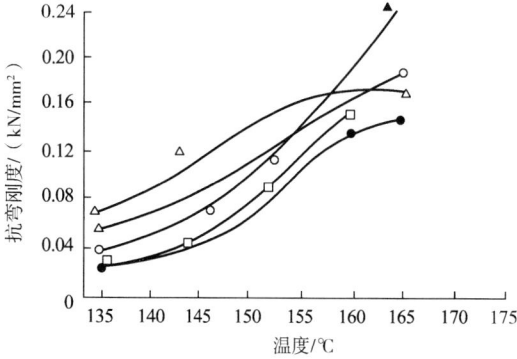

图 5-17　热黏合温度对抗弯刚度的影响

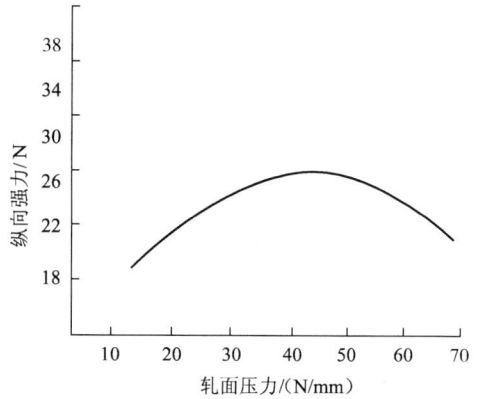

图 5-18　黏合压力与非织造布强力关系曲线

在制订工艺时，不能用过高的压力来弥补黏合温度的不足；反之，也不能用过高的温度弥补压力的不足。最佳的压力和温度值取决于所用纤维、纤网厚度、生产速度、轧辊直径和轧辊表面花纹。图 5-19 所示为丙纶在一定的温度下取得最佳强力时，压力随生产速度的变化关系。它说明，在提高生产速度的同时，必须相应提高压力，才能保证黏合后布的最佳强力值。

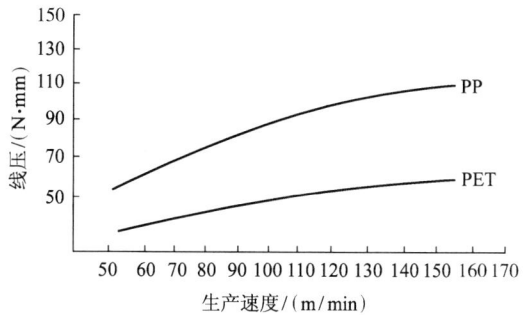

图 5-19　压力与生产速度关系曲线

3. 纤网定量

纤网定量直接影响到黏合温度和压力的选择。一般说来，纤网定量越大，相应的温度和压力也应越高。如果正确地选择轧辊温度，随着纤网定量的增加，布的强力也明显提高。如果选择不当，可能会在某一定量时，强力达到最大值，此后随着定量的增加由于黏合不透彻反而强力会逐渐下降。

4. 生产速度

纤网通过轧辊表面时的热传递需要一定的时间。这一时间取决于生产速度、轧辊直径和压力。轧辊直径大，表面曲率小，可增大纤网的预热时间，有利于提高生产速度；压力大，两压辊接触面宽度增大，使纤网与压辊接触时间长，有利于黏合。对于给定的设备，热传递的时间主要取决于速度。随着生产速度的提高，热传递时间缩短，将对黏合效果产生一定的影响。图 5-20 指出三种不同的温度下生产速度对横向强力的影响。

直线 Ⅰ 表明，在温度为 150℃时，如果要保证布的强力不低于某一值（如横虚线所示），那么生产速度只能低于 90m/min。但只要将温度提高 4℃，生产速度就可超过 120m/min。

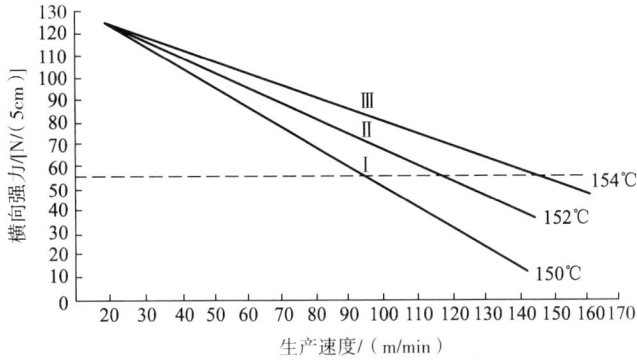

图 5-20 生产速度对横向强力的影响

5. 刻花辊轧点尺寸和数目

产品的强力也受到轧辊的花纹的影响，若增加总的黏合面积，横向强力也随之增大；轧点的尺寸还会影响布的柔软性，轧点越大，两轧点间距离越小，布的柔软性越差。

6. 冷却速率

冷却速率的大小会直接影响纤维的微观结构的形式，从而对纤维和布的性能产生影响。当冷却速率适度增大时，纤网的强力增大，达到某一冷却速率值后，如继续增大，强力又呈减小的趋势。

任何给定的纤维，对黏合强度都存在一个黏合和冷却的最佳条件。冷却速率太快，会在纤维和布的结构中产生应力集中，必然导致布的强度降低。黏合温度过高，冷却速率太快，将会导致黏结点周围处的纤维脆化。在实际生产中，若冷却条件不变（室温自然冷却）则黏合温度的提高或降低，都将导致非织造布冷却速度的改变，对非织造布的性能产生影响。

7. 黏结纤维含量及性能

黏结纤维的性能及其含量对非织造布的性能也有影响，也是正确选择黏合温度、压力和速度等工艺参数的依据之一。一般地讲，随黏结纤维含量的增加，非织造布的强度有增大，但非织造布的强度也受到黏结纤维与主体纤维相对力学性能差异的影响。如果黏结纤维强度低于主体纤维，那么黏结纤维含量有一最佳值，过分增加黏结纤维含量，强力反而会降低。

二、影响热熔黏合产品性能的主要因素

在热熔黏合过程中，热的载体是热空气，随着热空气穿透纤网，将热量传递给纤维，使其熔融产生黏合。因此，热风的温度、压力、纤维加热时间及冷却速率将直接影响产品的性能和质量。

随着热风温度的升高，产品的纵横向强力都随之提高，但产品的柔软性下降，手感也随之变硬。表 5-3 所示为生产 $16g/m^2$ 产品时强力、柔软性随温度的变化情况。

表5-3　强力、柔软性随温度的变化

温度/℃	124.6	125.2	126.0	127.1
纵向强力/（kg/5cm）	2.03	2.15	2.31	2.47
横向强力/（kg/5cm）	0.31	0.35	0.46	0.57
手感	柔软	柔软	较柔	偏硬

热风的风压是影响热风黏合产品的一项重要参数。一般随着纤网克重和厚度的增加，风压应相应地适当提高，以便使热风能顺利地通过纤网，但风压过高，在纤网未产生黏合前会破坏其原有结构，造成纤网不匀。

纤网受热时间取决于生产速度。为保证纤维充分熔融，必须有足够的受热时间。在生产中，改变生产速度时，必须相应提高热风温度及风压，以保证产品的稳定。

三、热黏合产品

1. 热轧布

热轧布是以热塑性纤维为主要原料，经热轧机热压黏合而制得的非织造布的总称。热轧布表面通常会有轧纹或轧点，而轧纹和轧点的形态取决于轧辊表面的花纹设计，热轧布也可以是光面的。热轧布的常用纤维原料为聚丙烯（PP）、聚对苯二甲酸乙二醇酯（PET）或聚酰胺（PA），也可以是多种纤维的混纺产品。热轧布可以用短纤维经梳理成网制得，也可以用长丝当场成网制得。热轧布的定量一般在15~200g/m²，具有强度好、耐洗涤和无化学黏合剂等特点，可制成轻薄型、中厚型和硬挺型等多种规格和风格的产品。轻薄型的可广泛应用于服装用衬布、口罩、卫生巾、尿裤和医用防护服等；中厚型的多用于专用防护服、手提袋、箱包用衬布、土工材料和包装材料等。

2. 无胶棉

以中空涤纶和常规涤纶为主体组分，以低熔点纤维或含有低熔点组分的双组分为黏结组分，经过梳理成网、铺网、烘房加热和轻压定形而成的厚型非织造布，也称热熔絮片，被认为是喷胶棉替代产品。无胶棉的定量一般在80~500g/m²，具有蓬松柔软、强度好、耐洗涤、弹性好、保暖性好和无化学黏合剂等特点，可制成仿羽绒型、滑柔型等多种手感风格的产品，可广泛应用于被褥和防寒服等。

3. 热风布

以低熔点纤维或含有低熔点组分的双组分为主要原料，经热风穿透加热，使纤网中的低熔点纤维或低熔点组分熔融并相互黏合而制成的薄型蓬松非织造布，也称热风非织造布，定量一般在15~100g/m²，具有柔软、亲肤等优点，被广泛用于高档即弃医疗卫生用品中，如医用敷料、口罩、卫生巾和尿裤等。受新冠病毒感染的影响，近年来热风非织造布在口罩中的应用增长迅速，而且越来越受到市场的青睐。

4. 硬质棉

与无胶棉所用原料和工艺基本相同，只是在纤网离开烘箱时需要用轧辊热压定形，从而制成具有一定厚度和硬挺度的非织造产品，被认为是乳胶海绵的更新换代产品。硬质棉的定量一般在 $100\sim1200\mathrm{g/m^2}$，具有透气量高、回弹力好、耐水洗、抗老化和可循环利用等优点，主要用于床垫、座垫、吸音材料和空气滤材等。

思考题

1. 试述热轧黏合的机理。
2. 对轧辊的弯曲变形可采取哪几种补偿措施？
3. 试述超声波黏合的原理。
4. 轧辊加热的方式有几种？各有何特点？
5. 试述常用热熔设备的种类及特点。
6. 分析说明黏合温度、时间、压力对产品性能的影响。
7. 综述非织造布热黏合技术的新进展。

第六章　水刺法加固

> **本章知识点**
>
> 1. 水刺法成布原理和水刺技术与设备。
> 2. 水刺产品的性能特点和主要用途。
> 3. 水刺法工艺过程及水刺加固的工艺要求。
> 4. 水刺工艺对纤维、纤网和工艺用水的要求。
> 5. 影响水刺法产品质量的因素。

第一节　概述

水刺法又称射流喷射网法、力缠结法、喷水成布法等，是一门正在蓬勃发展的非织造布加工新技术。杜邦公司是在 1974 年完成第一条水刺生产线，奇考比公司的水刺生产线是在 1981 年投产的，芬兰的苏米能（Suominen）公司在欧洲的第一条水刺生产线是在 1985 年投产的。在当时水刺法非织造技术还是一门非常年轻的加工技术，一些大公司对这一技术的专利保护使这门技术的推广应用十分缓慢。直到 20 世纪 80 年代中期，世界上一些专业的设备公司开始涉足水刺技术和设备的研究开发，并推出技术比较成熟的成套设备和技术，市场上出现了美国赫尼柯姆（Honeycomb）公司和法国帕弗杰特（Perfojet）公司制造的可用于商业化生产的水刺非织造布设备，从此使水刺法非织造布的开发应用走上快速发展的道路。

水刺法非织造布技术的主要不足是能耗较高。不同技术每吨非织造布的耗电是：水刺法非织造布 2000~2500kW·h，纺粘法非织造布 700~1000kW·h，热轧法非织造布 150~200kW·h，针刺法非织造合成革基布 300~350kW·h。随着水刺非织造布技术的发展，其能耗正在明显下降。

一、水刺法加固原理

水刺非织造布与其他非织造布的工艺过程类似，其流程一般为：纤维准备→混合开松→梳理成网→水刺加固→烘燥→卷取。对水刺加固来说，纤维成网既可以是干法，也可以是湿法或纺粘法。纤网由输送网帘或金属网帘传送，并经预湿装置（罗拉或水帘）预湿和预水刺，然后进入水刺区，在水刺区纤网受到数个水刺装置射出的极细高压水流的喷射，其表面纤维因受到强烈冲击而垂直进入纤网内，同时由于输送帘具有三维结构，水流穿过纤网后，撞击在输网帘上，又以不同的角度反射回来，形成对纤维的反向冲击，使纤维产生不同方向的位移，这样就使纤网中的纤维相互缠结并紧密地抱合在一起，形成具有一定强度的湿态非织造布。反射水流经一次或多次反射后，能量减弱，被置于水刺装置及输网帘下的真空吸水箱吸走，然后被抽至水过滤循环系统处理后再重复使用。湿纤网在经真空脱水后进入烘干装置烘燥，就形成水刺非织造布。图6-1是水刺加固工艺原理示意图。

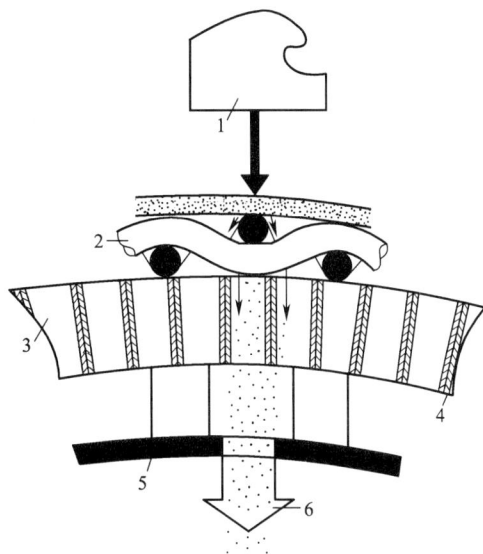

图 6-1　水刺加固工艺原理示意图

1—水针　2—金属垫网　3—蜂巢滚筒

4—真空封口　5—真空箱　6—水流

二、水刺产品的性能特点和主要用途

(一) 性能特点

水刺非织造布之所以在近年来获得快速发展，是因为它突破了非织造布的传统工艺，生产的产品具有许多性能特点。

(1) 水刺法能有效地利用各种纤维，从中长纤维、漂白棉、蚕丝、合成纤维到木浆纤维都可加工，产品手感柔软。

(2) 可以保护纤维本身的性能，不会使纤维受到像针刺那样的损伤。

(3) 除特殊用途外，大多数产品不使用黏合剂，具有良好的卫生性。

(4) 产品外观近似于传统纺织品，具有良好的悬垂性、柔软性、吸水性，且不易掉绒毛。

(5) 在相同纤维和相同定重情况下，其断裂强度能达到纺织面料的 70%~80%。

(6) 可以把纤网与木浆纸、纤网与木浆短绒、纤网与织物或纱线一起水刺，制成复合基布或含有纱线层的复合材料。

(7) 可配置不同花纹图案的输网帘，加工具有不同花纹图案的水刺产品。

(二) 主要用途

水刺非织造布用途广泛，概括起来主要有以下几方面。

1. 医疗卫生用品

用涤纶短纤和木浆纸复合制成的水刺非织造布，定量为 $70\sim80g/m^2$，经过拒水、柔软等后整理，可制成具有良好的拒水性、透气性、悬垂性和柔软性的服装。特别适于外科大夫、医生和护士用的医疗服及病员用的病员服，也可用作手术台布，床单、口罩、帽子、脚套等医疗用品。

水刺产品也可用作医用敷贴料，如纱布、绷带等。这些织物的定重为 $30 \sim 40 \mathrm{g/m^2}$，一般采用纯棉、醋酸纤维、黏胶纤维或黏胶/涤纶混纺而成，其特点是具有良好的吸水性能，且外观与传统纱布很相似，有一定的纹路或孔眼，有的则具有不粘连伤口的特性，均不含黏合剂。

2. 家用和工业用擦布

带布纹的水刺布很适宜于家庭厨房用的洗碗巾、餐巾、台布和遮阳窗帘等。用作擦布的水刺产品，大多以纯黏胶纤维或黏胶纤维/丙纶及其他混纺而成，一般采用低压、中压水刺加固即可。为使最终产品具有较大网孔，可用大网孔输网帘。

杜邦公司用木浆纤维和涤纶短纤维为原料开发的水刺产品，以"Sontara"注册商标，广泛应用于工业和家庭的擦布。近来，瑞士 Rieter Perfojet 公司（立达·帕弗杰特）与 M & J Fibretech 公司合作，推出了 Airlace 3000 成套技术和设备，而 Fleissner 与丹麦 Dan-Web 合作推出了 Aquapulp 成套技术和设备，其生产速度都达到 300m/min。其基本工序是：纤维（100%涤纶或丙纶）经开松、梳理形成纤网→预水刺成为基布→采用气流成网在基布上铺覆绒毛浆粕纤维（或夹在两层基布中间）→水刺复合成布。该产品强力大、吸水性能好，主要用于物美价廉的擦布，也可用于医疗用品、洞巾等"用即弃"产品。

随着人们生活水平的提高，擦布的要求越来越高，例如，家用擦布要求具有一定的抗菌作用，工业擦布则要求具有一定的专用功能，如汽车、家具用擦布要经特殊溶剂处理等。用超细纤维经水刺加固的仿麂皮擦布，已广泛应用于光学仪器、精密仪表和电子工业中。还有些擦布专门用于旅游业、婴儿擦拭巾、湿餐巾和压缩毛巾等。

3. 服装及衬布

由于水刺布具有良好的悬垂性、适形性和一定的纺织品外观，用其做成的黏合衬要比热轧黏合衬更厚实，适于做西装、休闲服、运动服等某些部位的热绒黏合衬。

4. 合成革基布和过滤材料

水刺法非织造布用于薄型人造革基布早已成功，杜邦公司也以"Sontara"为注册商标，用以做合成革基布。利用橘瓣型双组分复合纤维，经水刺形成超细纤维，并彼此缠结，从而构成超细纤维结构的非织造布。这种产品也适用于合成革基布、干式擦布和过滤材料，可作为擦拭光学镜头的清洁布。

5. 服装用布和传统产品修饰

随着水刺技术的发展及完善，水刺非织造布应用开始跨入机织物和针织物的替代领域。具有代表性的是德国 Freudenberg 公司生产的纺粘水刺非织造布，商品名为 Evolon，是将复合纺粘长丝纤网经高压水针连续冲击，使长丝分裂成不同线密度（$0.05 \sim 2.5 \mathrm{dtex}$）的细长丝。Evolon 非织造布具有优良的力学性能，较高的透湿和透气性，手感柔软。产品表面经整理后与普通的机织物和针织物具有同样良好的洗涤性和悬垂性，$70 \mathrm{g/m^2}$ 的 Evolon 非织造布可做 T 恤衫，$150 \mathrm{g/m^2}$ 的可用于运动服装等。

水刺技术可以广义地视为纺织品加工和修饰技术。采用高压水刺技术对传统织物进行表面处理，可改善纺织材料的结构和性能，使纱线变得松散，并与相邻纱线中的纤维缠结，使得经、纬纱在交织点处的纱线连接更加紧密，随水刺头压力增加，经纬纱的连接更加密实。

织物经高压水刺加工后，经纬纱线在布面中重新分配，而呈均匀地分布，消除了原织物本身具有的张应力。机织布经水刺后，具有很好的起绒作用，增加织物厚度、透气、透湿能力增强，并改善上染率等。

三、国内外发展现状和趋势

1970 年，美国杜邦公司首先获得了用水刺法加固工艺生产非织造布的专利。此后，在日本、欧洲、美国等国家和地区的不少厂家相继采用这种方法生产非织造布，使水刺非织造布发展迅速，1987 年的产量是 1978 年的 24 倍多，1992 年的产量又比 1987 年的产量翻了一番，1995 年产量已超过 16 万吨。2000 年全世界水刺法非织造布产量已达 25 万吨。水刺法加工技术正处于生命周期中的迅速成长期，相信在不久的将来，水刺法工艺技术和规模将有更大的发展。

美国 PGI 公司推出了一种先进的水刺工艺技术"Miratec"，并获得了专利。利用这种工艺生产的水刺非织造布，其布面花纹有带粗结的、有带细纹路的，且经纬相分明，就像机织布那样的外观和强度。有的带弹性，有的采用印花后覆膜，使水刺非织造布的品种多样化。目前，水刺产品的应用除医疗卫生领域外，也已扩大到过滤材料、合成革基布和各种擦布领域。

我国的水刺法起步较晚。1994 年，海南欣龙无纺实业有限公司率先引进欧洲水刺成套设备，填补了我国水刺项目的空白。虽然水刺非织造布在我国的发展时间较短，但是近几年高速发展，行业产量不断攀升。目前国内正在运行的水刺生产线已超过 300 条，每年仍以 10% 左右的速度增长，许多引进的生产线具有国际先进水平。随着高速梳理机的问世，成网速度加快，大大提高了水刺生产效率。根据中国产业用纺织品行业协会数据，2015~2020 年我国水刺非织造布产量呈现增长态势，复合增速达到 12.1%，预计至 2024 年产量将超 100 万吨。

我国第一条国产水刺法成套设备是 1998 年由常熟市飞龙无纺设备有限公司推出的。目前，我国生产水刺法成套设备的主要有郑州纺织机械股份有限公司和常熟市飞龙无纺设备有限公司。从集中度来看，目前水刺行业仍相当分散。受产能、能耗、周转、运输等限制，水刺企业垄断较为困难。随着非织造布和水刺产品占有率的不断提升，预计行业集中度将逐渐提升。

水刺非织造布的工艺技术趋势是复合化和智能化。水刺复合技术是指以微细高压水流为手段，通过对两种或两种以上材料的穿透，使纤维在其界面相互缠结而形成一个整体功能性的非织造材料，其目的是得到这几种材料的综合性能或功能。水刺复合是提高非织造布性能和附加值的有效手段，主要有纤网的相互复合、纤网与其他材料的复合、两种或两种以上不同材料的复合等几种形式。另外，从加工工序来看，还有湿法成网与水刺技术的复合、纺丝成网与水刺工艺的复合等。

水刺非织造布生产设备未来几年的发展方向为高速化、自动化和智能化。生产速度进一步加快，自动化程度进一步提高，向无人工厂靠近。实现"原料仓库→成品仓库"的全流程自动化，实现自动分类、标识、输送。由数字化向智能化发展，利用大数据统计分析建立专家系统。现在国内已经有许多企业在运行和调试部分区域生产机器人化，如浙江金三发集团、山东省永信非织造材料有限公司、福建南纺有限责任公司等。

第二节　水刺法生产工艺

水刺法非织造布与其他干法非织造布的工艺过程相似，都需要经过纤维原料的准备、开松混合、梳理成网（或气流成网或交叉折叠成网）、水刺加固、后整理、烘燥、卷取、成品分切检验、包装入库等工序。对于水刺加固来说，纤维既可是干法成网，也可以是湿法成网，熔融纺丝法一步成网也可用水刺法加固，从而改变了原纺粘成网的特性和外观。

一、常见水刺工艺流程

水刺加固工艺流程为：

纤维计量→开松混合→梳理成网→纤网正反面水刺缠结→烘燥→卷取

↑↓

水处理、过滤循环系统

1. 纤维成网

对于一般卫生材料水刺生产线均配置一至多台梳理机，纤网的定量一般在 $25 \sim 80 \mathrm{g/m^2}$ 范围内，厚的可达 $300 \mathrm{g/m^2}$，纯棉纤维网不低于 $30 \mathrm{g/m^2}$。

2. 水刺加固

纤维经梳理成网、铺叠后由输网帘输送，经预湿罗拉预湿、压实后，进入第一水刺区，纤网的正面在第一水刺区受到水刺装置喷射出的极细微高水压水流对纤网的喷射，穿透纤网的高压水流又经输网帘的反射作用，使纤维进一步互相缠结，余水通过输网帘（也称托持帘）下的真空脱水箱抽走。纤网经正面水刺完成缠结后，进入第二水刺区对反面进行水刺缠结加固，纤网经真空脱水箱脱水后进入通流式烘燥装置烘燥输出，然后卷曲成卷，从而使纤网加固成具有一定强力的非织造布。图 6-2 为平板式水刺非织造布生产线示意图。

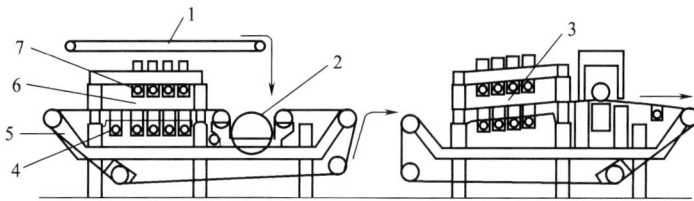

图 6-2　平板式水刺非织造布生产线示意图

1，5—输网帘　2—预湿罗拉　3—第二水刺区　4—真空脱水箱　6—第一水刺区　7—水刺装置

二、水刺工艺对纤维、纤网和工艺用水的要求

1. 对纤维的要求

从水刺原理来说，可应用多种纤维，但在实际生产中，应考虑生产的工艺条件、产品性能、产品的用途及加工成本因素，特别是工艺用水的净化、过滤、循环等要求。为了生产用户满意合用的水刺产品，对所用纤维的含杂情况、表面油剂的特性、纤维的弹性模量等都有一定的要求。一般来说，具有较低弹性模量的纤维较易缠结，截面扁平的纤维比圆形截面的纤维容易缠结，而圆形截面的纤维又比三角形截面的纤维容易缠结。因此，棉纤维和黏胶纤维就比涤纶易于缠结，同样涤纶又比芳族聚酰胺纤维容易缠结。需要指出的是，纤维的弹性模量与纤维的线密度有关，纤维越细，则弹性模量越低，如 1.1dtex 的涤纶就比 3.3dtex 的涤纶更易于缠结。一般 1.3~1.67tex 的涤纶能取得良好的缠结效果。此外，工艺用水的温度也能影响纤维的弹性模量，水温越高，越有利于纤维的缠结。

纤维的长度也能影响水刺产品的性能。纤维太短，水刺产品的强度太低。一般来说，水刺产品的强力与纤维的长度呈正比，但当纤维的长度增加到一定的程度后就维持在一定水平上。因此，适用于水刺法的纤维长度为 20~60mm。

纤维的卷曲度也直接影响到纤网的成网均匀性和蓬松性。卷曲度小，纤维之间的抱合力小，成网均匀性难以保证；卷曲度大，纤网蓬松性好，纤维之间的抱合力大。

纤维表面的光洁度也影响纤网的缠结度，纤维的光洁度越低，纤维间的摩擦系数越大，纤维间的抱合力越大，纤网的缠结度越高。

由此可见，在水刺生产中，对于不同的产品首先要选用合适的纤维，以满足产品的使用性能和降低加工成本。

2. 对纤网的要求

各种纤网均可进行水刺加工，无论是干法成网中的梳理成网、气流成网和铺叠成网，还是湿法成网或纺丝成网等。纤网的最终要求必须根据水刺产品的性能来确定。不同的纤网水刺后，其产品性能会有很大的不同。纤网定量一般在 20~200g/m² 范围内，既可以是单一纤维纯纺，也可以是多种纤维混纺，还可以将木浆纸或木浆短绒与其他纤网进行水刺复合。

3. 水刺工艺用水的要求

水刺工艺用水的处理是水刺非织造布的关键。如果工艺用水处理不当，会使设备无法正常运行。例如，细小的杂质和污垢会使水针板的针孔堵塞；如果纤维表面油剂选择不当，水刺后会产生大量泡沫，影响产品质量；如果工艺水中滋生微生物和藻类，会增加水针板针孔堵塞的概率，同时会污染空气。

为了保证设备的连续运行，工艺用水的要求必须严格，水中不能含有固体颗粒杂质；水质必须是中性（pH 为 7）。水中尽量减少金属离子含量，特别是钙、镁离子及其他无机物、有机物杂质，更不能有微生物的污染。总之，工艺用水越清洁、干净，在生产中遇到的问题越少。在实际运行过程中，工艺用水的温度会升高，这有利于促使纤维柔软，有利于纤维的缠结，但水温的升高会促使泡沫产生、促使微生物生长，也会引起沉淀和水锈，使水针板的针孔受到磨损和损伤。这就要求在生产过程中必须按时添加经过软化处理的新鲜水，而对工

艺过程中用过的水必须进行净化、过滤处理，滤去直径大于 20μm 的杂质后再循环使用。可见，水过滤装置是水处理系统中的关键装置，一般需根据所用原料选择不同的过滤方案和装置。加工木浆纤维和棉、蚕丝纤维时，水中必须添加絮凝剂、凝固剂，以除去水中的凝胶物质。为了避免工艺中细菌的滋生，保证水刺产品的"卫生清洁"，工艺用水中必须添加一定的杀菌剂。当工艺用水中产生泡沫时，还需添加适量的消泡剂，以提高过滤系统的过滤效果，防止损伤高压泵。

水刺加固工艺中，用水量均很大，一般在 100~200t/h，其中 90%~95% 的水要循环使用。

三、水刺加固的工艺要求

水刺加固系统主要由水刺头、输送网帘和水循环过滤系统组成。水刺头的构造、水针、压力、水针板针孔直径、针孔的排列方式、输送网帘花纹图案的设定、输送剂的速度、水刺去的数量和设置方式以及水过滤系统的效率等，都是水刺加固过程中直接影响产品质量和风格的重要工艺参数。

1. 水刺装置

图 6-3 为水刺装置的结构示意图。它是由内部带有通水孔的集流腔体与水针板组成，采用耐腐蚀和耐高压材料制成。水从水刺装置一侧的导水管导入，经上水腔中的安全过滤网（网式过滤器），均匀地进入射流分流板下的下水腔，再经水针板的针孔喷出。水针板是一个长条薄型不锈钢板，根据工艺要求，在针板上开有单排孔、双排孔或三排孔，孔径一般为 0.08~0.18mm。针孔密度：单排孔 8~24 孔/cm，双排孔 16~36 孔/cm，三排孔 24~48 孔/cm。水针板厚度为 0.7~1.0mm。孔的加工精度要求很高，孔壁为双曲面，上大下小。针板表面要求镜面磨削。水针板插进水刺装置后由夹紧装置将针板夹紧密封。

水针压力分为低压、中压和高压。低压一般在 3~5MPa，中压在 5~10MPa，高压力大于 10MPa。目前新型设备的水针压力最高可达 30MPa。应当根据产品要求选择针孔密度、水针压力以及水针的道数。一般第一道水刺装置采用较低的压力，使纤维网有效缠结，随着纤网不断缠

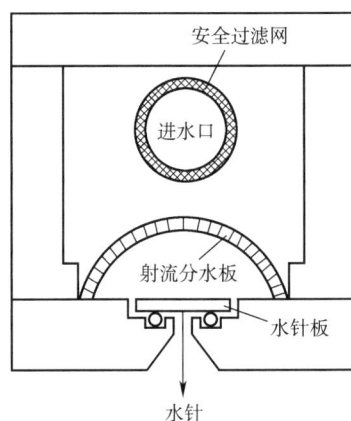

图 6-3　水刺装置结构示意图

结，水刺装置的水压要不断提高。在反面水刺时，最后一道水刺装置的压力应适当降低，以便修饰布面。这样不仅可以保证布面质量，而且可以节省能源，降低生产成本。

不同的产品应选择不同的配置。一般水刺装置的配置为四上四下，按水刺装置的排列形式又可分为水平排列（也称平板式或平台式）和圆周排列（也称滚筒式或圆鼓式）两种。水平排列是将水刺装置均排列在一个平面上，水刺装置下的输网帘也做平面运动，如图 6-4 所示。圆周排列是将水刺装置沿滚筒的圆周径向排列，如图 6-5 所示。这两种排列方式各有其优缺点。圆周排列可使进入水刺区的纤网下部压缩，上部蓬松，可以增加纤网的缠结程度，

滚筒的金属网帘采用随机布点开孔，其开孔率一般为9%～15%，可以提高产品横向强度；而水平排列方式，可以改善纤网成布后的表面外观，并可方便地更换不同花纹图案的输出帘，以加工具有不同花纹图案的产品。

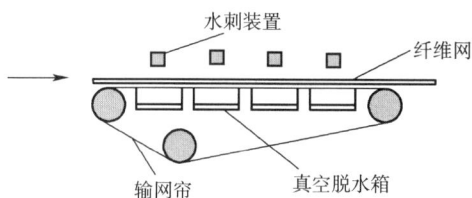

图6-4 水平排列式

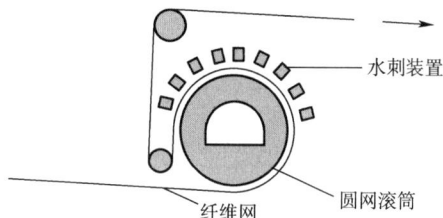

图6-5 圆周排列式

水刺设备一般是将两组或多组水刺装置串联使用，既可将二组水平排列的串联使用，也可将二组圆周排列的串联使用，还可将一组圆周排列的与一组水平排列的串联使用。

2. 输网帘的结构性能与应用

水刺加固系统的另一个机构是输网帘的托持装置，它主要由机架、导辊、输网帘或滚筒组成。水平排列式的水刺装置应能方便更换输网帘的操作；圆周排列式水刺装置也应便于更换金属网套，且要有一定的密封性，使水刺后的余水可被充分吸入滚筒内。不论何种网帘，在水刺时不仅起托持纤网的传送作用，而且直接参与水刺加固过程。水刺时，穿透纤网的高压水流被输网帘反射，从而将纤网缠结。输网帘的花纹图案决定了产品的外观。因此，输网帘必须满足如下要求：表面结构均匀；有足够的强度；能耐高压水流的冲击；输网帘应是"无接头网"；两边有足够的强度，防止输网帘在生产过程中产生变形；使用寿命长等。

输网帘一般采用机织方式生产，使用的材料为不锈钢丝、聚酯或聚酰胺单丝。输网帘常见的外观结构有平纹形、纱布形、斜纹形、人字形和方孔形网纹等。利用不同花纹结构的输网帘对水刺产品进行提花加工时，一般在第二水刺区进行。当高压水流喷射纤网时，水流把纤网中的纤维推向孔眼四周，从而使水刺产品的外观形成与输网帘一致的花纹图案。

图6-6（a）为平纹结构的输网帘，图6-6（b）为非织造布开孔效果。还有一种提花的方法是利用花纹水刺组件实现的。该组件的主要部件是一个镍质圆网，表面的图案可采用照相制版和腐蚀方法得到，水刺装置安装在圆网内，并向圆网壁喷射高压水流，水流穿过圆网上的孔眼，使纤维缠结，从而使纤网表面形成与圆网相一致的图案花纹。图6-7为圆网式花纹水刺组件示意图。

3. 水过滤循环处理系统

水循环过滤系统主要由水过滤、循环、增压、回收等装置组成。对于水刺缠结加固工艺来说，水是主要的工作介质，一般水刺生产线每小时需要100～200t工艺水。为了降低生产成本，工艺用水必须进行处理后再循环使用。图6-8为生产漂白棉或纤维素纤维时的水过滤系统示意图。水过滤循环过程如下：高压水经水刺装置中水针板喷射出极细微的高压水流，在完成对纤网的缠结加固后，被吸入输网帘下的真空吸水箱，然后抽至气水分离器中，由供水

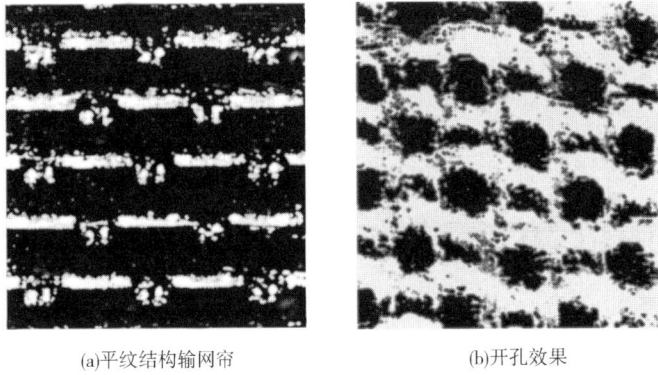

(a)平纹结构输网帘　　　　　　　　　(b)开孔效果

图 6-6　输网帘与开孔效果

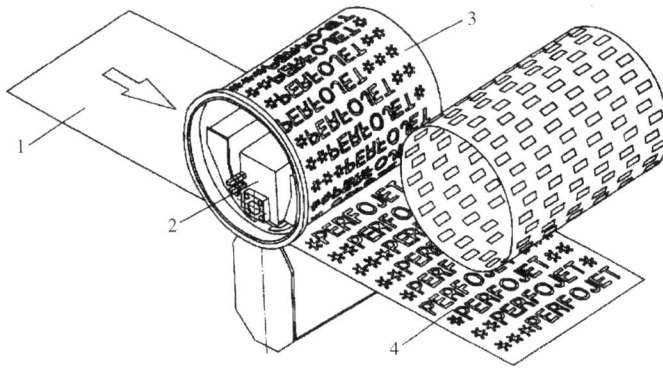

图 6-7　圆网式花纹水刺组件示意图

1—预刺纤网　2—水刺装置　3—镍质圆网　4—花纹水刺产品

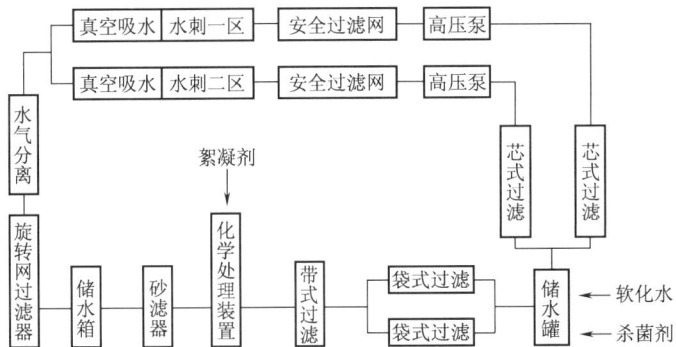

图 6-8　水过滤系统示意图

泵送入机械自喷射式旋转网过滤器，一级过滤水进入储水箱，再由供水泵输入自清洗砂滤器，二级过滤水进入化学处理装置，使胶体杂质形成絮凝物，再经带式过滤、袋式过滤、芯式过滤等五级处理后进入高压泵加压，高压水经水刺装置内的安全过滤网后，再从水针板针孔中喷出，完成工艺水的循环处理。工艺用水经过自喷射旋转式过滤器和自清洗砂滤器，可将大部分杂质过滤掉，部分半纤维状胶体物质可在化学处理装置中加入凝固剂或絮凝剂，使胶体物质呈絮状析出，再经带式、袋式和芯式过滤器去除掉，经过六级过滤后，水中的胶体物质和大于 $20\mu m$ 的颗粒已被过滤掉，故可供工艺用水。在生产过程中，经水刺的湿纤网虽经真空脱水回收，但因纤网中不同纤维带走的水量是不同的，如黏胶纤维 $7 \sim 10t/h$，因此必须添加部分新鲜水，以保证工艺用水。添加的水必须经软化处理后与循环水一起循环使用。对于以合成纤维为主要原料的水刺生产线的过滤系统，可以去掉旋转式自喷射过滤器、砂滤器和化学处理装置，就可实现对工艺水的处理，即只要经过四级过滤就可满足水刺加固的工艺用水要求。

水刺工艺中水净化处理的方法很多，如沉淀、筛分和过滤，过滤方式包括袋式过滤、芯式过滤、膜过滤等。从经济和环境保护的角度出发，应力争做到水处理与工艺用水质量要求的平衡，水处理与经济成本的平衡。各设备厂家基本上都有自己的水处理配套方案和技术。目前，Fleissner 及 Perfojet 基本上都采用絮凝、气浮、沙过滤、袋式过滤等几道过滤。Fleissner 在水刺喷头中不放置过滤芯，而 Perfojet 在水刺喷头中放置过滤芯。

水刺工艺中水过滤可分为两大类，一类是合成纤维（包括黏胶纤维）水刺的水过滤系统，另一类是棉纤维（包括浆粕纤维）水刺的水过滤系统。两个系统的主要区别是所加工的原料不同，由此对水过滤系统的要求不同。因此，必须合理选配水过滤系统来满足水刺工艺条件。

棉纤维、浆粕纤维水刺的水过滤系统往往增加砂过滤装置，并采用絮凝、气浮技术。该类装置和技术是专为过滤天然纤维短绒、杂质而设计的。

四、影响水刺非织造布性能的因素

影响水刺非织造布性能的因素很多，主要分为两大类，一类是纤网的成网特性；另一类是水刺加固的工艺参数。

1. 纤维性能对水刺非织造布性能的影响

水刺法工艺的基本原理是以射流带动纤维使其缠结。因此，纤维的性能和形态结构对水刺的效果有着至关重要的影响。

（1）纤维长度与水刺效果的关系。在一定的水刺压力下缠结的水刺产品，其断裂强度与纤维长度有关，在一定的长度范围内，断裂强度随纤维长度的增加而增加。这是因为纤维的长度增加，每根纤维受到水流冲击的部位增加，纤维的缠结度随之增加，从而提高了产品的断裂强度。

（2）纤维细度与水刺效果的关系。假设水刺力 F 为集中性力，纤维受力状态为简支梁（图6-9），则纤维在 F 作用下的弯曲挠度 y 可用下式表示：

$$y = \frac{4Ff(l)}{a\pi\eta_f Er^4}$$

式中：F——水刺力，cN/cm；

　　　η_f——截面形状系数；

　　　E——纤维抗弯模量，cN/cm^2；

　$f(l)$——跨度 l 的函数；

　　　r——纤维截面按等面积折合成正圆形的半径，cm；

　　　a——常数。

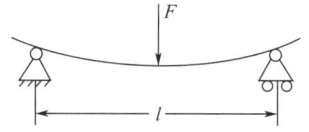

图 6-9　纤维受力示意图

可见，纤维的弯曲挠度只与水刺力的一次方呈正比，而与纤维的细度（纤维的折合半径）的四次方呈反比。也就是说，纤维细度对水刺效果的影响远大于水压对水刺效果的影响。若纤维半径增加 1 倍，则水刺力增加 16 倍才能使纤维达到相同的抗弯挠度。

纤维的抗弯模量也影响到水刺效率。纤维的抗弯模量越小，水刺效率越高。为了便于比较，常用相对抗弯刚度，即线密度为 1tex 时的抗弯刚度表示。几种常用纤维的抗弯刚度的顺序是：羊毛<锦纶<黏胶纤维<细绒棉<维纶<腈纶<长绒棉<涤纶。

（3）纤维截面形状与水刺效果的关系。纤维截面形状越圆滑，迎水面积越小，表面越光滑，对水刺的阻力就越小，水刺效果也越差。因此，圆形截面纤维，如常规的涤纶、锦纶、丙纶的水刺效果不如棉、黏胶纤维（截面为不规则圆形，有锯齿状边缘）、维纶（截面为腰圆形）和腈纶（截面为哑铃形或心形）。

纤维的截面形状不同，其断面惯性矩也不同。表 6-1 列出了几种常见截面图形的惯性矩。如果将其他截面形状的惯性矩除以同面积圆形截面的惯性矩，便可比较不同截面形状的惯性矩，不妨将其称为相对断面惯性矩，用 I_{yr} 表示。几种常见图形的相对断面惯性矩依次为：扁平形<圆形<空心圆形<三角形。

表 6-1　几种常见截面图形的惯性矩

截面形状	对 y 轴断面惯性矩 I_y	相对断面惯性矩 I_{yr}
	$\dfrac{BH^3}{12}$	0.5 （若 $B = 2H$）
	$\dfrac{\pi r_0^4}{4}$	1

续表

截面形状	对 y 轴断面惯性矩 I_y	相对断面惯性矩 I_{yr}
	$\dfrac{\pi R^4}{4}(1-\alpha^4)$ $\alpha=\dfrac{r}{R}$	$1.12\left(若\ r=\dfrac{R}{4}\right)$ $1.5\left(若\ r=\dfrac{R}{2}\right)$
	$\dfrac{BH^3}{36}$	1.57（若三角形为等边三角形）

对于某种具体的纤维，需结合纤维截面形状对水刺阻力的影响和断面惯性矩进行分析。例如三角形截面的纤维，先从三角形对射流的阻力来看，由于多数纤维是"以棱迎水"，即棱边朝上，很少"以面迎水"（这是一种不稳定平衡），因棱边具有分水作用，所以三角形截面对水的阻力较小［图6-10（a）］；从三角形的惯性矩来看，其惯性矩为同面积圆形纤维的1.5倍。结合以上两点，可以认为三角形纤维的水刺效果不会太好。棉纤维的情况有所不同［图6-10（b）］，尽管其截面形状是中空的，相对惯性矩较大，但因其中空的折合直径很小，而且是压扁的，所以其实际的相对惯性矩并不大。从截面形状对射流的阻力来看，多数棉纤维是处于"平卧"状态，因为这样才是稳定性平衡，这就加大了纤维对水射流的阻力。因此有理由认为，棉纤维的水刺效果较好。

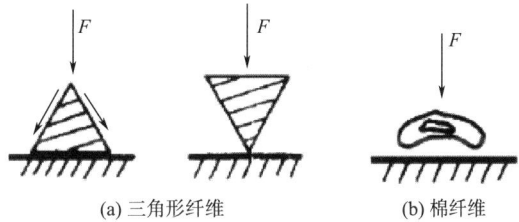

(a) 三角形纤维　　　　(b) 棉纤维

图6-10　纤维接受水刺的状态

纤维的吸湿性也会影响水刺效果。一方面，纤维因吸湿膨胀可增加迎水面积。同时，纤维吸湿后，其抗弯模量和弹性回复率都会有所下降，而伸长率则会提高，这些变化都有助于提高水刺效率。另一方面，纤维吸湿膨胀后，其断面惯性矩增加，会降低水刺效率。对于常见纤维，一般认为纤维的吸湿性对水刺是有帮助的。

总体而言，可以认为水刺法非织造布的纤维原料应具有以下特点：细度细；截面最好为扁平形；抗弯模量小；吸湿好。目前，较适合的纤维有木浆纤维、棉纤维、黏胶纤维。对合成纤维来说，超细纤维和断面惯性矩小的异形纤维，如扁平形纤维，将是发展方向。

2. 成网方式对水刺非织造性能的影响

对于相同克重的纤网，在同样的水刺加固条件下，成网方法不同，产品的纵横向强力比是不一样的。采用机械杂乱梳理成网的纤网，纵向排列的纤维多于横向排列的纤维，经过水刺后总是纵向强力大于横向强力，因为经水刺后只会加剧这种现象，纵横向强力比得不到改善；采用交叉折叠铺网的纤网，由于横向排列的纤维多于纵向排列的纤维，经过水刺后会使纵向排列的纤维增加，从而可使产品的纵横向强力比得到改善，接近 1∶1。

3. 水刺装置排列方式对水刺非织造布性能的影响

用同一台杂乱成网的梳理机梳理同样克重的纤网，若分别采用水平排列和圆周排列的水刺装置以相同的水针压力进行水刺加固，最终水刺产品的横向强力，后者要比前者提高 30%~40%。这是因为纤网经过滚筒时，上部疏松，下部压缩，提高了纤网内纤维之间的缠结度。滚筒上的金属网帘的开孔率仅在 9%~15%，采用随机分布方式，高压水流在喷向纤网时，纤网内的纤维被无规则地推向孔的四周，促使纤维横向排列，故使纤网横向强力提高。

实践证明，同样克重的水刺产品，采用相同的水针压力，则网孔纹产品的横向强力要高于平纹产品的横向强力。

4. 生产速度与水刺压力的匹配

一般来说，如果生产速度保持不变，产品的强力随水针压力增加而提高，产品缠结度增加，其厚度减薄，纵横向强力比随之增大。如果生产速度提高，水针压力必须随之增加，这样才能生产出手感柔软、合格的产品。因此，选取恰到好处的水针压力与生产速度的匹配是十分重要的。

5. 水质要求与对水刺非织造布性能的影响

生产中，要合理配置过滤系统，注意循环水的处理，定期更换滤布、滤袋和滤芯等滤材，准确调整工艺用水的 pH，定时添加杀菌剂，防止细菌等微生物的滋生。循环水也要定期适量排放，添加新鲜水，使水质保持一定的纯度。同时，还要注意水刺装置内安全过滤网和水针板的清洁，要定期用高压水枪冲洗水刺装置内腔。

值得一提的是，输网帘的组织结构对水刺产品的性能也有显著影响。

第三节　几种水刺技术与设备介绍

目前世界上已有多家水刺设备厂家能提供水刺设备，所有的水刺设备原理基本相同，但技术性能各有千秋。

一、美国赫尼柯姆（Honeycomb）公司的设备

图 6-11 为美国赫尼柯姆公司的水刺设备示意图，它是开发较早的水刺设备之一，在水刺技术发展史上具有一定的地位。它用两只具有高开孔率的滚筒托持纤网，数个水刺装置安装在滚筒的上方，向纤网喷射极细的高压水流缠结纤维，余水从滚筒上的孔眼进入滚筒内部，并最终由滚筒内部的真空装置吸走。纤网经第一滚筒完成正面水刺缠结后，在第二滚筒完成反面水刺缠结，然后进入滚筒式热风烘箱烘燥，由卷曲机卷取。生产线设备结构紧凑，生产

线占地面积小，水针压力最高可达 10~15MPa，所生产的产品外观平整、强度较高。

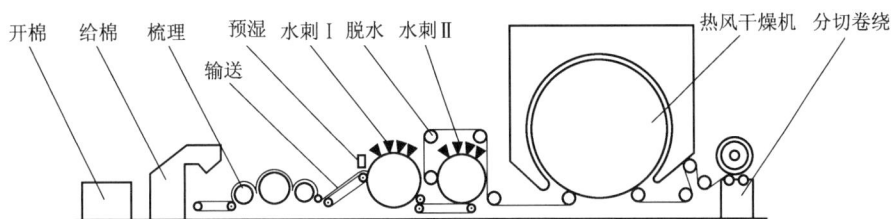

图 6-11　Honeycomb 水刺设备示意图

二、法国帕弗杰特（Perfojet）公司的设备

图 6-12 是法国帕弗杰特公司的一种水刺设备。纤网置于输网帘上，经预湿辊预湿后，在第一水刺区的水刺装置下通过，经过第一输网帘水刺缠结后，进入第二水刺区进行反向水刺缠结。若需布面提取花纹，只需把第二水刺区托网帘更换成具有一定花纹图案的输网帘，就可使水刺部的手感和外观更像纺织品。也可用专用的提花装置加工其他图案或商标（图 6-7）。这种设备采用由低压到高压的渐增式配置，最后一个水刺装置又以稍低的水针压力实现对水刺产品的修饰作用。水针压力视产品的定量不同而不同，一般为 3~20MPa，最高可达 30MPa。

帕弗杰特公司可提供紧凑的滚筒式水刺设备，如图 6-12 所示。与平板式相比，滚筒式水刺设备占地面积小，适用于老设备生产线的改造。缺点是水刺装置的维修不够方便。

该公司还能提供一种叫作 Perotex 横铺纱线的组件，该组件能在 2.5m 幅宽的设备上以 4000 根/min 的速度铺放纱线，从而可得到两层纤网与一层纱线复合的水刺复合物。

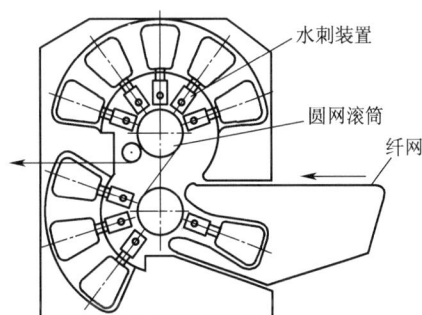

图 6-12　帕弗杰特滚筒式水刺设备示意图

1996 年以后，法国帕弗杰特公司与美国赫尼柯姆公司联手推出 Jetlace 2000 型水刺生产线，如图 6-13 所示。该装置的最大特点是比老式生产线大大降低了能源消耗，改善了操作条件，提高水刺布的横向强力至少达 30%。该装置配备三台机械杂乱的高产能梳理机提供纤网，纤网经输网帘进入由三个滚筒组成的圆周形排列的水刺装置水刺区对纤网进行反、正、反面水刺后，进入平板式水刺区进行正面的修饰性水刺以改善外观，然后经吸水装置脱水后，进入滚筒式热风穿透烘燥装置进行烘燥，最后由卷取机卷取。

Jetlace 2000 型水刺设备的主要优点是：

（1）生产成本低。由于采用了改进型的水刺装置、合理设计水刺工艺参数、水过滤系统配置等，与传统工艺相比，操作方便，并可节省 70% 的能耗。

（2）产品质量高。由于采用计算机自动调整、控制工艺参数，可以选择最佳的工艺参

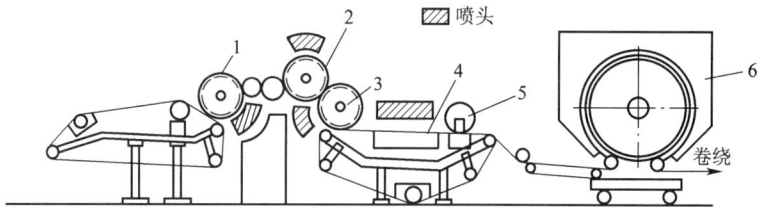

图 6-13　Jetlace 2000 型水刺生产线

1—第一滚筒　2—第二滚筒　3—第三滚筒　4—平板式水刺区　5—吸水装置　6—滚筒式烘箱

数，再配置适当的高产梳理机和高性能成网机，使水刺产品的质量有所提高。

（3）产品变化方便。由于采用了积木式开孔、花纹装置及专门设计制造的清洁帘网措施，使水刺产品变化多样，可制成类似纺织品外观的织纹或立体、网眼花纹。

Jetlace 2000 型水刺生产线，除了生产传统的水刺产品（如家用和工业用擦布、家庭装饰布、卫生材料等），还可生产合成革基布，其克重达 400g/m²。

三、德国福来司拿（Fleissner）公司的设备

图 6-14 为福来司拿公司 Aquajet 水刺生产线示意图。福来司拿公司的通流式热风烘燥机用于水刺非织造布的烘燥已有 15 年历史。近年来，该公司利用在转鼓方面所获取的经验，成功地把转鼓应用于水刺缠结工艺，作为脱水滚筒。该公司可为客户提供整套水刺生产线，包括成网、水刺加固、烘燥，以及在线或离线后整理，包括浸渍黏合剂、印花、染色、亲水、拒水和阻燃等后整理。

图 6-14　福来司拿公司的 Aquajet 水刺装置与泡沫浸胶组合生产线示意图

Aquajet 水刺装置的特点是在纤维网输入部分设置有一回转的压紧纤网的网帘，它与滚筒托持网呈一夹角，松散的线网由托持网帘喂向水刺加工区，当纤网接近水刺加工区时，纤网在夹持作用下进入预水刺区，使纤维难以移位，减少了预湿、预水刺对纤维结构与均匀度的破坏，从而保持了纤网成网阶段所形成的纵横向强力比。因此这种装置可以加工 20~400g/m² 的水刺产品。预水刺后的纤网脱离压紧网帘，进入正常的水刺加固区。

装置中的主要部件水刺装置结构简单，不需要维护保养，水刺装置内部不安装过滤材料，所有过滤装置均在水刺装置之外。水针板的密封结构通过水压自动密封，使更换水针板的操作更为方便，同时杜绝了由于夹紧水针板的油压装置油渗漏而污染水刺产品的现象。

水处理系统具有多种组合，可根据原料和生产工艺加以选择，减少过滤材料的消耗。一般为带式过滤、滤芯过滤（自清洗）及安全过滤。生产纯棉及混合木浆短纤时，增加砂滤

装置。

该装置宽达 4.2m，水刺压力高达 300MPa，生产速度高达 250~300m/min，水刺布的定量为 15~400g/m²，适用各种纤维，包括短绒和超细纤维。

四、常熟市飞龙无纺机械有限公司的水刺设备

图 6-15 为常熟市飞龙无纺机械有限公司的两种水刺装置示意图。该公司于 1998 年推出第一条国产化水刺生产线，经过近几年的发展与完善，形成了卫生材料、基布及综合三类水刺生产线，其性能和规格等见表 6-2。

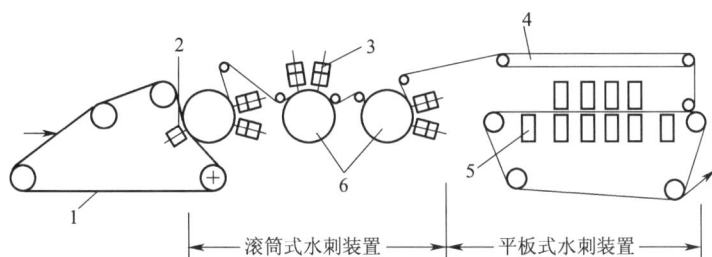

图 6-15　FLLBG112 水刺生产线上两种水刺装置示意图

1—输送底网　2—预湿头　3—水刺头　4—过渡帘　5—真空抽湿装置　6—水刺滚筒

表 6-2　常熟市飞龙公司水刺生产线性能和规格

生产线类型	幅宽/mm	产量/（t/y）	克重范围/（g/m²）	主要产品
卫生材料	2500	2000	30~120	一般卫生及医用类卷材
革基布	2500~3500	2000~3000	40~220	聚氨酯（PU）、聚氯乙烯（PVC）皮革基布
综合类	2500	1200~2400	40~220	中高档卫生及医用卷材，PU、PVC皮革基布

该水刺生产装置采用输送底网与滚筒夹持夹喂入，纤网经预湿区预湿后进行正、反面水刺后，进入平板式水刺区进行正面修饰性水刺以改善布面外观，然后经真空抽湿装置脱水后进入后道设备直至卷取。该装置中的滚筒采用蜂窝式结构设计，开孔率高达 80% 左右，可迅速排除滚筒积水，从而起到有效加强纤网缠结的效果。而水压式自动密封水刺头则使水针板的更换更为便捷，也不存在油压式的渗油现象，从而保证了布面的整洁。

FLLBG112 水刺生产线的整体特点是：投资成本低，回收期短，产品质量稳定。由于采用了可编程逻辑控制器（PLC）触摸屏自动控制系统，操作及工艺控制更为便捷，从而有效保证了产品质量的稳定。

五、恒天重工股份有限公司的水刺设备

恒天重工股份有限公司开发的水刺设备有单滚筒式（图 6-16）、双滚筒式、三滚筒式、

和平台式（图6-17）四种，可进行自由组合以满足各类产品生产的需要，如图6-18和图6-19所示。水刺机的控制采用多单元变频调速，工控机人机界面来实现自动化连续生产。工控机作为上位机，PLC作为下位机可显示水刺机速度、牵伸比、启动曲线，可进行单动或联动操作，并可对整机的各个监控点进行监控。幅宽有1800mm、2500mm、3500mm。

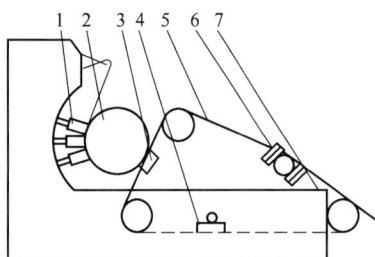

图6-16　单滚筒式水刺机

1—水刺头　2—滚筒　3—预湿　4—抽吸
5—托网　6—纠偏　7—机架

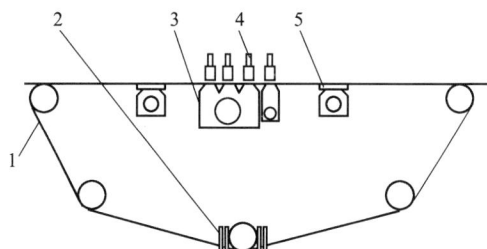

图6-17　平台式水刺机

1—托网　2—纠偏　3—抽吸箱
4—水刺头　5—脱水箱

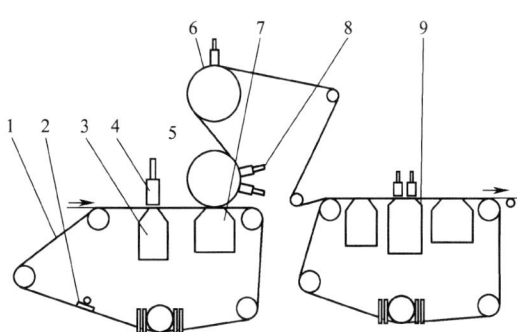

图6-18　双滚筒—平台式水刺机

1—输送帘网　2—抽吸　3—抽吸箱　4—预刺头
5—纠偏　6—抽吸滚筒　7—脱水　8—水刺头
9—平台式水刺机

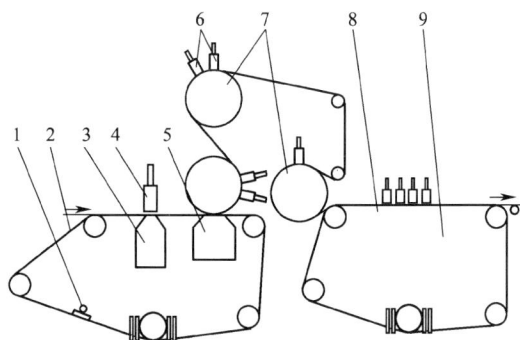

图6-19　三滚筒—平台式水刺机

1—抽吸　2—托网　3—预刺头　4—抽吸箱
5—脱水　6—水刺头　7—抽吸滚筒　8—纠偏
9—平台式水刺机

表6-3为恒天重工股份有限公司水刺设备的主要规格。

表6-3　恒天重工股份有限公司水刺设备的主要规格

型号	单滚筒式 W1571	双滚筒式 W1572	三滚筒式 W1573	三滚筒式 W1581
车速/（m/min）	0~90	0~90	0~90	0~90
幅宽/m	1.8、2.5	1.8、2.5、3.5	1.8、2.5、3.5	1.8、3.5
克重/（g/m²）	35~130	40~210	40~210	35~130

☞ **思考题**

1. 试述水刺法非织造布的工艺过程和要求。

2. 试述水刺法非织造布的工艺原理。

3. 说明几种有代表性水刺设备的性能特点及新进展。

4. 试述水刺法非织造布产品的特点和应用。

第七章　纺粘法非织造布

本章知识点

1. 纺粘法的工艺原理。
2. 几种代表性的纺粘法生产技术与设备。

第一节　概述

纺粘法（spun bond）是利用化纤纺丝的方法将高聚物纺丝、牵伸、铺叠成网，固结于一体的非织造布加工技术，是非织造材料生产的主要方法之一，又被称为纺丝成网法或聚合物挤压成网法。

一、发展现状

（一）德国

1968 年，德国科德宝（Freudenberg）公司在纺丝气动拉伸上获得美国专利授权（Hartmann，USP3379811）。1965 年，杜邦（Dupont）公司工业化生产了名为 Reemay 的聚酯纺粘非织造布。与此同时，Freudenberg 公司推出了一种名为 Lutravil 的混纺聚酰胺纺粘非织造布的生产工艺。早期的纺粘技术很不完善，相对短纤梳理铺网技术，设备投资大、能耗高、竞争优势并不明显。20 世纪 70 年代以后，随着一次性卫生用品（纸尿裤、卫生巾等）市场需求的增长，纺粘技术，特别是聚丙烯纺粘技术得到极大的改进和完善，使之成为发展速度最快、产量最大的单类非织造布生产方法之一。在技术发展史上，德国的 Lurgi Kohle & Mineral-Oltechnik 公司提出名为 Docan 的纺粘法，采取管式拉伸方式完成气动牵引，此后多家意大利企业在管式拉伸基础上形成整机技术供应装备市场。1982 年，美国金佰利公司（Kimberly-Clark）以全幅宽狭缝气动拉伸获得专利授权（Appel，USP 4340563），并自行设计建造工业化装备，迅速形成全球最大的聚丙烯纺粘布生产能力，实现了纺粘材料的超大规模生产和在纸尿裤市场的优势应用。金佰利公司的技术装备仅用于本公司内部在美国及全球分公司的建设，而不对外供应商业装备市场。1984 年，德国的塑料加工设备公司 Reifenhauser 推出了 Reicofil-Ⅰ纺粘工艺，并获得全封闭式狭缝拉伸专利授权（Reifenhauser 1993，USP 5211903，

Geus 1998，USP 5814349）开始在全球范围的专业装备供应，包括第一台在中国广东安装的设备。

随着纺粘技术的发展，目前各纺粘设备制造商都在发展多纺丝头设备，并可以适应单组分或双组分纺丝。如每条生产线带 3~4 个模头，甚至 7 个模头（包括熔喷），单线年生产能力已超过 2 万吨。纺丝速度也有进一步提高的趋势。JM Laboratories 等公司的宣称新设备纺PET 可达 8000m/min，纺 PP 达到 5000~6000m/min。

（二）美国

美国是纺粘法产业化技术发展最早也是产销量最高的国家。20 世纪 80 年代中期，美国纺粘法非织造布的年增长率曾达到 20%。美国有影响的非织造布生产公司有 Kimberly-Clark公司、里梅（Reemay）公司，杜邦（Dupont）公司等。按美国非织造布协会（INDA 协会）2021 年全年统计数据，按非织造行业营业额排序，全球前 40 强中美国公司占 9 家。

（三）日本

日本于 1973 年正式开始进行纺粘法非织造布生产。旭化成、三井石油、尤尼吉卡和东燃石油化学公司于 1975 年全面投产。2005 年的生产能力达 13.98 万吨。现今非织造行业全球40 强公司中日本公司占 6 位，均以纺粘法产品为主业。

（四）中国

我国于 1986 年开始引进纺粘法生产技术和设备。在 20 世纪 90 年代初期还仅有 3 条生产线，生产能力只有 3000t/年。2003~2004 年，非典（SARS）的影响以及先进生产线的国产化成功，使我国纺粘法技术得到了高速发展，并出现了一批国产化生产线。到 2006 年我国纺粘非织造布生产线已达 342 条，装置总能力超过 78 万吨/年。但是，据统计，到 2006 年，我国179 家纺粘法非织造布企业中，年产 5000t 以上的只有 45 家，不到企业数的 1/4。

近年来，我国纺粘非织造布行业在产品创新和设备升级方面取得了较大进展，产品的原料和功能越来越多元化；设备不仅在高速、高产、智能、安全、节能等方面精进提档，而且围绕市场需求持续创新，开发了双组分过滤材料生产线、非织造布 Y 型轧机、纺粘木浆复合生产线、并列双组分热风固结设备等。中国整个行业的纺粘非织造布产量已达全球产量的40% 以上，我国纺粘装备也由进口国变成出口国。但由于中国在本行业的企业数量极大，生产规模偏小，在现今非织造行业全球 40 强公司中只占 7 位。

我国纺粘装备的研发能力也有了大幅度的提高。其中，昌隆和恒天嘉华等多家企业先后推出了 SSMMS 五头复合生产线。自 2010 年以来，在线双头、多头、SMS 复合设备的年增长率均在 30% 以上。

二、纺粘法非织造布的特点

（1）工艺流程整合度高、产量高。与短纤梳理干法非织造布工艺相比，纺粘法可省去化纤的切断、打包、开包、开清混合、梳理各道工序，大大缩短了工艺流程，一条纺粘法生产线的年产量一般在 3000t 以上，高的可达 2 万多吨。

（2）产品的力学性能好。由于纺粘法非织造布中的每一根纤维都是无限长的长丝，因而其产品往往具有较高的断裂强度和较大的断裂伸长率。这也是纺粘法非织造被广泛用作土工布的主要原因。

（3）产品适应面广。纺粘法非织造布的定量最薄可达 8.5/m²，最厚可达 2000g/m²，可广泛应用于尿布、医用服装、土工建筑、农用丰收布、过滤材料和合成革基布等领域。

当然，纺粘法也存在一些不足和局限性。例如，在低克重时纤网均匀性不如短纤梳理铺网法；生产灵活性较差；一次性投资费用高等。

干法针刺土工布与纺粘法土工布生产的各项经济技术指标比较见表7-1。

表7-1 干法与纺粘法土工布生产经济技术指标对比

对比项目	纺粘法	干法	备注
基本建设投资/%	100	63	
能源消耗/%	100	84	
生产成本/%	100	120	（1）以丙纶为原料
制造费用/%	100	156	（2）产品定量200g/m
仓储保管费/%	100	233	（3）年产量4000t
原料成本/%	100	242	
劳动力需要/%	100	277	
维修管理费/%	100	303	

第二节 纺粘法生产工艺

纺粘法基本工艺流程是：

切片烘干→切片喂入→熔融挤压→纺丝→冷却牵伸→分丝→铺网→纤网固结

一、切片烘干

经铸带切粒得到的高聚物切片通常都含有一定的水分（如涤纶、锦纶等），必须在纺丝前烘干除去。对于不含水的高聚物切片（如聚丙烯），可直接纺丝。

切片烘干的目的可归纳为以下三点：

（1）含水切片，如聚酯切片，在熔融时易水解，使分子量下降，影响成丝质量。

（2）水在高温下汽化，可形成起泡丝，易造成纺丝断头或毛丝。

（3）含水的聚酯切片软化点低，在螺杆的加料段容易软化黏结，造成环状黏结阻料现象，影响正常生产。

因此，一般规定干燥切片的含水率应在 0.02% 以下。要做到这一点，必须采用专门设备和工艺才能实现。

涤纶切片的含水形式有两种，一种是吸附于切片表面与细小孔隙中的吸附水，其所占比例较大，容易排除。另一种是存在于涤纶切片内部的氢键结合水，其占比例较小，难以排除。

通常以热空气为热载体干燥涤纶切片。在干燥过程中，一开始水分失去较快，同时无定形结构在一定温度下也会结晶。随着切片结晶度的增加，软化点也相应提高，从而使切片不易粘连，这就为进一步提高温度、加快干燥速度创造了条件。通常结晶度达到25%以上时，再提高干燥温度就不会再发生粘连。因此，涤纶切片的干燥宜分为两个阶段，第一阶段为结晶阶段，热空气温度为120~150℃；第二阶段为干燥阶段，热空气温度为160~180℃。

切片干燥设备主要有真空转鼓干燥机、回转圆筒干燥机、沸腾式干燥设备、联合式干燥设备等类型。对干燥设备总的要求是：效率高、干燥均匀、切片停留时间（即干燥时间）一致、结构简单、操作方便等。

二、纺丝

纺粘法所用的纺丝设备和工艺与化纤纺丝的基本一样。主要设备和配件是螺杆挤出机和喷丝板。

（一）螺杆挤出机与螺杆

图7-1为螺杆挤出机的结构示意图。对纺丝来说，螺杆挤出机主要有三方面的作用。一是输送作用，通过螺杆的转动将高聚物向前推进；二是熔融作用，在机筒外包有加热装置，用于熔融机筒内的高聚物，其加热方式有电加热、联苯加热、油加热等；三是混炼作用，在高聚物由固体变为黏流状态的同时，随着螺杆的转动高聚物被混合、搅拌、塑化。

按照高聚物在挤出机中的状态变化，可以将机筒分为三个区域：固体物料输送区、熔融区和熔体物料输送区。螺杆也相应地分为三段，即加料段、压缩段和计量段，如图7-2所示。

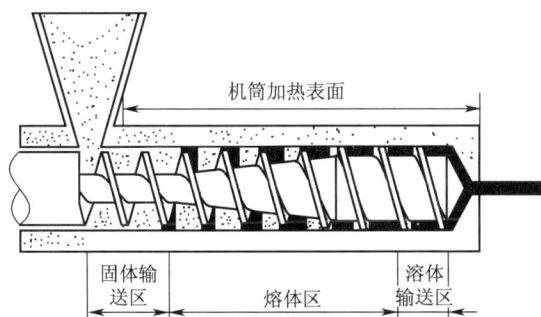

图7-1 螺杆挤出机示意图   图7-2 螺杆分段示意图

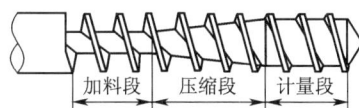

螺杆是挤出机的关键部件，它的规格、结构直接影响挤出机的产量、功率和纺丝质量等。

1. 螺杆直径

螺杆直径系指螺纹外径，它表征挤出机的加工能力。一般来说，螺杆直径越大，挤出机的产量越高，耗用功率也越大。由于影响产量的因素很多，因此很难推断出螺杆直径和产量间的明确关系。

2. 螺杆的长径比

螺杆的长径比系指螺杆工作部分长度 L 与螺杆直径 D 之比，如图 7-3 所示。螺杆的长径比是反应挤出机性能的一个重要参数。目前，国产熔纺挤出机的长径比一般为 $(24\sim25):1$，而且有增加的趋势。丙纶纺丝螺杆长径比一般为 $30:1$ 左右。

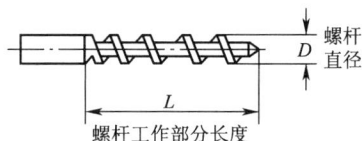

图 7-3　螺杆工作部分尺寸

螺杆长径比增大后，螺杆总长度增加，物料可在较长的停留时间内被加热熔融、压缩混拌，因此可使物料熔融均匀，塑化充分，波动减少，从而利于提高产品质量。此外，长径比增大后，螺杆的计量段可相应加长，逆流和漏流相应减少，而且物料在螺杆内停留时间增加，有利于塑化，为提高螺杆转速和生产能力创造了条件。当然，随着长径比的增加，驱动功率必然增大，制造成本和装配难度也相应增加。

3. 螺杆的压缩比

螺杆的压缩比是指螺杆加料段第一个螺槽的容积和计量段最后一个螺槽的容积之比，它应与物料的物理压缩比相适应。物理压缩比是指物料在加料口的螺槽内松散固态的比容和受热熔融后熔体的比容之比。因此，物料不同，应选择不同的螺杆。等距不等深螺杆的压缩比可用下式计算：

$$\varepsilon = \frac{D^2 - d_1^2}{D^2 - d_2^2}$$

式中：D——螺杆直径；

　　　d_1——进料口螺杆根径；

　　　d_2——出料口螺杆根径。

压缩比 ε 主要取决于聚合物性质、状态和切片截面形状，通常为 $2.5\sim3.5$。加工 PET 时，ε 常采用 3.0 左右；加工 PP 时，ε 为 $3.5\sim5.1$，最小为 2.8。

4. 螺距与螺槽深度

螺杆直径一定时，螺距决定了螺杆的螺旋角，进而影响螺纹的推进力。通常螺杆的螺旋角取 $17°38'$。螺距等于直径时，螺杆的加工制造较容易。此外，螺槽深度对产量和质量也有较大的影响，螺槽深产量大，但对熔体压力反应灵敏；螺槽浅则产量小，但塑化作用好，挤出量稳定。加工 PET 时一般采用浅槽螺杆。

5. 螺杆与套筒之间的间隙

这是螺杆挤出机的一个重要结构参数，特别是在计量段，对螺杆挤出机的产量影响很大。通常，漏流流量与间隙的三次方呈正比。所以，在保证螺杆与套筒之间不产生刮磨的条件下，应尽可能地采用较小的间隙。通常，小螺杆间隙应小于 $0.002D$，大螺杆间隙应小于 $0.005D$。

普通螺杆是不带混炼结构的单螺纹螺杆，当螺杆转速提高到一定程度时，聚合物原料在螺杆挤出机中停留时间缩短，使物料来不及熔融就进入计量段，导致熔体质量下降，挤出压力和挤出量波动。这主要是固体切片在熔融过程中，固体床发生破裂，破裂后的碎块失去控制，不能及时熔化而浮于熔体中。这种碎块颗粒会引起熔体温度、压力的差异以及影响残留水分的排除。针对上述问题，目前出现了一些新型螺杆，如分离型螺杆、销钉型螺杆等。其中，销钉型螺杆是在螺杆的压缩段与计量段之间设置具有分流、剪切和混合作用的销钉，通过销钉的激烈搅拌，细化和粉碎熔体中的颗粒物料，加速其熔化。设置销钉后，螺杆挤出机的产量与普通螺杆挤出机相比，可以提高30%左右。

（二）喷丝板与纺丝流变过程

喷丝板是纺丝的重要配件，对纺丝的质量有直接影响。喷丝板的外形有圆形、扇形和矩形三种。目前化纤纺丝中大量使用的是圆形，而在纺粘法非织造布生产中较多使用矩形喷丝板。喷丝板上打有许多喷丝孔，喷丝孔的形状有圆形、三角形或其他异形。目前国内应用较多的是圆形喷丝孔，其结构如图7-4所示。

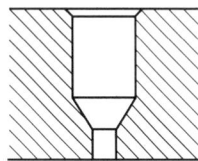

图7-4 喷丝孔结构示意图

1. 入口区

图7-5中的Ⅱ区是纺丝熔体由导孔进入微孔的过渡区域，熔体在这里从直径较大的空间被挤入很小的微孔，熔体的流动速率急骤增大，动能增加。熔体的分子构象也发生改变，并储存一定的弹性形变能，这些变化就是所谓的"入口效应"。对于具有一定黏弹性的材料，单位体积内储存的形变能超过一定限度时，将影响熔体的稳定流动。因此，入口导角越小，入口效应越弱，熔体的流动越稳定。研究表明，对聚丙烯来说，如果入口导角小于20°，一般不会产生不稳定流动。但是，入口导角太小制造比较困难。因此，纺聚丙烯时入口导角一般在30°~50°，纺聚酯一般在65°~70°。

需要指出的是，高聚物的熔融指数对其流动的稳定性有显著的影响，熔融指数增加将有利于稳定流动。

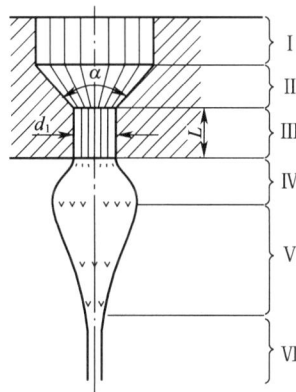

图7-5 纺丝熔体通过喷丝板的流动状态模型
Ⅰ—导孔区 Ⅱ—锥孔区 Ⅲ—微孔区
Ⅳ—出口区（膨化区）
Ⅴ—拉伸区 Ⅵ—无变形区

2. 微孔区

图7-5中的Ⅲ区是喷丝孔的微孔区。在此区域中，熔体有两个特点，一是流速不同，靠近孔壁的速度小，孔中心处速度大，有一个径向速度梯度；二是入口效应产生的高弹形变尚未来得及消失，因为熔体在微孔中的流速很高，时间很短，只有 10^{-4}~10^{-3}s。若径向速度梯度过大，还会继续产生入口效应中的高弹形变，高弹形变达到极限值，熔体细流就会产生破裂，无法成纤。理论上可以证明，径向速度梯度与微孔半径的三次方呈正比。因此，在满足纺丝工艺的前提下，微孔直径越大越有利于稳定纺丝。一般纺涤纶时，喷丝板微孔直径在0.3mm以下；而纺丙纶时，喷丝板微孔选在0.3~0.5mm。

3. 出口区

图 7-5 中的Ⅳ为出口区，也称膨化区。产生"膨化现象"的主要原因是高弹形变的迅速回复，使细流产生膨胀。膨胀严重时将出现熔体破裂。此时丝条表面不光滑，出现波纹、竹节或螺旋等。研究表明，微孔直径增大、纺丝温度升高或微孔长度增加均可使膨胀率减小。

4. 变形区

图 7-5 中的Ⅴ区为拉伸区，也称变形区或冷凝区，是纺丝成型过程中的重要区域。熔体在离开出口区时，温度仍然很高，流动性也较好，在张力作用下能迅速被抽长拉伸；同时，由于空气的冷却作用，细流的温度逐渐降低，而黏度越来越高，使黏流态的细流逐渐变成固态的纤维。

由于冷却条件对纤维的质量，如线密度、伸长及均匀性等具有决定性影响，因此，在这一区域经常安装冷却成型装置，以利于熔体细流形成最佳的温度分布。冷却成型装置主要是提供一个稳定的侧向吹风或环形吹风，其基本要求是气流应为层流状态而不能呈湍流状态。因为湍流可能导致丝条振动，影响丝条的均匀度，并可能造成丝与丝之间的粘连而断丝。

5. 无变形区

图 7-5 中Ⅵ是无变形区，也称稳定区。如果不再创造新的拉伸条件，纤维直径将稳定不变。

图 7-6 为纺丝时的情景。

图 7-6　纺丝时的情景

（三）重要纺丝部件

1. 计量泵

计量泵为外啮合齿轮泵，齿轮啮合运转时，齿轮啮合脱开使吸入腔容积增大，形成负压，聚合物熔体被吸入泵内并填满两个齿轮的齿谷，齿谷间的熔体在齿轮的带动下紧贴着"8"字形孔的内壁回转近一周后送至出口腔，由于出口腔的容积不断变化，聚合物熔体得以顺利排出。

计量泵每转输出的聚合物熔体量称为计量泵的公称流量，泵的实际流量与理论流量之比称为泵的容积效率。影响容积效率的因素很多，主要包括泵结合面的密封性能、造成熔体回流的间隙、转速、进出口熔体压力、熔体黏度等。齿轮计量泵的总效率是容积效率和机械效率的乘积。精度较高的齿轮泵，总效率通常为 0.90~0.95。

2. 纺丝组件

纺丝系统的重要部件，由箱体、熔体分配板、喷丝板等组成。纺丝成网工艺可采用单块大型喷丝板，也可采用多块小型板拼接而成，而且矩形板应用较多，圆形次之。

喷丝孔的直径应根据成纤聚合物熔体在喷丝孔中流动的剪切速度梯度来决定。通常，喷丝孔直径和长度大一些，纺丝比较稳定，尤其是对高黏度熔体的纺丝有利。

理论上，纺丝成网喷丝板的孔径在 0.20~0.80mm 均可纺丝。实际工程上通常依据聚合物熔体出喷丝孔的剪切速率范围来选择孔径。

聚酯纺丝成网工艺中常用喷丝孔直径范围为 0.25~0.3mm；聚丙烯纺丝成网工艺中常用喷丝孔直径范围为 0.30~0.50mm，聚酰胺纺丝成网工艺中常用喷丝孔直径范围为 0.20~0.25mm。喷丝孔的长径比（L/D）通常选择在 2.0 左右。

喷丝孔的排列和孔数对熔体细流的均匀冷却、良好凝固成形有很大影响。圈形分布时喷丝板外圈的丝条能均匀冷却，但当孔数较多时，内圈的丝条往往不容易充分冷却。矩形分布的喷丝孔虽然可以改进内层丝条的冷却，但其侧吹风迎风侧和背风侧丝条的冷却条件不一致。

三、拉伸

刚挤出成型的熔纺纤维（初生纤维）强力低，直径大，结构极不稳定，因而不具备非织造材料加工和应用所要求的性能，必须经过拉伸。

经过拉伸，初生纤维低序区的大分子沿纤维轴向的取向度提高，同时伴有密度、结晶度等其他结构变化。取向度的提高，使纤维断裂强度显著增加，断裂伸长率下降，耐磨性和耐疲劳性也明显提高。

拉伸初生纤维的方式主要有罗拉式机械拉伸和气流拉伸两种。在纺粘法非织造布生产中，由于纺丝、拉伸、铺网、加固连续进行，要求拉伸在极短的时间内完成，采用罗拉式机械拉伸有一定困难，而且在拉伸的同时，还要求对纤维进行空气冷却以防粘连。因此，在实际应用中，多采用气流拉伸或机械与气流相结合的拉伸方式，个别的采用罗拉式机械拉伸。

所谓气流拉伸是利用高速气流对丝条的摩擦进行拉伸。图 7-7 是一种气流拉伸装置的示意图。丝条由喷孔喷出，经横向吹入的冷却气流冷却后，进入狭缝式气流风道。聚酯和聚烯烃类的冷却吹风温度在 8~30℃，冷却吹风和聚合物丝条间的温差在 10℃ 以上，才能较好地保证丝条的均匀冷却。

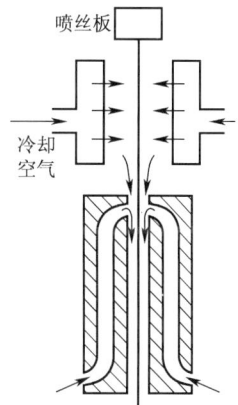

图 7-7 气流拉伸装置示意图

拉伸气流由纤维两侧吹入，纤维在高速气流的夹持下产生加速度实现拉伸。由于两侧冷却气流的作用，丝条很快凝固。因此，可以说丝条的拉伸取向主要在凝固前进行，凝固后的冷拉伸量很少，低压拉伸更是如此。对于确定的拉伸装置，其拉伸效果往往与以下几方面的因素有关。一是高聚物在流变区的流变性质（如黏度）以及冷却条件；二是气流对丝条的夹持能力；三是拉伸气流的速度，气流的速度越高，拉伸倍数越大。拉伸气流的速度主要取决于拉伸气流的风量和风压。在风量不变的条件下，随风压的提高单丝线密度下降，结晶度增加，丝条质量明显改善。但风压超过一定值后，丝条的断裂强力基本恒定，风压再高会产生断丝，影响纤网质量。因此拉伸气流的风压应控制在一定范围内。一般来讲，产品薄，风量、风压应低一些；反之，应提高拉伸气流的风压。

不同的纺粘法设备所采用的拉伸装置和工艺往往有很大不同。图 7-8 为美国杜邦公司的拉伸喷嘴结构示意图。而德国鲁奇（Lur-gi）公司则在喷嘴下加了一个较长的喷管。与狭缝式拉伸管道相比，由于喷嘴的内径小，压缩气体流速快，长丝能获得必要的拉伸。但是，正因为口径小，从喷嘴中冲出的气流会使已铺成的纤网紊乱。同时，也由于喷嘴的内径小，丝条在此易产生堵塞现象。为此，有的公司，如美国杜邦公司，后来对喷嘴作了改进，将其改为狭缝式。管道拉伸与狭缝拉伸的另一重大差异在于单位产量，后者在保障纺丝均匀度的条件下往往能够获得更高的纺丝孔密度，从而提高设备单位宽度下的产量，成为大型高产量设备的设计发展方向。

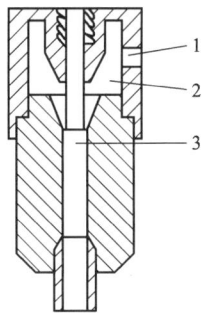

图 7-8 杜邦公司拉伸喷嘴结构示意图
1—空气入口 2—压缩空气室
3—长丝通道

四、分丝

所谓分丝是指将经过拉伸后的丝束分离成单丝状，以防止成网时纤维相互粘连或缠结。常用分丝方法有以下几种。

1. 气流分丝法

利用拉伸气流在一定形状的管道中产生的空气动力学效应，如利用气流的突然扩散等方法进行分丝，产品纵横向强力比较大，不易出现并丝。

2. 机械分丝法

使拉伸后的丝条高速地与挡板、偏离板或振动板撞击和振动而分离。附壁式摆丝，牵伸管出口处设横向摆动的摆丝辊，摆丝频率通常在 400Hz 以下，网下吸力不足及气流波动时，易产生并丝，产品纵横向强力比较小。击打摆丝，类似农业喷灌的击打头，击打频率 800～1200Hz，低克重纤网均匀性较差，易出现云斑。

3. 强制带电法

在拉伸时，让丝束经过一个高达几万伏（甚至更高）的静电场，使丝条带同种电荷而相斥分离，但对气流不起作用，必须辅以其他技术手段才能解决牵伸后气流均匀降速的问题。

4. 摩擦带电法

利用丝条在拉伸过程中相互摩擦产生的静电而分丝。为增加丝条的带电强度，对纤维截面有一定要求，还可以在高聚物中加入一些能增加静电作用的助剂。

五、铺网

经拉伸、分丝后的长丝必须均匀地铺置到成网帘上。成网的关键是对长丝的运动进行控制，其控制方式主要有以下两种。

1. 气流控制

最简单的一种是利用拉伸气流在出口处形成的某种规律运动，使长丝按一定规律（例如圆周运动）铺放到凝网帘上。还有一种是利用侧吹气流控制长丝左右往复铺放。也有的采用多组喷丝板和拉伸管道，并使其交叉或按其他某种方式排列。图7-9所示为杜邦公司狭缝式拉伸管道的排列方式。它利用气流的周期性交替喷射使丝条往复摆动铺网。几条拉伸管道呈交叉配置铺网可减小非织造布纵横向强力的差异。

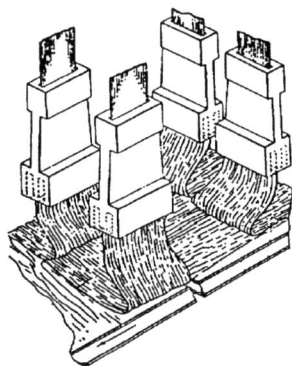

图7-9　杜邦公司狭缝式拉伸管道的排列方式

2. 机械控制

机械控制主要是利用罗拉、转子或拉伸分丝管道做左右往复运动，将丝束规则地铺放到凝网帘上；也有的采用喷丝板旋转或摆动方式进行铺网。

一般来说，无论是气流控制成网还是机械控制成网，其纤网均匀度均不如梳理成网。纤网越薄，不匀率越大。即使认为质量较好的薄型纤网，其不匀率也接近10%。另外，纺粘非织造布的纵横向强力比也往往波动较大，有时可能达到1.5∶1的良好水平，有时可能超过5∶1。可以说，成网均匀度也是衡量其技术水平的一个重要指标。

六、吸网

通过吸网可带走下吹气流，控制丝束反弹。为此，在成网帘下设有约20cm厚的垂直导流均风孔板，以防止逆向气流吹翻纤网。在纤网前进方向的吸风边界处设一对挡风轧辊。上辊直径较大，比较光洁，并设清洁刀防止缠辊；下辊直径较小，通常采用橡胶辊，以夹持纤网和成网帘。辅助吸风道直接吸入气流压网，以控制纤网贴附于成网帘上。

七、加固

加固是最后一道工序，通过加固使纤网具有一定强力、伸长等性能，以满足产品的使用要求。加固方式主要有以下几种。

1. 自身黏合加固

如以锦纶66为原料，得到纤网后，采用盐酸水溶液来处理纤网，盐酸与锦纶66上的酰胺基团形成盐酸复合物，使长链之间的氢键受到破坏，形成纤维之间的自黏合作用。现在这种加固方法应用得不多。

2. 热黏合加固

利用某些纤维，如聚酯、聚丙烯等的热塑性，对纤网进行热轧黏合加固，是目前应用最多的一种加固方法，尤其是对薄型纤网进行热轧更为常见。其工艺原理和设备与前面第五章讲的基本相同。

3. 针刺加固

对较厚的纺丝纤网，可以采用针刺加固，只是刺针所受到的阻力比短纤维网大得多。针刺法加固所得到的产品具有通透性好、强力高的特点，而且可以生产厚重型产品。因此，针刺法已成为纺粘法土工布的主要加固方法。为了适应纺粘的高速度的需求，需选用与之相匹配的高速针刺机。

4. 复合加固

为了提高产品的综合性能，扩大产品用途，满足应用要求，可对纤网先后采用多种加固方法进行复合加固。经常应用的复合加固有以下几种搭配。

（1）纺粘→预针刺或轻度热轧→缝编法加固。

（2）纺粘→预针刺或轻度热轧→铺叠→针刺法加固。

（3）纺粘→预针刺或轻度热轧→化学黏合法加固。

（4）纺粘→针刺加固→高温拉幅定形→化学黏合法加固。

（5）纺粘+短纤维梳理纤网或浆粕气流成网→水刺复合。

（6）纺粘（橘瓣型双组分复合超细纤维）→水刺，组分有 PET/PE、PET/PET 等，产品如德国 Freudenberg 公司的 Evolon。

第三节　几种有代表性的技术与设备

一、NWT 纺粘法生产技术与设备

NWT 纺粘法工艺与设备是由意大利 NWT 公司提供的。该工艺的现行设备适合加工 15～1000g/m² 的非织造布产品，幅宽在 2.4～5.4m。它采用 φ120mm 螺杆挤出机、气流窄缝牵伸系统、摆丝铺网、热轧或针刺固结的方法成布。由于 NWT 设备投资较低，维护简单，易清洗，在 20 世纪 80～90 年代，我国纺粘法非织造布发展初期引进较多。

NWT 纺粘法非织造布生产设备主要由喂料系统、干燥系统、螺杆挤出机、纺丝箱体、气流牵伸装置、摆丝器、成网机、热轧黏合或针刺固结设备和分切卷绕机组成。

（一）切片干燥

NWT 纺粘法生产线一般都配备有切片干燥系统，以便加工 PET 具体干燥方式和系统可根据实际情况设计和选配。在切片输送和干燥前，需对切片的质量和性能指标进行分析检验。对 PET 切片，要求软化点>258℃，特性黏度在 0.645～0.650Pa·s。另外，对杂质的含量和切片大小也都有一定要求。对 PP 切片，要求熔融指数最好在 27～33，非等规聚丙烯含量>3.5%，同时对相对分子质量分布、灰分等也有要求。

（二）纺丝与牵伸

切片经过气流输送（PET 经干燥）至螺杆挤出机中，便进入纺丝过程，熔体通过喷丝板挤出、牵伸，继而形成连续长丝。NWT 工艺采用的是单螺杆卧式挤出机。以引进设备为例，其螺杆直径为 120mm，长径比为 28∶1。预过滤器为液压自动切换，熔体总管及纺丝箱体均为外循环式导热油加热。图 7-10 为 NWT 纺粘法工艺的纺丝过程示意图。

在螺杆挤出机内，沿螺杆长度分作七个加热区。其中，前区为预热区和部分熔融区，中区为主要加热熔融区，后区为均化和计量区。加工 PP 时，各区平均温度在 210～230℃；加工 PET 时要求温度达到 265℃左右。工作幅宽为 3m 的 NWT 纺粘设备具有 23 个纺丝位，每个纺丝位都配有一个熔体分配管和一个计量泵，并配有一个喷丝头和一块矩形喷丝板。喷丝板的规格为 580mm×94mm×26.5mm，每块板上钻有 243 个孔径为 0.6mm 的小孔（PP 纺丝用）。23 块喷丝板并列排列成一排，在单板长度方向上与成网帘运行方向呈 45°夹角。

熔体纺出后经冷却固化形成初生丝条，NWT 工艺采用横吹风方式冷却，风由两侧吹出，呈一定的速度分布，吹风长度 400mm。气流所需压力由调节阀通过计算机系统进行调控。风窗上设有过滤介质以防止杂质进入丝束。

经过冷却后的丝束进入牵伸通道，NWT 工艺采用正压气流牵伸方式，牵伸风是由装置内侧帘缝喷出，狭缝宽度为 0.8～1mm。牵伸气流流量为 23000m³/h，风速约 200m/s。在生产 PP 时，压力为 25kPa；生产 PET 时，压力为 50kPa。纺丝速度达 1000m/min。

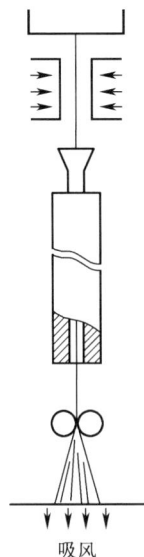

图 7-10　NWT 纺粘法工艺
纺丝过程示意图

（三）分丝铺网

NWT 工艺采用的是气流分丝法，即利用牵伸系统中的高速气流在出口处扩散而产生的空气动力学效应使之分丝。分丝后的长丝借助牵伸喷嘴下方的一对摆丝辊高速摆动，均匀地铺放在运行中的成网帘上，从而形成纤网。摆丝辊最高频率可达 400 次/min。

NWT 成网机是由成网帘、托板、吸风道、主传动辊、被动辊、防跑偏装置等组成。网帘一般采用涤纶网。在网帘上设有静电消除器，以消除纤网上的静电。成网机网帘下方设有主、副吸风道，用以加强长丝网在网帘上的吸附力，同时也可防止长丝在气流作用下引起絮乱和飘移。

（四）固结成布

NWT 纺粘工艺主要采用热轧法、针刺法或特定用途设置的浸渍黏合法进行固结。一般在生产 15～150g/m² 薄型或中厚型产品时，宜采用热轧法；生产 150～1000g/m² 以上的厚型产品时，则多采用针刺法。目前我国引进的 NWT 纺粘生产线均采用热轧固结工艺。

1. 热轧工艺

与 NWT 纺粘设备配套的热轧机采用导热油加热方式。一般热轧辊最高温度可达 260~300℃。在 NWT 设备的生产过程中，加工 PP 薄型长丝纤网，轧辊温度一般在 150℃左右，轧辊线压力在 392~441N/cm。

2. 针刺工艺

在 NWT 纺粘法非织造布生产线上，采用针刺固结方法主要是用于加工 200~1000g/m² 的厚型产品。

（五）后处理

为赋予产品特殊性能，生产线上通常还需要后处理设备。在 NWT 纺粘生产线上主要配置有喷淋/浸渍装置和热定形装置。

1. 喷淋/浸渍装置

主要用于提高纺粘法非织造布的渗透性能，使其适应卫生材料的服用要求。具体喷淋、浸渍，或喷淋/浸渍方式和设备的选用可根据需要设计确定。

2. 热定形装置

热定形工艺一般多用于处理针刺加固的纺粘法产品，以满足过滤材料、油毡基布等产品的使用要求。热定形方式和设备有多种，较多采用的是在一定张力作用下的热定形，具体的热定形方式和设备的选用，可根据需要而定。影响热定形效果的主要工艺参数是温度和时间，应根据产品的要求严格选择。

NWT 技术采用多块矩形喷丝板，便于拆卸清洗，气流分丝方式可以实现较好的铺网效果。缺点是纵向强力较横向弱。例如，在质量考核中，40g/m² PP 产品纵、横向断裂强力分别为 51N/5cm 和 87N/5cm，纵、横向断裂伸长率为 54% 和 48%。对于纵向强力要求较高的场合，其应用受到一定限制。

二、杜坎（DOCAN）法生产技术与设备

该技术最早源自德国鲁奇（Lurgi）公司的专利，现已被德国 Zimmer 公司收购。可采用聚酯、聚丙烯及聚酰胺为原料，但应用最多的是聚丙烯。它的第一套以聚酯为原料的工业规模的生产线于 1994 年投产。图 7-11 为杜坎法纺粘工艺过程。

（一）主要技术特点

（1）螺杆挤出机。有六个加热区，一个冷却区。纺丝泵、管道、纺丝箱体均用联苯。熔体温度误差为±（1~1.5）℃。

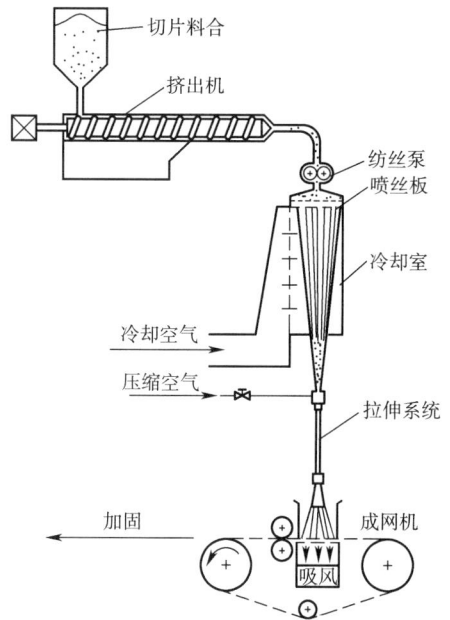

图 7-11　杜坎法纺粘工艺过程

（2）螺杆的长径比。纺聚酰胺时为 24：1；纺聚丙烯时为 30：1。

（3）喷丝板。喷丝板为长方形，尺寸为 45cm×20cm，分成七个喷丝孔区。孔数：纺 1.65dtex（1.5 旦）的丙纶时，150 孔/区；纺 3.3~5.5dtex（3~5 旦）的丙纶时，100 孔/区。孔径：纺丙纶时为 0.6mm，纺涤纶时为 0.25~0.6mm。增加成网宽度时，必须增加喷丝板块数及相应的纺丝螺杆等装置。

（4）喷嘴与拉伸。丝条经空气冷却后，进入气流拉伸喷嘴，喷嘴内径呈锥形，直径为 8~9mm。气流风压高达 469~516kPa（20~22 个大气压），气流速度达 2.5 倍音速以上。纺丝拉伸速度可达 3500~4000m/min，改进后可达 5500m/min。喷头拉伸倍数达 200 倍。喷嘴下面的喷管长 4~5m。

（5）分丝。喷管出口处是一个扁平扇形的分丝器，其口径突然增大，利用气流的扩散降速达到分丝目的。到成网时，纤维的运动速度降至 20~200m/min。

（6）成网。丝条出了分丝器后受摆动机构作用做往复摆动铺网。成网帘下有吸风装置协助成网。

（7）纤网幅宽。最小为 90cm，最大约 5m，其中 2.5~4m 的应用较多。

（8）生产速度。纤网定量为 80g/m^2 时，输出速度为 30~50m/min；纤网定量为 20g/m^2 时，输出速度可高达 80~100m/min。最高产量为 800kg/h。

（二）产品性能特点

（1）纤网纵横向强力比。最佳时为 1.5：1。纤网不匀率随着纤网定量的提高而减小。当纤网定量为 20~50g/m^2 时，纤网不匀率 $CV<16\%$；纤网定量在 50~200g/m^2 时，$CV<12\%$；纤网定量在 250~500g/m^2 时，$CV<8\%$。

（2）纤网定量。为 20~1000g/m^2。

（3）力学性能。由于采用高压拉伸，纤维强力较高，接近传统化纤纺丝工艺生产的纤维。例如，纤网定量 250g/m^2，针刺密度为 200 刺/cm^2 时，其纵向断裂强度为 800N/5cm，横向断裂强度为 600N/5cm。经热定形后的断裂伸长率：纵向为 70%~80%，横向为 80%~100%。

（三）其他

（1）原料要求。聚酰胺切片的含水率应小于 0.019%，而且一定要氮封；涤纶切片的含水率应低于 0.001%~0.0059%。

（2）厂房要求。整个设备为紧凑式结构，占地面积为 18m×48m。其中，要求 12m 长的厂房为 12m 高，其余 36m 长的厂房为 6~7m 高即可。

（3）成本与能耗。以西欧价格计，各部分成本所占百分比为：原料费占 56%，设备折旧费占 19%，工资占 12%，能耗占 9%，维修费占 4%。以生产土工布的六部位生产线为例，总能耗约为 1300kW。其中，纺丝占 12%，压缩空气占 42%，电耗 17%，冷却 11%，铺网及针刺占 11%，拉幅占 7%。

三、莱科菲尔（Reicofil）法生产技术与设备

德国莱芬豪斯（Reifenhauser）公司的生产技术是在 Kride 纺丝成网技术上发展而成。其工艺过程如图 7-12 所示。

（一）主要技术特点

上料系统采用全自动上料系统。螺杆挤出机采用分离型螺杆，螺杆长径比>30：1，螺杆直径180~220mm，可根据产能要求，设计螺杆规格。熔体进入计量泵之前须经过熔体过滤器过滤，过滤网可不停机更换，换网方式有手动、半自动和全自动之分。熔体从计量泵出来之后进入熔体通道。喷丝板孔数为5500~7000孔/m。

（1）纺丝。有两个投料计量装置，一个投丙纶切片，另一个投色母粒，以便生产有色产品。挤出机有六个加热区；螺杆的长径比为30：1；螺杆直径有70mm和90mm两种，分别加工1.2m和2.4m幅宽的产品。喷丝头为长方形，生产1.2m幅宽的产品时，喷丝板的规格为1422mm×106mm，共有4100个喷丝孔，孔径为0.5mm；生产2.4m幅宽的产品时，则用两块喷丝板连接在一起，总长为2882mm（包括连接件），孔数为8200个。喷孔呈斜纹状排列。

喷丝板下方是双侧冷却风管。冷却空气以1m/s的速度对长丝进行冷却。风管下面是像百叶窗一样的导流板，从这里可以补入负压拉伸所需的气流。

（2）拉伸。与众不同的是该设备利用负压进行拉伸。它将两台75kW的吸风机装在凝网帘下抽风，产生负压，使拉伸通道中产生一股自上而下的气流对丝条进行拉伸。拉伸通道是由两块板构成，板间距离可以调节，以便控制拉伸范围。气流在经过两板之间的狭缝时，拉伸速度达到最高。间隙之间空气流速一般为3000m/min，最高可达9000m/min。

（3）分丝和成网。拉伸通道的下端突然扩大形成一个喇叭口，气流在此扩散，一方面降低速度，另一方面形成紊流，便于长丝成网。由于采用长方形喷丝板和狭缝式拉伸通道，保证了丝条像面纱一样落在凝网帘上，而不会成束。

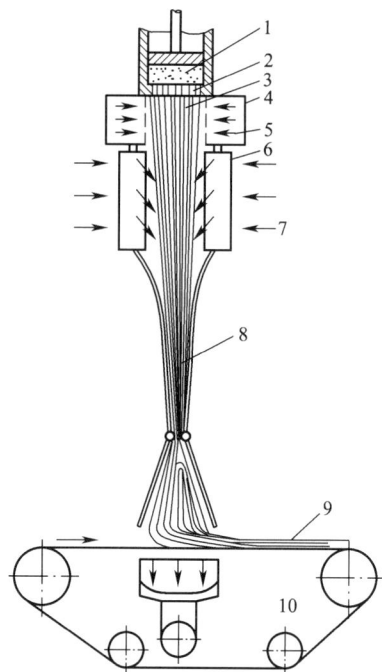

图7-12　莱科菲尔法纺粘工艺过程
1—熔体　2—喷丝板　3—长丝　4—风管
5—冷风　6—导流板　7—室温空气
8—风道板　9—纤网　10—成网机

（二）其他

（1）原料。可以采用聚酯、聚丙烯切片为原料。对熔融指数没有特殊要求，一般在25~35g/10min，灰分少于0.1%即可。

（2）纤网定量。纤网定量在50~400g/m²，成网速度在3.5~28m/min。

（3）厂房。只要高于6m即可。

莱芬豪斯公司是源于德国的独立纺粘设备和纺/熔复合设备供应商。其纺粘设备由最初的莱科菲尔（Reicofil）Ⅰ型机，一直发展到现在的Reicofil Ⅴ型机。每一代机型的推出都意味着单位产量、纤维拉伸能力和纤维线密度的显著进步。新的Reicofil纺粘法可以加工超细纤维、各种聚合物（如PET和PTT）以及多层复合结构（如SMS和SMMS），还能进行速度达

128

600m/min 的双组分纤维的生产。我国已引进其 10 余条大型生产线。

Reicofil Ⅳ型机的幅宽一般为 3.2m 和 4.2m，生产线速度为 600~1000m/min。按产品适用方向，有 Reicofil Ⅳ技术线和 Reicofil Ⅳ4s 卫材专用线之分。Reicofil Ⅳ 单喷头 1m 幅宽的产量为 180~230kg/h，Reicofil Ⅳ4s 略低，为 180~210kg/h。而 Reicofil Ⅴ 的生产线速度可达 1400m/min。

四、意大利 STP Impianti 公司纺粘法生产技术与设备

意大利 STP Impianti 公司是一家有多年历史的化纤设备公司。自 1981 年研制出第一套纺粘法非织造布设备以来，到现在已成为世界著名纺粘法非织造布设备和技术供应承包商。中国已引进其 10 多条生产线。图 7-13 为该公司一种设备的示意图。下面以幅宽为 3.2m 的设备为例，介绍该设备的性能特点。

（一）主要技术特点

（1）纺丝。螺杆直径为 160mm，长径比为 30∶1，由 250kW 的直流电动机驱动。挤出机分 7 个加热区，每个加热区为 12kW。另外，还有一台小型挤出机，螺杆直径为 70mm，长径比为 20∶1，专用于边角废料回收之用。喷丝板的尺寸是 120mm×130mm，孔数 70 孔，孔径 0.5mm。丝条喷出后用侧吹风冷却。为使拉伸容易，冷却室的温度控制得略高，一般为 30~40℃。

全台设备共有 56 块圆形喷丝板。每只喷丝板下有一套拉伸管，拉伸管长为 1m。前排 28 个拉伸管，后排 28 个，其排布形式相同，如图 7-14 所示。拉伸管喷嘴处气流风压为 58.7kPa（2.5 个大气压）。拉伸倍数为 500 倍，拉伸速度在 2500~3300m/min。

（2）分丝与成网。纤维从拉伸管吐出后，与一个挡板发生碰撞而分丝，并由摇板铺置到凝网帘上。摇板的摇摆频率为 500 次/min。由于拉伸管呈交错排布，可保证成网具有一定的均匀度。现在该公司设备也进行可静电分丝。

凝网帘下有一吸风机，可将喷下的压缩空气排出。否则，气流会在纤网上反弹，造成纤网混乱。

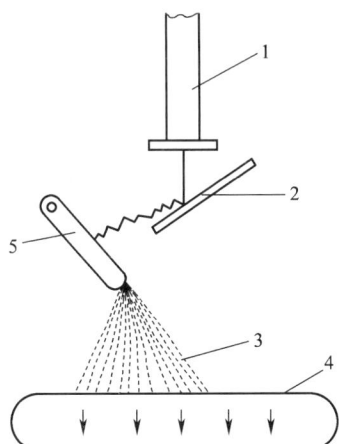

图 7-13　S.T.P 设备示意图
1—接伸管　2—挡板　3—纤维丝束
4—成网帘　5—摇摆板

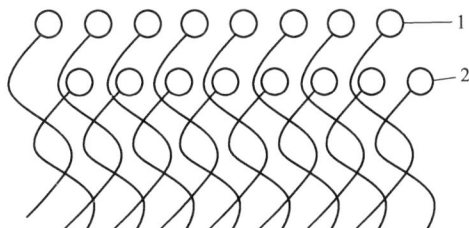

图 7-14　拉伸管的排布形式
1—后排拉伸管　2—前排拉伸管

（二）其他

（1）产品特点。单纤维线密度为 2.2~2.75dtex（2~2.5 旦），纤维强力较高。

（2）产量。若幅宽为 3.2m，纤网定量为 50g/m²，则产量为 350kg/h。

（3）能耗。电器装置容量为 1200kW，实用 600kW；耗用冷却水 25m³/h；压缩空气 30m³/min，压力为 $2.45 \times 10^5 Pa$。

（4）喷丝头更换方便。采用圆形喷丝头对成网均匀度不是很有利，但更换喷丝头时较为方便，不需要专门的吊装设备。

五、美国 Ason 公司纺粘法生产技术与设备

美国 Ason 公司于 1997 年开发了具有新意的纺粘设备，由于具有高速、灵活等特点，并能够以高的生产效率生产超细纺粘非织造布，因而具有一定竞争力。

Ason 纺粘法使用带有 0.1~0.4MPa 空气压力的狭缝衰减器。与其他纺粘法相比主要有几方面特点。

（1）从喷丝头到狭缝和从狭缝到成网帘的距离都可以调节。

（2）加工过程中长丝保持高温。

（3）高效的牵伸装置产生强劲的拉伸力。

因此，Ason 可获得 0.5~2dtex 的细纤维，而且生产速度高达 100~240kg/（h·m）。一条 3m 宽的生产线总共只需高 7m、宽 7m、长 25m 的空间。

Ason 纺粘生产线的生产速度可达 600m/min，还可生产双组分和三组分纺粘纤维产品，并可使用各种聚合物，如聚丙烯（PP）、聚乙烯（PE）、聚酯（PET）和聚酰胺（PA）。

Ason 纺粘法可看作纺粘和熔喷技术的结合或是一种介于纺粘法和熔喷法之间的方法。纺粘工序的纺丝速度 PP 可达 6000m/min，PET 可达 8000m/min，介于传统的纺粘法和熔喷法工艺之间。

Ason 公司的设备产业化并不顺利，后来被美国诺信（Nordson）公司收购，现诺信属于瑞士欧瑞康（Oerlikon）集团公司的一部分。

六、纺粘技术新趋势

1. 生产速度和生产率不断提高

主要是提高了纺丝拉伸速度，增加了喷丝板孔数和密度，增加了纺丝头配置。以 Reicofil V 型生产线为例，PP 纺丝速度最高可达 5000m/min，一条生产线年产量达 2 万吨以上。

同时，许多纺粘设备制造厂致力于发展多纺丝头设备，生产厂也在进行多纺丝头改造。一般每条生产线配置 3~5 个纺丝箱体，甚至也有多达 7 个的，单线生产能力已超过 2 万吨/年。

2. 微细旦纺丝

为了使纺粘布的手感更柔软性，纺微细旦丝是有效的途径。如日本神户制钢公司的 PP 可纺至 0.55dtex，PET 可纺至 1.0dtex；德国 Reifenhauser 公司的 PP 可纺至 0.78dtex，PET 可纺至 1.0dtex。Nordson 公司采用日本 NKK 公司技术，采用狭缝拉伸，研制了门幅 3.6m 的双

模头 Mi-crofil 纺粘设备，该设备可采用涤纶、丙纶及其他多种聚合物纺丝。其纺丝牵伸速度，纺涤纶最高可达 8000m/min，丙纶可达 5000m/min，喷丝板孔数最高为 5000 孔/m 以上，最大幅宽可达 5m。纺粘布克重最薄的为 $10g/m^2$，细度最细达 0.89dtex（0.8旦）。

3. 双组分纺粘布技术

近年来，双组分纺粘非织造技术在应用推广上有较大的发展，主要用于卫生材料、超仿真皮革基布和超纤擦拭材料领域。目前在装备市场上较为成功的典型代表是美国 Hills 公司，其先进的双组分纤维熔体配分技术适用于所有的熔纺聚合物，为大多数纺粘装备公司采纳，可纺制皮芯型、并列型双组分纤维和分裂型、海岛型超细纤维。

中国近年来在双组分纺粘装备的制造上也有了长足的进步。2018 年，北京宏大研究院完成了一条 1.6m 幅宽的皮芯型双组分纺粘设备，并出口到欧洲。2019 年，山东斯威特公司与青岛大学合作设计制造了一条 2.4m 幅宽的并列型双组分纺粘设备，并实现商业化生产运作，在设备单位产量、纺丝牵伸速度、纤维纤度等技术指标上达到国际先进水平。

4. 新材料不断用于纺粘技术

新型聚合物聚乳酸（PLA）的纺丝和纺粘技术加工在近几年发展很快，我国已经有成品纤维面市；美国 Dupont 公司从谷物中提取的可生物降解的 1,3-丙烷基聚合物 Sorona 用于纺粘非织造布；新型的茂金属络合物催化合成的聚烯烃弹性聚合物可用于生产弹性纺粘非织造布；美国 Eastman 公司开发了 PCT、PBT 聚酯纺粘非织造布；Toray 公司开发了聚亚苯基硫醚（PPS）纺粘非织造布。

☞ **思考题**

1. 切片干燥的目的是什么？常见的设备有哪几种？各有何特点？

2. 挤出机的螺杆结构、喷丝板的喷孔结构对纺丝有何影响？

3. 试比较气流拉伸与机械拉伸的特点。

4. 纺粘法各工序对产品质量有什么影响？

5. 试述各种有代表性的纺丝成网法设备的技术特点及产品特点。

6. 综述纺粘法非织造布技术的新进展。

第八章　熔喷法非织造布

> **本章知识点**
>
> 1. 熔喷法工艺原理及影响产品性能的主要因素。
> 2. 熔喷法非织造布的发展趋势。
> 3. 驻极体的概念及驻极熔喷非织造布的应用。

第一节　概述

一、熔喷法非织造布的发展现状

熔喷法非织造布是将纺丝组件挤出的高聚物熔体通过高速的热空气，使较低黏度的高聚物熔体受到直接吹喷，从而形成极细的纤维，并凝集到多孔滚筒或帘网上形成纤网，经自身黏合或热黏合加固而制成。

据文献介绍，美国海军研究实验室于20世纪50年代初就开始研究气流喷射纺丝法。他们将锦纶熔融后由特制喷丝板挤出，同时用高速热空气气流将高聚物熔体细流拉伸，制成超细锦纶非织造布，其纤维的直径在5μm以下。因此，可以说，熔喷法非织造布是最早的超细纤维，也是至今直接纺得的最细的超细纤维。

美国利特尔公司（Arthur D. Litthe Inc）的蒂利与斯莫尔曼在1951年开始研究用气流喷射—静电纺丝法生产出聚苯乙烯超细纤维非织造布，取得美国专利，并发表了"喷纺纤维"制造方法的论文，其产品主要用于美国空军及某些特殊场合下的过滤材料。

20世纪70年代后，美国埃克森公司（Exxon）将这一技术转为民用，使熔喷纺丝技术得到很大发展，取得了许多专利。此后多家公司继续进行研究开发和产业化，并相继出现新的复合、层压、涂层、驻极化和化学处理等深加工方法，使熔喷法非织造布的品种和应用有了很大发展。

我国熔喷法非织造布开发较早，早在20世纪50年代末，有关单位就开始了这方面的研究。1960年，有关单位采用气流喷射→静电纺丝→滚筒成网工艺，研究成功过氯乙烯超细纤维非织造布。2000年以后，我国相继引进了十几条熔喷法生产线，使我国熔喷法生产能力有了较大提高。截至2019年，我国熔喷法非织造布年总产能达10万吨，实际产量约5万吨。近年来，国内许多单位在熔喷纺丝理论研究、关键设备的加工和产品应用开发等方面都做了大量的工作，取得了很大的进展，特别是 2020 年，由于新冠肺炎疫情暴发，仅 2020 年上半年全国熔喷生产线数量就由 200 条猛增到 5000 条，年产能跃升到 200 万吨。但是，由于底层技术尚有欠缺，应用开发跟不上，致使产品质量难以稳定地达到标准要求，大部分新增产能并未转化为实际产量。

由于熔喷法生产工艺要求熔体黏度较低，相对分子质量较低，且工艺过程不能对纤维进行有效的控制拉伸，所以纤维的取向度较差，断裂强度较低。另外，熔喷法能耗较大，产量较低，成本较高。在多数应用环境下，熔喷布常与其他成本较低、强力较高的材料（如纺粘布）一起复合使用。

二、熔喷法非织造布的发展趋势

（一）复合加工

熔喷法非织造布具有三维结构，有很多孔隙和很大的比表面积，而且其纤维粗细不同，呈一定分布，因此其孔隙也呈一定分布。所以，熔喷法非织造布对不同粒径的尘粒都有很好的过滤性能和较小的过滤阻力。但是，目前熔喷法非织造布均存在一个共同的缺点，就是强度低、伸长大、尺寸不稳定，很难单独使用，即使做过滤材料也常常需要与其他材料复合，以加强其强度、稳定其结构。

1. 纺粘法与熔喷法非织造布的复合

纺粘法非织造布强力较高，以其为基布，可以显著提高纺—粘熔喷复合非织造布的强度，同时还可以增加过滤面积和孔径分布宽度，提高过滤效果。1977 年，美国金佰利公司即获得了纺粘—熔喷复合技术的专利（USP4041203），由此开启了纺粘—熔喷—纺粘三层非织造布复合材料（俗称 SMS）在医疗、卫生和防护领域的应用，并奠定了金佰利公司和 SMS 材料在该领域的核心地位，直到该专利于 1995 年失效，才有其他设备厂家进入全球装备供应市场，其代表公司是德国莱芬豪斯公司。图 8-1 为莱芬豪斯公司的纺粘—熔喷连续式复合生产线。这种连续式生产线具有生产效率高、中间环节少、成本低的优点，但一次性投资大，不适宜小批量、多品种生产。与连续式生产相对应的为间歇式复合生产（也称二步法），它是将现成的熔喷法非织造布和纺粘法非织造布同时喂入复合设备，进行复合加工。近年来，更有多层复合的趋势，如 SMMS、SSMMSS 等。

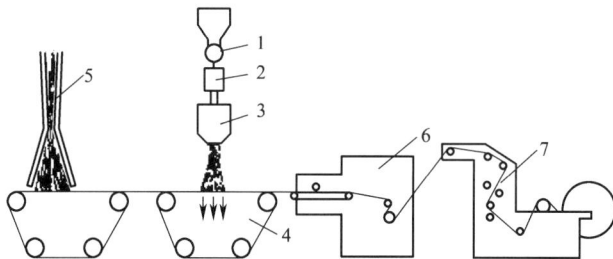

图 8-1　纺粘—熔喷连续式复合生产线

1—螺杆挤出机　2—计量泵　3—喷头　4—成网机　5—纺粘设备　6—复合机　7—卷绕分切机

目前，国际上纺粘及 SMS 设备的发展方向是高产量和连续化，在这个领域主要有两大企业。一是以德国莱芬豪斯为代表的高速、多模头、新型熔喷、双组分和细旦技术，目前该公司开发的幅宽达 4.2m，产能达 1.5 万吨/年的多模头纺粘—熔喷非织造布生产线已经销往中国、巴西、捷克等国。二是以纽玛格为代表的大宽幅、多模头、高产能设备。近几年，纽玛格通过一系列收购，打造出了包括梳理成网、铺网技术、折叠式卷装技术、干法非织造布技术等在内的全球独有的技术组合，已推出 4.2m、5m 和 6.4m 大宽幅的纺粘—熔喷非织造布生产线，以避开同质化竞争，获取更大的市场份额。

2. 熔喷法非织造布与薄膜的复合

用熔喷法非织造布与防水透气薄膜复合制得的复合材料具有防水、透气、保温等性能，是制作汽车盖篷、野外睡袋、卫生保健、风雨衣的好材料。这种复合产品可以在一条生产线上连续进行熔喷—薄膜复合加工（图 8-2），也可以在异地进行间歇式覆膜加工。

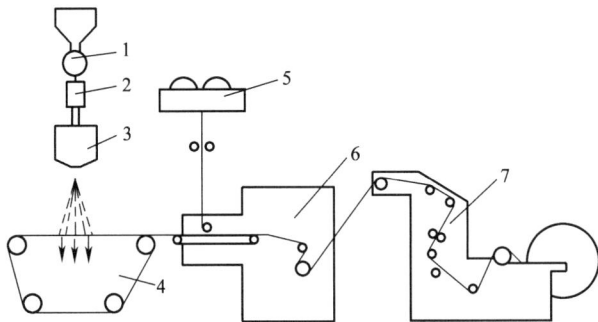

图 8-2 熔喷—薄膜复合生产线

1—挤出机 2—计量泵 3—喷头 4—成网机 5—薄膜退卷机 6—复合机 7—卷绕分切机

另外，用纺粘法非织造布、熔喷法非织造布和防水透气薄膜制成的"三合一"复合材料也是很有前途的复合产品。图 8-3 为连续式"三合一"复合生产线。

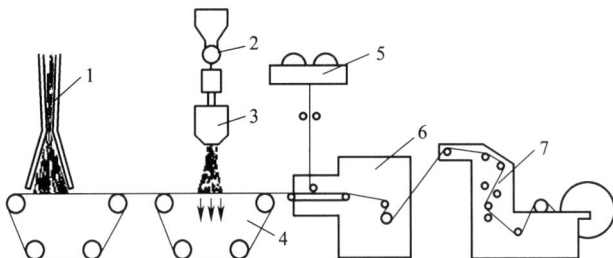

图 8-3 连续式"三合一"复合生产线

1—纺粘法非织造布 2—挤出机 3—喷头 4—成网机 5—薄膜退卷机

6—复合机 7—卷绕分切机

（二）微纳米化

由于熔喷纤维直径是影响其性能的重要参数，所以关于熔喷非织造技术的大量研究是围绕纤维直径展开的。对于过滤材料、吸油材料或保暖材料等，纤维直径的减小可有效提高其使用性能。

在常规熔喷设备上开发微纳米级纤维，其关键技术在于减小熔体流量，或提高热空气的流量或速度。理论上，减小喷丝孔直径也有一定作用，但是打细小的喷丝孔有一定难度。

据报道，采用单孔熔喷实验设备，双槽射流模头，喷丝孔直径为 0.2mm，空气狭槽宽度为 1.0mm，喷丝孔出口缩进量为 1.5mm，可制备平均直径小于 500nm 的纤维。研究表明，熔喷纤维的微纳米化对熔喷非织造布的性能具有明显改善。

三、熔喷法非织造布的应用

目前，熔喷法非织造布主要用于过滤材料、保暖材料、吸油材料、电池隔膜、医疗卫生用材料、环境保护材料、服装材料、擦拭材料等。

（一）过滤材料

熔喷法非织造布具有纤维细、结构蓬松、孔隙多而孔隙尺寸小的优点（图 8-4），通过适当的后整理，是一种性能优良的过滤材料，因此得到了广泛的应用。熔喷法非织造布可用于气体过滤和液体过滤，气体过滤方面常见的有医用防菌防尘口罩、室内空调机过滤材料、汽水分离过滤材料、净化室过滤材料等。液体过滤方面常见的有饮料和食品过滤、水过滤、贵金属回收过滤、油漆和涂料等化学药品过滤等。熔喷法非织造布可与其他材料复合并制成可置换式滤芯或滤袋等用于各种过滤装置中。

熔喷法非织造布的驻极整理是提高其过滤效率的重要后整理技术。经过驻极整理的熔喷法非织造布带有持久的静电，可依靠静电效应捕集微细尘埃，因此具有过滤效率高、过滤阻力低等优点。驻极熔喷法非织造布除对 0.005~1mm 的固体尘粒有很好的过滤效果外，对大气中的气溶胶、细菌、香烟烟雾、各种花粉等均有很好的阻截效果。试验表明，经驻极整理的聚丙烯熔喷非织造布在自然状态下存放 1440h 后，过滤效率保持不变。

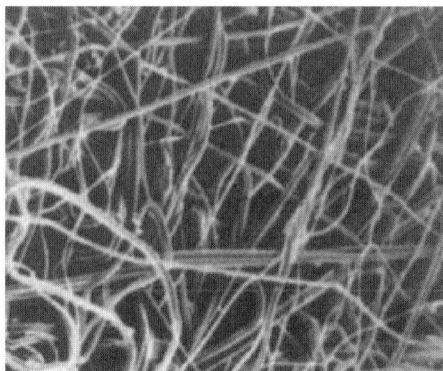

图 8-4　熔喷法非织造布扫描电镜照片

（二）保暖材料

美国 3M 公司开发了一种特殊熔喷保暖材料，在聚合物熔喷成型时，另外导入聚酯短纤维，熔喷成型的超细纤维与聚酯短纤维充分混合，形成了具有良好弹性和保暖性的复合保暖材料。熔喷复合保暖材料和聚酯纤维絮片的传热率均随蓬松率的增加而提高。因为蓬松率提高，纤网中空气流动加快，对流热损失也相应加大。

熔喷法非织造布具有超细纤维结构，超细纤维配合一定的纤网密度，容易形成贴附于纤维表面的静止空气层，从而削弱空气的对流。因此熔喷复合保暖材料的抗风能力较强。测试表明，厚度对熔喷复合保暖材料的透气性能影响较小，而普通聚酯纤维絮片的透气性随厚度减小迅速上升。

（三）吸油材料

聚丙烯熔喷法非织造布具有优良的疏水亲油性，耐强酸强碱，密度小于水，吸油后能长期浮于水面上而不变形，可制成吸油缆、吸油索、吸油链、吸油枕等，吸油量可达到自身重量的 10~50 倍，可循环使用和长期存放。在世界各国已得到广泛应用，如海上溢油事故、工厂设备漏油以及污水处理等。

聚丙烯熔喷法非织造布用于压缩空气油水分离净化器时，过滤精度可达到 $0.8\mu m$，过滤效率达到 99.99%，最高工作压力 1.0MPa，压差 0.1MPa，使用寿命超过 8000h。

（四）电池隔膜

隔膜材料是蓄电池的重要组成部件，通常置于正负极板之间，主要功能是绝缘正负极板，并保证电介质的流动。随着蓄电池工业的发展，对隔膜材料的电性能、化学性能和力学性能的要求越来越高。聚丙烯材料具有优良的耐酸碱性能，越来越受到电池行业的青睐。聚丙烯熔喷法隔膜材料具有孔径小、孔率大、电阻小以及产品变化多样的特点，在我国得到迅速推广应用。聚丙烯熔喷电池隔膜的理想性能要求见表 8-1。

表 8-1　聚丙烯熔喷电池隔膜的性能要求

项目	性能要求	项目	性能要求
电阻/Ω	≤0.001	最大孔径/μm	≤45
水分/%	≤1	铁含量/%	≤0.04
拉伸强度/MPa	≥3	锰含量/%	≤0.003
酸失重/%	≤2	游离氯含量/%	≤0.003
孔隙率/%	≥65	还原高锰酸钾物/（mL/g）	≤15
尺寸稳定性/%	≤1		

第二节　熔喷法生产工艺

一、熔喷法工艺原理

熔喷非织造工艺是采用高速热气流对模头喷丝孔挤出的聚合物熔体细流进行高倍牵伸，形成超细纤维，并借助气流的作用凝集在网帘或滚筒上，同时自身黏合而成为熔喷法非织造布，如图 8-5 所示。

熔喷工艺过程主要为：

熔体准备→过滤→计量→熔体从喷丝孔挤出→熔体细流牵伸与冷却→成网

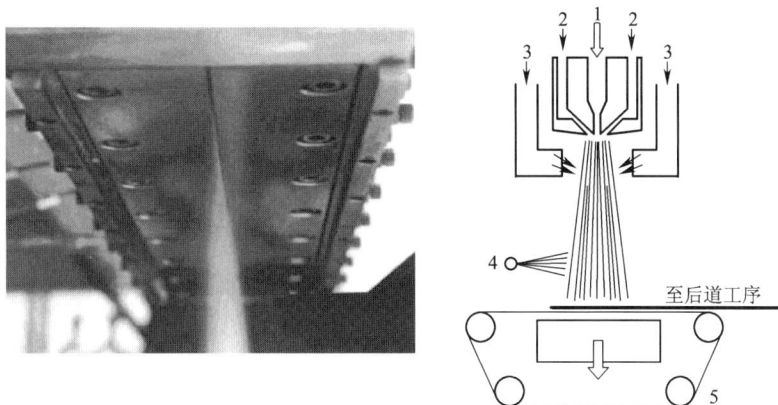

图 8-5　熔喷原理示意图

1—熔体聚合物　2—热空气　3—冷却空气　4—喷雾装置　5—接收装置

图 8-6 为美国埃克森公司熔喷工艺流程。切片喂入螺杆挤出机经加热熔融后从喷头挤出，在喷头的出口处聚合物受到高速热气流拉伸。同时，冷却空气从喷头两侧补充过来使纤维冷却固化形成超细长丝。在气流作用下，这些超细长丝凝集到多孔滚筒或平面铺网机上形成纤网。

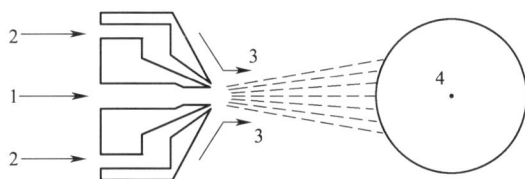

图 8-6　埃克森熔喷工艺流程

1—熔融高聚物　2—热空气　3—冷却空气　4—收集装置

图 8-7 为德国莱芬豪斯公司的垂直式熔喷工艺流程，其生产能力为：幅宽 1~4.2m，产量 45~420kg/h，纤网定量 3~50g/m²。

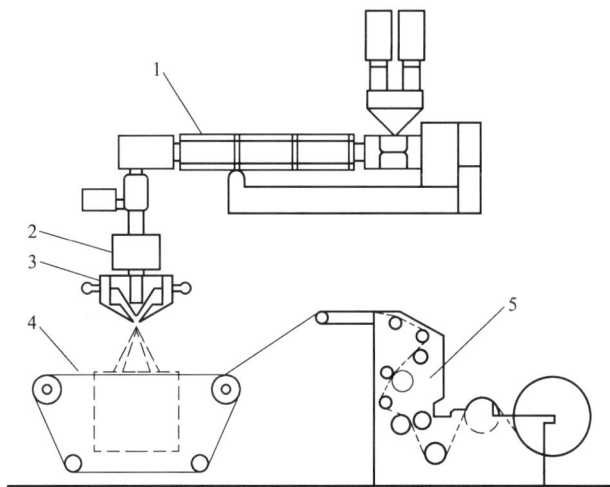

图 8-7　德国莱芬豪斯公司的垂直式熔喷工艺流程

1—螺杆挤出机　2—计量泵　3—熔喷模头系统　4—成网装置　5—切边卷绕装置

图 8-8 所示为配置三排喷头的熔喷工艺流程，其生产效率可大幅度提升。

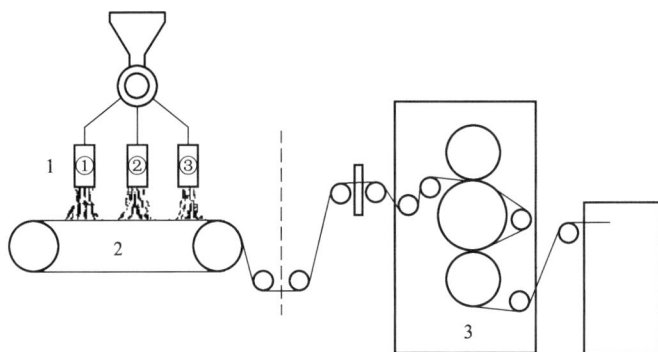

图 8-8　三排喷头的熔喷工艺流程
1—喷头　2—输送带　3—压延

二、熔喷工艺对聚合物熔体性能的要求

从理论上讲，凡是热塑性聚合物切片原料均可用于熔喷工艺，如聚酯、聚酰胺、聚乙烯、聚丙烯、聚四氟乙烯、聚苯乙烯、聚对苯二甲酸丁二酯、乙烯甲基丙烯酸酯共聚物、乙烯—醋酸乙烯酯共聚物、聚氨基甲酸酯等。其中，聚丙烯是最常用的。

影响熔喷工艺的主要原料参数有相对分子质量及其分布、熔融流动指数（MFI）、聚合物降解性能、切片形状、含杂等。

1. 相对分子质量及其分布与熔融流动指数

聚合物相对分子质量的大小与其熔融指数（MFI）呈反比，而与其熔融黏度呈正比。对熔喷工艺来说，一般聚合物原料相对分子质量越低，相对分子质量分布越集中，越容易得到均匀的纤网。因此，熔喷工艺要求聚合物的相对分子质量分布尽量集中。

通常，聚丙烯、聚乙烯及其共聚物在熔喷工艺设计时常用 MFI 来反映原料的分子量大小，而在熔喷其他热塑性高聚物时，则常用熔体黏度或特性黏度。

最早应用的是普通纤维级聚丙烯原料，其相对分子质量高，MFI 较低，通常只有 12g/10min。用该切片熔喷时必须借助于螺杆挤出机的高温和剪切作用来降解，提高其 MFI 值。随着科技的进步，熔喷工艺专用的聚丙烯切片的 MFI 可达 1500，常用的有 400、800、1200 等。MFI 越高，熔喷时能耗越小，并可延长熔喷模头寿命，提高产量，同时给选用添加剂以更大的灵活性。MFI 800 与 MFI 30 相比，能耗约降低 25%。

如要生产强度较高的熔喷法非织造布，可选用较低 MFI 的聚丙烯原料，如 MFI 30~35 的聚丙烯切片，但需要特殊的设备和工艺才能加工，且生产能耗很高。对于强度要求不高的吸油材料以及保暖材料等，可使用高 MFI 的切片，产量高，能耗低。

2. 聚合物降解性能

聚合物降解有助于修正聚合物熔体黏度和相对分子质量分布。通常有三种降解方式：化学、机械剪切和热降解。聚合物熔喷时或熔喷前，可采用氧或过氧衍生物来实现化学降解，增加挤压速率、热量和熔体滞留时间均可达到机械剪切降解和热降解的目的。

对于聚合物熔体来说，要求发生均匀降解，避免聚合物熔体降解不一致而造成黏附度不均匀，相对分子质量分布离散。同时还应注意，不能过度降解。

3. 含杂

熔喷工艺所用的模头的喷丝孔直径较小，若聚合物原料含杂多，易引起喷丝孔堵塞。因此，改善聚合物切片原料生产环境，优化切片生产工艺，降低切片含杂量，可有效延长熔喷模头更换周期，减少耗能，降低产品生产成本。

三、影响产品性能的主要工艺因素

影响熔喷非织造布质量的因素很多，主要有以下几方面。

（一）喷头的设计

喷头的结构设计是熔喷技术的关键。图 8-9 为埃克森公司的喷头结构示意图。

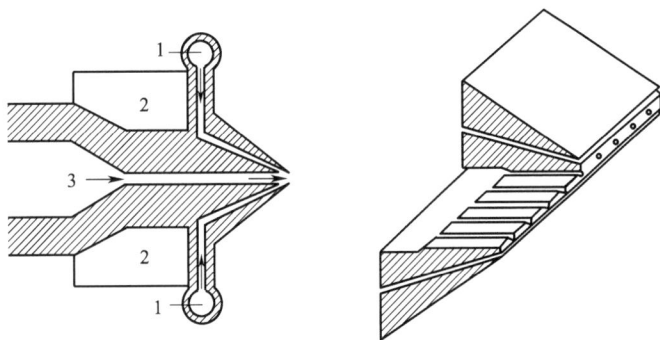

图 8-9　埃克森公司的喷头结构示意图
1—热空气　2—加热单元　3—高聚物

1. 喷孔直径

不同厂家研制的喷头的孔径有较大差异。通常情况下，小孔径有利于纺制超细纤维。但当采用熔融指数为 300 的聚丙烯原料时，小孔径产生的丝膨胀较大，反而会使纤维直径比标准喷孔所喷的丝还要粗。

2. 热空气喷射角度

热空气的喷射角度显著影响到拉伸效果和纤维形态。该角度接近 90° 时，将产生高度分散而湍动的气流，使纤维在凝网帘上形成无规则的分布；若该角度在 30° 左右，则产生较多的纤维束或平行的纤维，还会形成丝圈状的丝束。因此，一般认为该角度在 60° 左右为宜。但是美国 J&M 公司认为，采用大角度可以加大热空气的波动振幅，使丝条形成大的波纹，从而使纤维受到更大的拉伸。他们采用 90° 的喷头，当纤维直径减小到 $0.25 \sim 0.9 \mu m$ 时，熔体吐出量仍然可达 $0.8 \sim 1.0 g/($孔·min$)$。

（二）热空气压力

熔喷工艺中，从模头喷丝孔挤出的熔体细流发生膨化胀大的同时，受到两侧高速热空气流的牵伸，处于黏流态的熔体细流被迅速拉细。同时，两侧的室温空气掺入牵伸热空气流，使熔体细流冷却固化成型，形成超细纤维。

纺丝速度 v_F 可根据下式计算，得出与纤度的函数关系。

$$v_F = Q \times 9000 / D$$

式中：Q——产量，g/min；

      D——纤维纤度，旦。

如果用熔喷工艺的气流速度比较纺粘法的纺丝速度，在喷丝孔吐出量为 0.35g/mm 时，如要制得同样 0.78dtex（0.7 旦）的纤维，纺粘法纺丝速度约为 4500m/min，这是纺粘法工艺可以做到的，但要做到直径为 5μm，按上述函数关系，其纺丝速度要达 35000m/min，这是传统纺粘工艺难以达到的，而熔喷工艺就比较容易生产超细纤维。在实际生产中，通常是通过控制热空气的压力来实现对牵伸热空气流速的控制。由伯努利方程：

$$p + \frac{1}{2}\rho v^2 + \rho gh = C$$

式中：p——热空气中某点的压强；

      v——该点的流速；

      ρ——热空气的密度；

      g——重力加速度；

      h——该点所在高度；

      C——常量。

可知，热空气的压力与其速度的平方呈正比，热空气压力越高，气流速度越高，纤维直径越细；反之，越粗。热空气压力在 343kPa（3.5kg/cm²）左右时，气流速度可达 500m/s。普遍应用热空气速度为 400~600m/s。如果气体速度过低，则因拉伸不足，喷出来的已不是超细纤维，而是粗而脆硬的长丝。

有研究表明，对于一定的聚合物熔体黏度和挤出量一定的熔体，牵伸热空气压力越大，则聚合物熔体细丝受到的牵伸作用越大，纤维越易变细，如图 8-10 所示。

值得注意的是，如果两侧喷出的气流速度调节不当，致两侧速度不对称，或幅宽方向速度不一致，会使纤维之间相互缠绕，形成绳状，将严重影响其外观质量和内在质量。

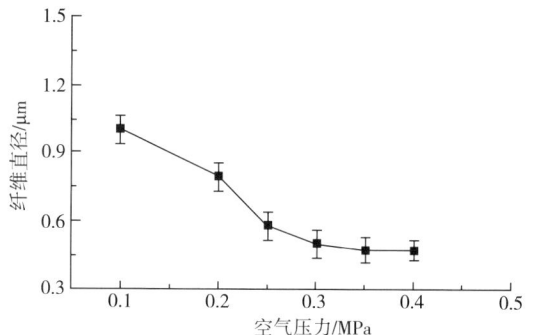

图 8-10　热空气压力对纤维细度的影响

（三）接收距离（DCD）

熔喷接收距离会影响到熔喷纤维的细度和黏结状态，进而影响到纤网的蓬松度、透气性和断裂强度等。通常情况下，随着接收距离的减小，纤维直径减小。这是因为热空气射流在离开喷口的起始阶段速度较高，且熔体流动性较好，热空气可对高聚物流体进行充分的牵伸，且纤维之间也能较好地黏附在一起；当热空气射流远离喷口时，射流速度迅速下降，而已被牵伸成纤维形态的高聚物则开始回缩，表面也趋冷却，因此，随着接收距离的增加，纤维直径变粗，纤维之间难以黏附在一起。因此，随着熔喷接收距离的减小，熔喷非织造布的强力提高，密度增加，但产品的蓬松度和透气性下降；随着熔喷接收距离的增大，熔喷布的断裂强力、顶破强力、撕破强力、弯曲刚度以及过滤效率和过滤阻力均呈下降趋势，而透气率呈增长趋势。

（四）螺杆挤出速度

随着螺杆挤出速度提高，可使高聚物单位时间内的挤出量增加，从而使纤维的直径有所提高，如图 8-11 所示。同时，也会增加纤网的粘连机会，热熔黏合效果提高。因此，随螺杆挤出速度提高，产品的纵横向强度、撕破强力、断裂伸长率和抗弯刚度均相应增加。在工业化生产中，通常采取提高牵伸热空气速度来补偿因聚合物挤出量增加而引起的纤维直径变化，即牵伸热空气速度与聚合物挤出量必须相匹配。

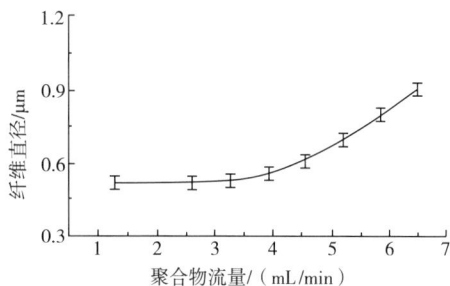

图 8-11 高聚物挤出量对纤维直径的影响

（五）熔喷温度

熔喷温度是指熔喷模头的工作温度，可用以调节聚合物熔喷时的黏度。在其他工艺条件不变时，聚合物熔体黏度越低，熔体细丝可牵伸得越细，如图 8-12 所示。因此，在熔喷时，如果采用较高熔融指数的切片原料，可制得较细的纤维。但是，熔体黏度过小会造成熔体细丝的过度牵伸，形成的超短超细纤维会飞散到空中而无法收集，因此熔体黏度并不是越小越好。为了防止熔体在剪切力作用下产生破裂，聚合物熔体黏度应保持在一定的范围内。聚丙烯原料熔喷常用的熔体黏度范围为 50~300Pa·s。

熔喷纤网中常出现没有牵伸成超细纤维的团块状聚合物，称为"shot"现象。造成"shot"现象的原因是多方面的。一是牵伸热空气的速度太小或熔体黏度太高，部分熔体细丝的牵伸不彻底，熔体细丝来不及完全牵伸就脱离喷丝孔

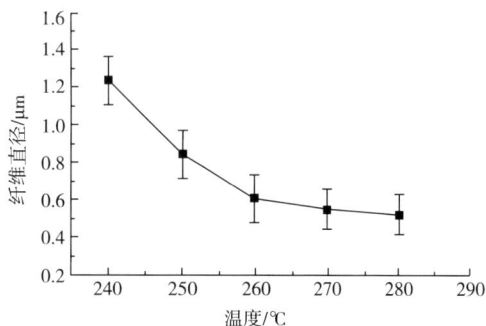

图 8-12 熔喷温度与纤维直径的关系

并与其他纤维一起收集到成网装置上。二是熔体黏度太低，牵伸热空气速度高时，喷丝孔对熔体的握持作用减弱，造成某些熔体还没有被牵伸成纤维便脱离喷丝孔；正常生产时突然减小挤出量，聚合物原料在螺杆挤出机及熔喷模头中停留时间过长，造成过度热降解而引起熔体黏度减小。可见，要生产出合格的产品，应根据聚合物原料的熔融指数（MFI）正确设置熔喷工艺，如熔体挤出量、熔喷温度和牵伸热空气速度等，并应注意工艺参数之间的交互作用。

第三节　驻极体及驻极熔喷非织造布

一、驻极体的概念

驻极体是指那些具有长期储存电荷和极化电荷能力的固体电介质材料。如果电介质材料能"长期"储存电荷而不消失，我们就把这种电介质称为驻极体。

1919 年，日本物理学家埃根奇（Egnchi）利用巴西棕榈蜡、松香和附加蜂蜡经过热极化程序，成功地研制出世界上第一块人工驻极体。自 1960 年后，驻极体的概念已被扩展。如今驻极体这个名称首先和聚烯烃类或氟碳聚合物薄膜联系在一起，在这类驻极体中包含了长寿命的空间电荷，它们有着广泛的技术应用前景。德国科学家泽斯勒（Sessler）和美国贝尔实验室的韦斯特（West）首次提出了用聚合物薄膜驻极体研制声传感器的构想，且于 1962 年成功地制备出世界上第一支聚合物薄膜驻极体话筒。

驻极体分为人工驻极体和矿物驻极体。人工驻极体中的电荷通过不同的施加方法，可分为电晕驻极体、热驻极体、辐射驻极体、光驻极体以及磁驻极体等。目前，驻极体材料的研究已跨入了有机材料、无机材料和生物材料的多元化时代。由于聚丙烯是一种典型的非极性、疏水性高聚物，并且它的电阻率高，因此成为一种性能较好的驻极体材料，通常用作驻极体过滤材料。

值得一提的是，人体的皮肤、血液血管、骨骼都是极性驻极体材料。因为驻极态存在于生命的全过程，生物体中驻极态的调节和变化有效地控制着神经信号的产生、思维过程、生物记忆的再生、细胞组织的电解调节、疾病的发生和控制等生命现象。

二、驻极体材料的加工方法

1. 热极化

热极化法是以恒定速率从室温升温到极化温度（偶极子的可能取向温度）后，对电介质材料施加一外电场，从而使热活化的分子偶极子可能沿电场方向取向（或包括空间电荷注入），并在维持电场时将温度冷却到一低温值，以冻结取向偶极子和促进空间电荷的捕获，随后，取消外场完成电介质的热极化，用热极化形成的驻极体称热驻极体（或极性驻极体）。

热极化过程中呈现三类充电现象：

（1）偶极子取向，或由电介质内空间电荷分离所形成异号电荷的内部极化。

（2）由于气隙间的火花放电在样品内沉积的同号电荷。

（3）通过接触电极注入同号电荷。

热极化的主要缺点是样品中电荷横向分布不太均匀，注极效率较低。热驻极体在压电传感器和热释电检测器领域中得到广泛应用。

2. 电晕充电

电晕充电是目前使用最广泛的充电方法之一。充电过程中，注入电介质内的电荷极性和数值以及电介质横向电荷的均匀性都可以进行有效的调控。在常温或高温下对样品进行电晕充电，可获得所需表面电势的面电荷或一定含量的体电荷分布的空间电荷驻极体。

电晕放电是由一针状电极和一平板电极构成的系统，并在针和板之间加一平面金属栅网，以改善电荷的均匀性。极化时，将样品安放在接地的平板电极上，针状电极上接高压（一般5~10kV）。当金属针加上高压时，针端下方的空气产生电晕电离，因而在针端下方的空气产生脉冲式局部击穿放电，载流子在电晕电场的作用下沉降到样品表面，有的深入内层被陷阱捕获，从而使样品成为驻极体。

在驻极体的多种极化工艺中，电晕充电技术因为具有设备简单、操作方便、充电效率高等优点而在工业驻极体生产中被广泛应用。空间电荷驻极体广泛用于声传感器和空气过滤器等领域。

3. 液体接触法充电

液体接触法充电是驻极体制备过程中常用的充电方法之一，其主要目的是把空间电荷从导电液体转移到待极化的电介质表面。然后经老化工艺把电荷从介质的表面导入内部，从而获得高电荷密度和长电荷储存寿命的驻极体。经单面镀电极的高绝缘性电介质薄膜的自由面上放置一个覆盖潮湿棉织品（或毡）的电极，并在上下电极间施加100~1000V的电压，作用在液层上的电场引起电荷的分离及离子迁移。如果在维持电场的条件下，将上电极抬起，并使液体蒸发，则样品注极成功。适合于接触法充电的液体包括酒精、丙酮和去离子水等。利用这些溶液可以制备具有比外加电压略低的正负表面电势和较高电荷密度的驻极体。值得注意的是，液体接触法充电过程中电荷的传递是由液体—电介质界面处所形成双电荷层分离产生的。如果软湿套头中的液体含量过多，对接触驻极所形成的驻极体的横向分布的均匀性不利。对聚合物表面进行大面积的液体接触法充电，可以通过软湿电极沿样品表面的均匀移动来实现。为保证电荷在电介质中的有效储存，在电场取消以前，抬高电极并让液体蒸发。这种方法的基本优点是：仪器设备简单，通过外加电压可以有效地控制初始电荷密度和电荷密度的横向均匀分布等。

4. 光极化

将许多具有光电导特性的电介质材料的单面或双面覆盖电极，在极化电场对电介质作用的同时，利用可见光或各种波长的单色光、紫外光或激光照射材料表面，将电介质中的电子从常态或深捕获态激发至导带，进而形成准永久分布的空间电荷驻极体称光驻极体。这种注极方法称为光极化。

5. 电子束充电

电子由真空中加热的灯丝发射，被加速后送到阳极，充电介质就覆盖在阳极板上。这种方法的优点是能有效地控制样品电荷埋藏深度及样品表面电位和横向分布，并能保证电荷面密度的均匀性。

6. 压力极化

早在19世纪开尔文（Kelvin）就发现聚合物在塑性变形期间会出现电荷积累。20世纪50年代，有人将某些聚合物在高温下经机械压缩，再将已形成的极化通过低温冻结而制备压力驻极体。所谓压力驻极体，就是通过高压作用而使电介质中的电偶极子取向或分子电荷分离，随后处于冻结状态而形成的驻极体。其形成工艺是：将一块聚合物板或盘加热至接近玻璃化温度附近，施加 10MPa 压力一定时间后，再在维持该压力的条件下将样品冷却至室温；取消压力后，即形成压力驻极体。压力驻极体可取材于极性材料和非极性材料，但不同类型材料的驻极体行为有明显的差异。压力驻极体的面电荷密度约为 $10^{-5} C/m^2$，它和驻极体的形变程度密切相关。

7. 磁极化

与前述的光极化方法相似，如果把某些电介质加热至软化温度或玻璃化温度以上时，再在 0.1~1T 的强磁场中极化并维持磁场冷却至室温，即能实现电介质的永久极化。由此形成的驻极体称为磁驻极体。世界上第一个磁驻极体是用巴西棕榈蜡制成的，随后聚乙烯、多晶硫、多晶萘和聚甲基丙烯酸甲酯等电介质也相继研制成磁驻极体。和热驻极体的制备工艺相比较，除了用磁场代替电场外，其他工艺和热驻极体完全相同。磁驻极体的等效面电荷密度达 $10^{-6} C/m^2$，且随时间而变化。磁驻极体内永久介电极化的形成机制仍不十分清楚。

三、驻极熔喷非织造布

一般认为，滤材对固体尘粒的阻截作用是由于滤材的遮挡捕集、惯性沉积。扩散效应、凝集作用和静电效应综合作用的结果。对于普通熔喷非织造布来说，滤材主要靠前四种作用。因此，若要提高过滤性能，就得减小纤维直径，增加非织造布的密度，但这样会使过滤阻力明显增加。所以，普通熔喷非织造布用于微细尘粒的过滤有一定限度，例如，用纤维直径为 1~5μm 的熔喷法非织造布过滤 1~3μm 的固体尘粒有一定的效率，而对 1μm 以下的固体尘粒其效果就不很明显。

驻极非织造布既可以用驻极纤维制成，也可以用普通非织造布进行驻极化处理得到，获得驻极纤维的方法主要有以下三种：

（1）借助高压电场使纤维带静电荷的静电纺丝法。

（2）借助电晕作用使薄膜带静电荷后，再经膜裂制成驻极膜裂纤维。

（3）借助纺丝线上的发射电极使喷出的纤维带静电荷的熔体纺丝法。

目前，静电纺丝法是生产驻极非织造布的主要方法。

制造驻极非织造布的最理想原料是聚丙烯。因为聚丙烯具有很高的电阻率（$7×10^{10} \Omega \cdot cm$），接受电荷的容量很大，射频损耗极小。因此，聚丙烯非织造布经驻极化处理（电极化处理），能产生一种由电场极化作用而引起的极化电荷（形成注入电荷），使纤维带有持久的静电。有试验表明，经驻极化的聚丙烯熔喷法非织造布在自然状态下存放后，滤效保持不变。

驻极熔喷非织造布是一种带有持久静电的非织造布，是一种高效过滤材料，它除具有普通滤材的阻截效能外，还靠驻极纤维的静电效应捕集微细尘粒。所以，它具有过滤阻力小、滤层薄、过滤效率高等优点。它除对 0.005~10μm 的微细固体尘粒有很好的过滤效果外，对大气中的气溶胶、香烟烟雾、各种花粉均有很好的阻截效果，还有抑制和杀灭细菌作用。

驻极体灭菌机理是：驻极体产生的强静电场和微电子流刺激细菌，使其蛋白质和核酸变异损伤，破坏细菌的表面结构，导致细菌死亡。最新研究结果表明，−500~−1500V 驻极体作用于金黄色葡萄球菌 24h 后，对该菌有 90% 以上的杀灭率，灭菌效果随驻极体的表面电位升高而增加。驻极体空气过滤器对大肠杆菌、绿脓杆菌、金黄色葡萄球菌和芽孢杆菌等的滤除率达 95%。驻极体相关产品，如无菌室滤布、抗菌防尘口罩和防 SARS 医用隔离服等，不仅可以用于医院病房、旅馆酒店、家庭和公共场所，而且可以扩展到航天、航空、密闭舱及坑道作业环境中。

第四节　熔喷设备

一、美国 Accurate 公司的熔喷技术与设备

美国 Accurate 公司与 Exxon 公司在熔喷领域的合作始于 1967 年，从第一个 25.4cm（10 英寸）的熔喷模头开始，到 1976 年已能提供 269.24cm（106 英寸）的熔喷模头。

1984 年，Accurate 公司开发出第一条 50.8cm（20 英寸）宽的熔喷生产线，包括空压机、空气加热器、树脂喂料机、挤出机、过滤网切换装置、计量泵、组合式熔喷模头系统、收集装置、卷绕机等，全套设备由计算机控制。

Accurate 公司目前可提供 Accuweb 标准熔喷系统以及 Ffwcm 纤维成网系统，后者包括熔喷生产线主要部件和软件部分，客户可使用已有的挤出机和卷绕机等。

Accurate 公司的熔喷设备目前做了一些改进，在原来连续生产卷材的设备上可生产滤芯，而且滤芯的生产实现了自动切换。另外，熔喷模头可与纤网输出方向垂直安装，也可以斜装，因此改变产品门幅十分方便，1.6m 宽的生产线可以生产 1~1.6m 宽的任何产品。

二、美国 Biax fiberfilm 公司的熔喷技术与设备

美国 Biax fiberfilm 公司开发出一种具有多排喷丝孔并列排列的熔喷设备。该熔喷设备的结构与 Exxon 公司的不同，已申请了专利（USP 5476616；USP 4380570）。

Biax fiberfilm 公司熔喷系统结构紧凑，熔喷模头系统的加热依靠牵伸热空气，没有其他电加热装置。

这种熔喷技术的特点是采用毛细管挤出熔体。图 8-13 为 Biax 熔喷喷丝板示意图。熔体经过穿过空气腔的毛细管，由空气板的开孔处挤出。在此区域由热空气向聚合物的热转移十分有效。毛细管喷丝孔可有 1~4 排，毛细管间距 1~5mm，因此 11.4cm 宽的纺丝板可有 22~448 孔。一组纺丝板可有 8 块纺丝板，每块板都有一只多管输出的行星泵输入相同数量的聚合物，而每块纺丝板的空气输入量可单独调节。几组纺丝板可并列安装，形成所需宽度的生产装置。

聚合物熔体从毛细管中挤出，空气腔中的牵伸热空气从筛网与毛细管组成的缝隙中喷出，并将从毛细管中挤出的聚合物熔体牵伸成超细纤维。由于采用多排喷丝孔，大大提高了生产

速度，增加了产量。工作宽度较大时，配置多个计量泵，以保证熔喷纤网单位面积质量的均匀性。该系统通过更换模头，可生产1～50μm纤维细度范围的熔喷非织造布。若模头工作宽度为50.8cm（20英寸）时，产量为300kg/h（纤维直径10μm），纤维直径为2μm、6μm、10μm时，能耗分别为3kWh/lb、1.5kWh/lb、0.7kWh/lb。

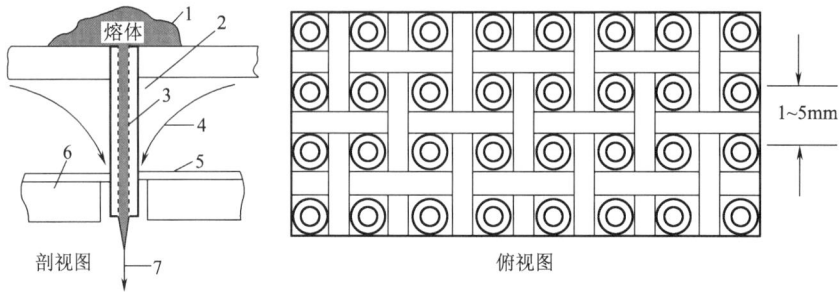

图8-13　Biax喷丝板结构示意图

1—聚合物熔体　2—空气腔　3—毛细管　4—热空气流　5—喷嘴中心板　6—空气盖板　7—挤出的纤维

　　另外，前面已介绍过美国埃克森公司是熔喷非织造布工业化的先驱，并且一直在熔喷工艺研究方面，特别是在原料研究方面保持领先水平，美国田纳西大学在该公司的资助下，在熔喷工艺理论研究与产品应用开发方面均有较显著贡献。

☞ **思考题**

1. 试述熔喷法非织造布的结构特征、用途和发展趋势。

2. 试述熔喷法的工艺流程。

3. 简述影响熔喷法非织造布质量的因素。

4. 说明驻极非织造布的概念。

第九章　静电纺丝法非织造布

本章知识点

1. 静电纺丝法工艺原理及影响产品性能的主要因素。
2. 静电纺丝用喷丝头设计。
3. 静电纺丝法非织造布的应用。
4. 静电纺丝法非织造布的发展趋势。

第一节　概述

静电纺丝法非织造布是将带电的高聚物溶液或熔体在高压静电场中产生形变，使高聚物在较短的距离内受到电场力的高速拉伸并伴随溶剂挥发而形成极细的纤维，并凝集到金属板或滚筒等各种不同形状的接收装置上形成纤网，最后经自身黏合加固而制成的。

静电纺丝技术作为一种新兴的纺丝成网法非织造技术，可加工出直径范围为几纳米到几微米的超细纤维，在过去的几十年来受到了人们的广泛关注。此外，静电纺丝技术具有装置简单、加工工艺可控、成本低、产品种类丰富等优势，在过滤、医疗卫生、能源环境、催化、传感、复合增强等领域均有广泛的应用。

一、静电纺丝技术发展史

"静电纺丝"简称"静电纺"或"电纺"，起源于"electrospinning"或"electrostatic spinning"的直译。在 1934 年，美国人福马斯（Formhals）申请了一种利用静电力来制备聚合物纤维的发明专利，该专利公布了一种将聚合物溶液在电极间形成射流的装置。该专利被公认为是静电纺丝技术制备微纳米纤维非织造布的开端。但是，从科学的角度而言，静电纺丝实际上是静电雾化的一个特例，对于静电雾化的研究可以追溯到 1745 年，博塞（Bose）发现在玻璃毛细管的末端的水面施加高电势，表面会有细流喷出，形成高度分散的气溶胶，这一发现是对于静电雾化现象的早期概念。对于静电纺丝与静电雾化而言，二者最主要的区别在于工作介质不同。静电雾化采用的是低黏度的牛顿流体，最终形成的是聚合物微小颗粒，而静电纺丝采用的是高黏度的非牛顿流体，最终获得的是聚合物微纳米纤维。

科学界认为，早期对于静电雾化理论的研究也为静电纺丝的产生与发展提供了重要的理论依据以及现实基础。遗憾的是，静电纺丝技术20世纪30~80年代发展极为缓慢，并未引起广泛关注。其中，泰勒（Taylor）于1964年研究了带电液体在电场力作用下的形态变化，发现当电压达到某一临界值，液滴可保持一个平衡的锥形状态，通过测量得出半锥顶角度为49.3°，这一带电锥形体被称为Taylor锥，后来静电纺丝过程中带电聚合物在喷丝头尖端形成的锥体也被称为Taylor锥。鲍姆加腾（Baumgarten）于1971年将聚丙烯树脂溶于二甲基甲酰胺（DMF），通过静电纺丝技术获得了直径小于1μm的纤维，对于静电纺丝技术的发展具有里程碑意义。另外，吉尼亚尔（Guignard）于1980年发明了一种聚合物熔融静电纺丝方法，开创了熔融静电纺丝技术的先河。进入20世纪90年代，随着世界纳米技术会议的召开，美国阿克隆大学的瑞内科（Reneker）研究团队对静电纺丝技术的工艺和机理展开了深入和广泛的研究，随着大量相关成果的报道，静电纺丝技术得到了科研工作者的广泛关注。进入21世纪之后，静电纺丝技术得到了迅猛的发展。

二、静电纺丝技术国内外发展现状

总体来说，静电纺丝技术的发展经历了五个阶段：

第一阶段主要致力于聚合物原料的可纺性研究。目前，可纺聚合物已超过100种，各种有机、无机、金属、生物材料、复合材料以及不同的纺丝体系（如添加、掺杂、共混等）被应用于静电纺丝技术。

第二阶段主要致力于静电纺纤维的成型过程及机理分析。随着高速摄影仪的发展，科学界已逐步掌握了带电聚合物溶液在高压静电场中的运行轨迹以及变形规律，先后对泰勒锥的形成以及形状、射流初始段的形成方式以及稳定性、射流在不稳定段涉及的相关机理进行了深入研究，并建立了相关的理论预测模型，取得了很多突破性的进展。

第三阶段主要致力于静电纺纤维形貌多样化研究。目前利用静电纺丝技术不仅可以加工出具有圆形截面的纤维，而且可以加工出特殊形貌结构的纤维，如带有串珠结构的纤维、带状结构的扁平纤维、多孔纤维、同轴或者多轴的复合纤维、单通道或多通道的空心纤维、纳米蛛网纤维、可控纤维排列方向的纤维等。

第四阶段主要致力于由制备表征向应用转化。目前静电纺丝法制备的微纳米纤维非织造布在过滤、医疗卫生、能源环境、传感、增强材料等领域均表现出了优异的性能以及相应的应用价值和潜力。

第五阶段主要致力于静电纺丝装置的突破，从实验室小批量加工到工业化大批量生产。目前，已经研发出组合式多喷头静电纺丝装置、无针式多射流静电纺丝装置等。

另外，熔体静电纺丝技术作为静电纺丝技术的一个分支也得到了高度的重视。相比溶液静电纺丝技术，其不需要溶剂，克服了静电纺丝过程中溶剂挥发造成的环境污染问题，并可解决溶剂回收困难等难题。值得注意的是，静电纺丝技术所经历的五个阶段相互交叉，相辅相成，实则没有明显界限。

第二节　静电纺丝法生产工艺

一、静电纺丝装置及原理

静电纺丝法是利用高压静电场产生的驱动力对聚合物射流进行极度拉伸细化进而得到微纳米纤维的一种先进纺丝技术，其基本原理为：在高压静电场的作用下，聚合物溶液或熔体的表面会带上电荷，产生与表面张力相反的静电斥力。当施加的电场强度超过一个临界值后，静电斥力就能克服表面张力，此时聚合物液滴会在喷丝头出口处被拉伸形成泰勒锥，泰勒锥的尖端会形成一股带电的细小射流，由于弯曲不稳定性，射流在沿直线运动一小段距离后产生剧烈的鞭动，伴随溶剂挥发，射流形成的微纳米纤维最终沉积到接收装置上，形成无规排列的非织造布。图 9-1 为静电纺丝法的基本原理及装置示意图。

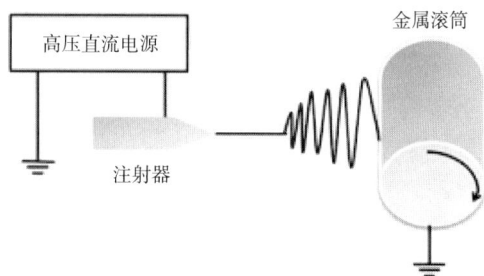

图 9-1　静电纺丝法的基本原理及装置示意图

静电纺丝法的装置极为简单，主要包括高压静电发生装置、喷丝头及供液装置、接收装置三个部分。

（一）高压静电发生装置

高压静电发生器为整个静电纺丝过程提供驱动力，因而是静电纺丝装置最重要的核心组成部分之一。目前，用于静电纺丝技术的高压静电发生器可分为直流高压发生器和交流高压发生器。直流高压发生器，通常可输出数万伏乃至数十万伏的直流电压，一般分为稳压和稳流两种，实验室中主要采用稳压直流发生器。在采用直流高压静电进行静电纺丝试验时，聚合物射流的激发方式主要是感应充电的形式，将直流高压静电与喷丝头相连，接收装置接地或者接与喷丝头相反的电压。研究表明，采用直流高压发生装置进行静电纺丝，电压的极性对纺丝过程影响不大，所以，目前实验室中主要采用高压静电感应充电的形式。也有学者研究了交流高压静电纺的可行性。研究表明，交流静电纺可显著提高聚合物射流的鞭动稳定性，并且与直流静电纺相比，纤维在接收装置上呈现更大的接收面积。

（二）喷丝头及供液装置

目前，静电纺丝技术采用的喷丝头可分为有针式和无针式两种喷丝头体系，其中有针式体系根据针头的数量和形式又可以细分为单头、并列、多头组合以及二针同轴、三针同轴等不同种类。

1. 有针式喷丝头体系

（1）单针头。目前，单针头是最常用的电纺喷丝头，其最常用的形式是钝头的医用注射器针头。研究人员可根据需要选择不同型号的针头。

（2）并列式针头。并列式针头体系（parallel electrospinning）是将两种不同的聚合物溶液同时喂入紧密靠在一起的并列式针头中，在高压静电的作用下，同时激发射流，最终形成具有并列型截面结构的双组分聚合物微纳米纤维，如图9-2（a）所示。并列式喷头体系是一种结构简单但易于实现双组分功能性微纳米纤维加工的静电纺丝技术。此外，可以通过增加针头并列通道的数量，进一步加工出三组分甚至多组分的微纳米纤维。

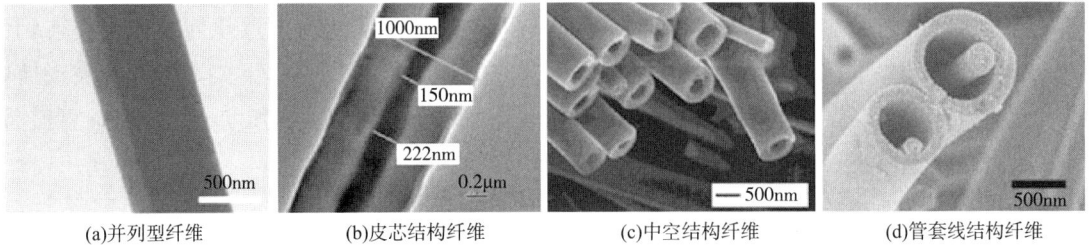

| (a)并列型纤维 | (b)皮芯结构纤维 | (c)中空结构纤维 | (d)管套线结构纤维 |

图9-2　各种不同结构的静电纺纳米纤维

（3）二针同轴。二针同轴体系（coaxial electrospinning）是将两种不同的聚合物溶液同时喂入同轴针头中，在高压静电的作用下，同时激发射流，最终形成具有皮芯截面结构的双组分聚合物微纳米纤维，如图9-2（b）所示。对于同轴针头体系的研究最早可以追溯到2002年，洛塞塔莱斯（Loscertales）最先报道了同轴静电纺丝装置。同轴静电纺丝不仅可以实现双组分皮芯结构微纳米纤维的简易加工，而且可以将芯层选择性移除，从而制成中空结构的微纳米纤维，如图9-2（c）所示。

（4）三针同轴。随着静电纺丝技术的发展以及对特殊结构微纳米纤维的需求，出现了一些更为复杂的针头形式，其中最具代表性的为三针同轴针头。在纺丝过程中，三种聚合物液体分别从三个不同的针道中通行，同时激发射流，最终形成具有皮芯截面结构的三组分聚合物微纳米纤维，赋予纤维更强的功能性。如果把中间层聚合物选择性移除，可以得到管套线结构纳米纤维，如图9-2（d）所示。此外，可以通过增加针头的数量，进一步设计出更多通道的针头。

（5）多针头组合式。为了提高纺丝效率，增加喷头数量是最简单的一种途径。所谓多针头组合式体系就是指将一定数量的针头按照一定的阵列进行排列，以达到批量化加工微纳米纤维的目的。目前，体系设计通常采用线性和二维阵列（如三角形、正方形、六边形、圆形或椭圆形等）两种排列方式。需要指出的是，在多针头体系中，带电的射流之间会产生静电排斥作用，射流的产生以及运行轨迹会受到一定程度的影响，因此设计针头组合装置时，不仅要考虑针头的数量以及排列方式，而且要考虑针头之间的距离，以降低针头之间的电场干扰，获得最佳的纺丝效果。

2. 无针式喷丝头体系

尽管多针头可以提高微纳米纤维产量，但是针头容易堵塞，而且在高压静电电场中针头之间容易发生相互干扰，在实际大规模工业生产上并不适用。无针式多射流喷丝头应运而生，其核心思想是通过各种不同的方式让聚合物溶液在自由液面上尽可能多地同时形成大量射流，从而提高微纳米纤维的产量。目前主要的无针式喷丝头体系包括磁致喷射法、多孔管喷射法、平板喷射法、仿生喷气式喷射法、狭缝式喷射法等。当前，产业化程度最佳的是捷克利贝雷茨技术大学研发的纳米蜘蛛（nanospider）多射流纺丝机。该装置采用旋转的罗拉作为静电喷丝装置，在纺丝过程中，罗拉部分浸没在聚合物溶液中，当滚筒旋转时，将有少量溶液黏附在滚筒表面上被带出，在高压静电场的作用下，同时形成多根射流，如图9-3所示，最终由接收装置收集形成微纳米纤维非织造布。

此外，在静电纺丝装置中，供液装置通常与喷丝头相连，其主要作用是持续不断地为喷丝头提供聚合物纺丝液，确保纺丝过程的连续性，因此，供液装置无疑也是静电纺丝装置不可或缺的重要组成部分。目前，对于单针头静电纺丝体系，最常用的供液装置是医用微量推进泵；对于多针头静电纺丝体系，需采用多通道推进泵；而对于无针式静电纺丝体系，可采用大功率工业用推进泵或蠕动泵等。

图9-3　纳米蜘蛛多射流纺丝情景

（三）接收装置

接收装置直接决定着最终获得的微纳米纤维非织造布的结构。常规的接收装置主要有金属平板和滚筒两种，采用这两种装置均可获得无规排列的微纳米纤维非织造布，如图9-4（a）所示。适当提高接收滚筒的旋转速度，可获得单向取向排列的微纳米纤维非织造布，如图9-4（b）所示。通过改变接收装置，也可以获得其他不同的纤维聚集形式，如径向取向排列的微纳米纤维非织造布［图9-4（c）］。值得注意的是，为了稳定纺丝过程或者进一步调控纤维的形貌和结构，也可以在纺丝过程中引入一些辅助装置，如辅助电场以及磁场等。

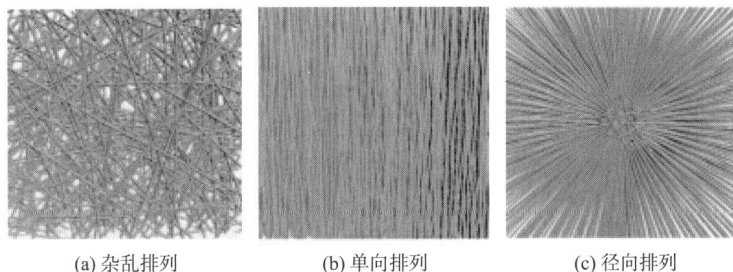

(a) 杂乱排列　　　　(b) 单向排列　　　　(c) 径向排列

图9-4　不同纤维排列结构的静电纺丝法纳米纤维非织造布示意图

二、静电纺丝聚合物射流的运动过程

在静电纺丝过程中，聚合物射流的形成、喷射以及运动过程可简单描述如下：喷丝头出口的球形液滴被静电力拉伸形成泰勒锥，当纺丝电压超过临界电压后，在泰勒锥的尖端形成一股带电的聚合物射流，先沿着直线运动一段距离后，进入不稳定的鞭动阶段，直到射流到达接收装置。在射流的运动过程中，同时伴随着溶剂的挥发以及射流的拉伸和固化。

1. 泰勒锥的形成

在实际静电纺丝过程中，泰勒锥的形成与高分子聚合物的浓度、所选溶剂体系以及施加的电场强度密切相关。

2. 射流直线段稳定运动阶段

当施加的电压超过临界值后，在泰勒锥的顶端会喷射出一股带电的聚合物射流，并沿着电场的方向朝着接收装置加速运动。研究表明，在外加电场的作用下，喷射射流在轴向上受到电场力的高度拉伸，因而会形成一个短距离的稳定运动。此外，也有研究表明，产生电场的电极方向对射流的形成没有影响，只要喷丝头与接收装置之间存在电势差，无论是正电势还是负电势，均能够形成聚合物射流，大约在 60ms 内即可完成。静电纺丝泰勒锥形成及射流直线段演化过程如图 9-5 所示。

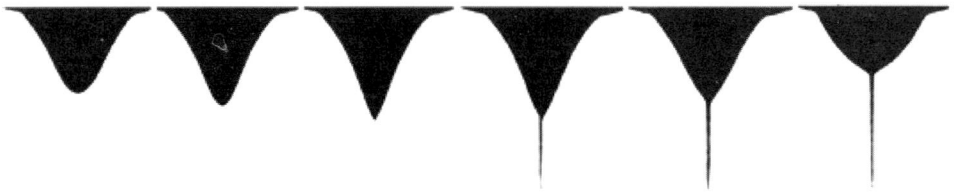

图 9-5　静电纺丝泰勒锥形成及射流直线段演化过程

3. 射流鞭动不稳定阶段

经过短暂的直线段稳定运动后，射流在外加电场和射流所携带的表面电荷的作用下，会进入不稳定运动阶段。研究表明，这种不稳定性是一种传递现象，会沿着射流的轴向传递并不断扩大，如图 9-6 所示。这种不稳定性可以分为三种，第一类是一种轴对称的不稳定性，也称为瑞利（Rayleigh）不稳定性，主要由射流液体表面张力决定，在电场力较高的情况下会被抑制；第二类是由电本质引起的轴对称的不稳定性；第三种是非轴对称的不稳定性，也是由电本质引起的，因为在高强度的电场作用下，射流的电导率与表面张力相比更敏感。究竟哪一类不稳定性占主导，与聚合物溶液的性质以及外加电场强度有关。有研究表明，当非轴对称的不稳定性占主导地位时，射流会进一步劈裂成更细小的射流。值得注意的是，弯曲不稳定阶段是射流拉伸的主要阶段，在这一阶段，射流被极度拉伸，直径急剧减小，最终形成直径分布为几纳米到几微米的超细纤维。

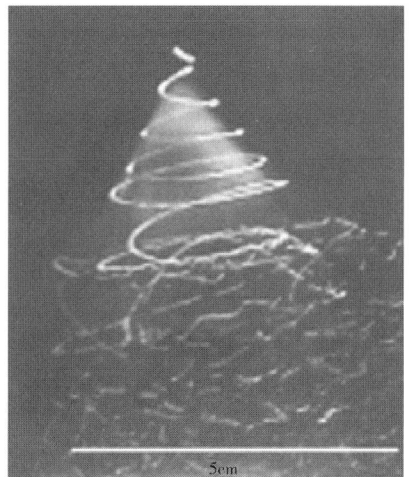

图 9-6　射流不稳定段运动轨迹的高速摄影图

三、影响产品性能的主要工艺因素

影响静电纺丝法非织造布质量的因素很多，但是最主要的有以下几个方面。

（一）聚合物溶液性质

纺丝聚合物的相对分子质量以及聚合物溶液的黏度、表面张力、导电性能等都对静电纺丝过程及最终得到的微纳米纤维的形貌、结构和性能有很大的影响。

1. 聚合物相对分子质量

聚合物相对分子量对纺丝溶液的黏度、表面张力、导电性能以及介电性能等有显著影响，是静电纺丝法加工非织造布的一个重要参数。聚合物相对分子量在一定程度上可以反映聚合物大分子链段在纺丝溶液中的缠结状态。通常高相对分子质量聚合物中的分子链段比低相对分子质量的链段更易缠结。链缠结程度对静电纺丝过程有着非常重要的影响，只要纺丝溶液中聚合物分子链能形成足够数量的缠结，并且达到一定的溶液黏度，在静电场中可以克服溶液的表面张力，获得均匀的射流，即可得到微纳米纤维。大量研究表明，如果纺丝聚合物相对分子质量过低，无法获得纤维，只能得到颗粒。反之，如果纺丝聚合物相对分子质量过高，会使获得的纤维显著变粗，甚至无法纺丝。有人研究了聚乙烯醇相对分子质量对纤维形貌的影响，结果表明，在聚合物溶液浓度一定时，相对分子质量在 9000~10000 时所得纤维为珠粒状纤维，相对分子质量在 13000~23000 时得到直径在 0.5~1.25μm 的无珠粒圆形纤维，相对分子质量在 31000~50000 时得到平均直径在 1~2μm 的扁平带状无珠粒纤维。

2. 纺丝液黏度

纺丝液黏度对纺丝过程以及形成纤维的形貌和尺寸具有重要影响。当纺丝液的黏度非常低时，只能得到颗粒物或者带有串珠的纤维。只有当纺丝液黏度高于某一临界值时，才能得到连续均匀的纤维结构。目前大量研究表明，在一定黏度范围内，随着纺丝液黏度的提高，纤维中的串珠形状逐渐从球形变成纺锤形。随着黏度继续提高，逐渐得到直径均匀的纤维，并且纤维直径随着纺丝液黏度的提高而增大。纺丝液的黏度主要取决于聚合物相对分子质量以及溶液浓度，在其他工艺参数不变的情况下，纺丝液一定具备一个最佳的黏度范围。相对分子质量为 20000 的聚酰胺 6 溶于甲酸中进行纺丝，溶液浓度 16% 时获得珠粒纤维，溶液浓度 28% 时获得均匀连续纤维。相对分子质量 150000 的聚丙烯腈溶于二甲基甲酰胺中进行纺丝，溶液浓度 4% 时获得珠粒纤维，溶液浓度 8% 时获得均匀连续纤维。

3. 纺丝液表面张力

纺丝液表面张力对静电纺丝过程起着决定性影响。表面张力在静电纺丝过程中倾向于将聚合物射流变成球形，以减小射流单位体积的表面积。而静电牵引力则倾向于增加射流的比表面积，使射流最终形成极细的纤维而不是串珠。研究表明，纺丝液的表面张力更多是由溶剂成分决定的，低表面张力溶剂和表面活性剂可以有效地降低纺丝液的表面张力，有利于形成连续均匀的纤维。

4. 纺丝液导电性能

纺丝液导电性能也是影响静电纺丝过程的一个重要溶液性质参数。静电纺丝主要依靠纺丝液的静电斥力对聚合物射流进行拉伸细化。少量盐或聚合物电解质的加入可以有效提高纺丝液的导电性。而导电性的提高可以降低纺丝临界电压，降低珠状物的产生概率。由于静电斥力作用的增强，可以有效增加纤维在接收装置上的沉积范围，有利于获得直径更小的电纺纤维。

（二）纺丝工艺参数

在静电纺丝过程中，许多工艺参数会对纤维的形成、形貌以及尺寸产生影响，如电压、纺丝液供给速度、接收距离、针头直径等。

1. 电压

在静电纺丝过程中，施加在聚合物流体上的电压必须超过某个临界值，作用在聚合物流体上的电荷斥力大于表面张力才能保证纺丝过程的顺利进行。高电压意味着更大的静电拉伸作用，有利于减少纤维直径。同时高电压容易诱发二级喷丝的形成，可进一步降低纤维直径，但同时也会增加纺丝过程的不稳定性。另外，高电压会缩短纺丝时间，不利于纤维的充分拉伸。因此有报道指出，采用接近最低临界纺丝电压的电压进行纺丝，可以降低纺丝速度，增加纺丝时间，进而得到相对更优质的均匀纤维。高电压不仅影响纤维直径相貌，还会影响纤维的结晶度。

2. 纺丝液供给速度

纺丝液供给速度会影响泰勒锥的形状。供给速度过低，泰勒锥不稳定，并且射流的不稳定性增强；供给速度太高，泰勒锥会出现跳动。纺丝液供给速度太高和太低均会影响纤维的形貌。此外，供料速度增加会在一定程度上增大纺丝纤维直径。低供料速度有利于纺丝液溶剂挥发，不易造成纤维粘连。

3. 接收距离

接收距离直接影响电场强度，进而影响到射流在电场中的拉伸程度和飞行时间。在同样条件下，缩短接收距离，会导致电场强度增大，射流速度加快，飞行时间缩短，从而导致溶剂挥发不完全，纤维之间发生黏结，纤维变粗。同时，过短的接收距离会导致过高的电场强度，从而珠状物的产生增多。另外，当纺丝接收距离过大时，静电力不足以克服表面张力，不会形成聚合物射流。

4. 针头直径

可以根据纺丝要求，合理选择针头的型号。小的针头内径可以减少纤维直径和珠状物的形成。同样电压下，小的内径，液滴表面张力小，可以产生更大的电荷排斥力；但是小的内径相应的电纺效率很低。试验和实际生产中要平衡品质和产量的关系。常规的针尖尺寸在 $0.01 \sim 0.3\mu m$，也有用碳纳米管和原子力纤维镜探针的，可获得 $3 \sim 8nm$ 的超细纤维。

需要指出的是，尽管静电纺丝装备简单、试验方便、功率较低。但是，静电纺丝需要在高电压下进行，应注意安全，以免造成损伤；另外，试验场所的温度、相对湿度、气压等会对试验结果产生一定的干扰。静电纺丝的溶剂挥发问题也是目前研究的一大热点。

第三节　静电纺丝非织造布开发与应用

静电纺丝作为一种制造微纳米纤维非织造布的简单高效方法，适用于各种有机、无机、有机/无机复合材料等，而且得到从常规圆形截面延伸到螺旋、带状、多孔、核—壳、中空、分叉、树突、串珠等各种不同组分、不同形貌结构的微纳米纤维，并因此赋予了静电纺丝法非织造布独特的性能优势和广阔的应用前景。

一、医疗卫生

静电纺丝法制备的微纳米纤维除了具备比表面积大、孔隙率高等优势外，还可以有效模拟天然细胞外基质的纤维形态、尺寸以及结构，是一种理想的组织工程支架材料和药物载体材料。

组织工程是涉及医学、生物学、材料学等诸多学科领域的交叉科学。适用于该领域的材料需要具有生物相容性、可降解性，同时兼具刚柔并济的力学性能。大量研究表明，静电纺微纳米纤维可以为细胞的生长提供更多的活性位点，并且可以有效控制细胞的行为，如细胞的黏附、生长、迁移以及增殖等。另外，也有研究表明，静电纺丝法制备的微纳米纤维可以有效控制干细胞的定向分化。目前已报道的组织器官修复相关方面的应用涉及皮肤、骨、神经、血管、心脏、软骨、膀胱等。此外，电纺微纳米纤维非织造布也可作为伤口敷料用于创伤修复，防止外界细菌、病毒等病原体的入侵，同时纤维间形成的高空隙率可以保障伤口与外界维持良好的气体、液体交换行为。此外，静电纺微纳米纤维非织造布具有良好的液体吸收性、选择渗透性、贴合性、利于瘢痕修复等多功能性，创伤修复效果明显优于棉织物、丝织物等传统敷料材料。

静电纺丝法制备的微纳米纤维在药物递送领域也有广泛的应用。作为一种新型纤维结构的药物载体进入人体后，能有效防止药物在体内的快速释放，达到长期局部缓释的优异效果。目前常见的用于药物装载的电纺方式包括小分子与高聚物共混纺丝和乳液纺丝，以及将药物设计在核层的同轴纺丝。此外，在静电纺复合纤维中可以添加磁性纳米颗粒如 $r-Fe_2O_3$、Fe_3O_4 等，实现靶向肿瘤给药治疗。

二、过滤材料

电纺微纳米纤维非织造布作为过滤材料，由于其具备纤维直径小、比表面积大、结构可调、成分可控、孔隙率高、孔径小等优势，在高附加值过滤、精细过滤特别是亚微米级颗粒过滤上有很大的产业应用价值。下面主要从气体过滤和液体过滤两方面进行介绍。

在气体过滤方面，传统空气过滤的核心材料一般是超细玻璃纤维非织造布和熔喷超细纤维非织造布，这两种材料的压阻会随着容尘量的增加而急剧上升。玻璃纤维比较脆，易断裂，不仅影响过滤效果还有致癌隐患。相比之下，静电纺丝法非织造布具有柔韧性好、压阻小、过滤效率高、克重低等特性，更重要的是，在纺丝过程中能得到静电驻极效应，使其可以作为一种优异的空气过滤材料应用于室内空气净化、车内空气净化、工业除尘等诸多领域。目前应用于空气过滤方面的材料主要有聚酰胺 6（PA6）、聚碳酸酯（PC）、聚氧化乙烯（PEO）、聚醚砜（PES）、聚丙烯腈（PAN）、聚乙烯醇（PVA）、聚甲基丙烯酸甲酯（PM-MA）等。在工业粉尘过滤中，美国唐纳森（Donaldson）公司利用静电纺丝技术开发的超细非织造布（Ultra-Web$^©$）作除尘系统的核心滤芯材料，对直径 $0.5\mu m$ 的粉尘颗粒的过滤效率可达 99.999%。青岛聚纳达公司设计的防雾霾纱窗，利用电纺得到的透明微纳米纤维非织造布，在保证正常采光通风的情况下，可以实现对 PM2.5 95% 的高效阻隔。电纺的微纳米纤维膜作为空气过滤的核心成分，被用于 M1 型布拉姆斯坦克等重型机车中，保障其在荒漠野战等恶劣条件下的车内空气净化。

静电纺丝法非织造布在液体过滤领域的优势主要体现在两个方面：一是过滤效率提高，相对传统过滤膜，过滤效率提高 70% 左右；二是水通量大，电纺制备的聚酰亚胺非织造布纤维膜的水通量是传统聚丙烯腈超滤膜水通量的 60 倍。另外，可以将静电纺丝法制备的非织造布与等离子处理、接枝、改性以及静电层层自组装（LBL）等技术相结合，达到优化纤维表面结构和性能的目的，进而提高电纺非织造布的过滤效率。例如，乔治（Bjorge）将银粒子沉积到聚丙烯酸（PAA）静电纺非织造布的表面，实现高效过滤和灭菌双重功能。海德（Haider）研发了偕胺肟修饰的聚丙烯腈电纺非织造布，可以实现对污水中重金属粒子 Cu^{2+} 和 Pb^{2+} 的高效吸附，该非织造布浸入 1mol/L 的 HNO_3 溶液中可以释放 90% 的重金属粒子，因此，可以实现重复利用。

三、电池隔膜

电纺微纳米纤维非织造布具备良好的机械柔韧性、高孔隙率等优势，是很好的电极材料。目前已报道的通过电纺制备的 TiO_2、ZnO、SnO_2 等无机非织造布作为电极材料组装染料敏化太阳能电池，可以实现很高的光电转化效率。此外，静电纺丝制备的聚合物凝胶电解质部分取代传统的液体电解质，避免了电解液容易泄漏和挥发、不利于封装等问题。在设计新型高性能电池方面，无论是锂电池还是燃料电池，电纺非织造布纤维膜作为电池隔膜材料均是近年来的研究热点。此外，电纺纤维膜还可作为燃料电池质子交换膜使用。

四、传感材料

信息技术高速发展对光电传感器件提出了高灵敏度、快速响应、高稳定性及可靠性等要求。电纺纤维因为成分组成丰富、结构多样、直径小、孔径分布范围大、孔隙率高等优点，在光电传感器件领域有很高的应用潜力。目前，基于电纺技术多种多样的光电传感器件已被报道，如光电式、电阻式、偏振式、光敏、热敏、湿敏、温敏等传感器。

五、个体防护材料

空气污染、病毒传播使得大家对个人防护的关注日益提高。目前，个人防护用品主要涉及防护服和口罩两大类。电纺纤维因为质轻、可以实现自由组合负载、可以结合舒适性和功能性等优势，在个体防护领域得到了广泛关注。目前，通过电纺技术制备的聚酰胺66、聚氨酯、聚丙烯腈等聚合物负载活性炭、$ZnTiO_3$、SiO_2 的复合纤维非织造布均已用于军用、医用、农用防护服中。在口罩方面，电纺非织造布相对传统熔喷非织造布过滤效率更高，同时可以负载其他功能成分，实现功能化和智能化，如负载银实现杀菌防毒等，是更为理想的口罩过滤材料。

第四节　静电纺丝非织造技术的发展趋势

一、由单纯制备、表征向复杂应用发展

目前，各种高分子聚合物的可纺性、不同成分组成和结构设计的电纺非织造布制备等相关方向的研究均已成熟，相应的测试表征方法也比较完善。例如，电纺微纳米纤维非织造布的形貌主要通过扫描电子显微镜（SEM）、透射电子显微镜（TEM）、原子力显微镜（AFM）、荧光显微镜等进行表证。单纤维的比表面积及孔径分布测试主要采用 BET 氮吸附法等。纤维的组分主要采用 X 射线衍射（XRD）、红外光谱和拉曼光谱、X 射线光电子能谱（XPS）、X 射线能量色散光谱等分析法。纤维的热学性能主要采用热重分析（TG）、差热分析（DTA）、差示扫描量热分析（DSC）、动态热力学分析（DMA）等。此外，力学、电学、磁学及具体的性能（如杀菌、热传导、光敏等）都有专用的检测设备。

结合后处理技术是目前拓展电纺非织造布应用的重要方式。一般来说，常见的后处理技术包括层层自组装（LBL）修饰技术、等离子体修饰技术、溶胶—凝胶修饰技术、磁控溅射镀膜技术、液相沉积（LPD）修饰技术、化学气相沉积（CVD）表面修饰技术、表面接枝修饰技术、表面酸刻蚀、表面光固化、原位聚合、点位化学以及偶联剂表面修饰等。这些后处理技术赋予了电纺非织造布特殊的结构和功能属性，极大地拓展了静电纺非织造布的应用领域。

二、由实验室小规模研究向工业化大批量生产发展

要想实现静电纺非织造布的广泛推广和应用，大规模的工业化生产技术研发迫在眉睫。目前，国内外的研究人员主要从以下几个方面探索解决静电纺丝法非织造布的工业化大批量生产问题。

首先是改进传统的单针头纺丝体系，构建多针头组合式纺丝体系，可以通过调整针头的数目、空间排布等，以提高微纳米纤维的产量。但是这些方法中，多个针头之间的电场会相互干扰。针头距离近，电场互相干扰削弱，产量降低，甚至不纺丝；针头距离远，产量与单

针头多射流产量类似，还浪费空间，因此也没有得到广泛推广。

其次是开发应用无针式多射流纺丝体系。是目前最受认同也最有可能实现工业化量产的大规模静电纺丝方式。无针头纺丝的出现很好地规避了传统电纺中使用注射器针头容易堵针头的问题。

截至目前，全球共有百余家高等院校和科研机构致力于无针头式多射流纺丝体系的研究。其中比较有代表性的是捷克的利贝雷茨技术大学研发的"纳米蜘蛛"（Nano-Spider），生产效率可达每分钟 1~5g。随后捷克埃尔马克（Elmarco）公司推出了一种可以制备多种聚合物和无机纳米纤维的电纺非织造布装置，年产量高达 5000m²。此外，美国的纳米静力（NanoStatics）、韩国的簇（Cluster）公司、土耳其的 FMG 公司、西班牙的 Yflow 公司也推出了可达到产业化规模的电纺纤维制造技术。

☞ 思考题

1. 试述静电纺丝法非织造布的结构特征、用途和发展趋势。
2. 试述静电纺丝法的工艺流程。
3. 简述静电纺丝法射流的形成以及运动轨迹。
4. 简述影响静电纺丝法非织造布质量的因素。

第十章　其他非织造布制备方法

> **本章知识点**
>
> 1. 缝编法机械加固工艺过程及主要工艺要求。
> 2. 湿法非织造布的工艺与设备。
> 3. 闪蒸法非织造布的工艺。

第一节　缝编法机械加固

缝编法既可加工纯纱线产品也可加工含纤维网的产品。按我国对非织造布的定义，含纤网的缝编产品属于非织造布，它隶属于干法纤网加固法。

缝编技术是原民主德国海因里希·毛豪尔斯柏格发明的，并于 1949 年申请专利。1952年制造出第一台样机，1954 年第一台缝编机投入生产。20 世纪 60 年代初期，缝编技术开始大规模应用和推广。目前，全世界已有多种型号的缝编机，如德国的马利莫系列、捷克的阿拉涅系列、俄罗斯的符帕系列等。在世界各国，用缝编法制成的非织造布已成为非织造布的主要品种之一，特别是东欧地区。我国对缝编非织造布的生产和利用起步较早，但发展不快。

缝编法除具有工艺简单、工序少、产量高、原料适用范围广、花色品种多等一般非织造布所具有的优点以外，最突出的优点是外观和产品性能接近传统的机织物和针织物。许多缝编产品单从外观上很难和机织物和针织物加以区别。

有资料介绍，缝编机与织机的生产经济性相比：人均劳动生产率可以提高 200%，单位产量的生产成本降低 23%~30%，每平方米占地面积的产量提高 4~5 倍，动力消耗减少 62%。

缝编产品按用途可以分为服装用、家用和工业用三大类。在服装用和家用方面可用作衬衫料、裙料、外衣料、仿毛皮、衬绒、窗帘、床罩、毛毯、台布、地毯等；在工业用方面可用作高强度传送带帘布、人造革底布、绝缘材料、过滤材料、汽车装饰材料、篷布等。

缝编法非织造布包含两大类。一是对所要加工的基底，如纤网、纱线层、底布等进行穿刺，类似于缝纫加工；二是利用缝编纱形成线圈结构，类似于针织物加工中的经编，利用线圈对基底进行加固。由于我国未将第二类产品列入非织造布，故本节只介绍第一类缝编法非织造布。

从技术发展来看，可以认为缝编是由针织的经编派生出来的。现在国际上著名的也是最大的经编机制造厂卡尔·迈耶也利用其经编机技术优势开发缝编机。

一、纤网—缝编纱型缝编

这种方法是用缝编纱形成的线圈结构对纤网进行加固。由于它只用少量缝编纱，构成产品的主要原料是纤网，因而成本低，而且可用于纤维网的纤维原料十分广泛，一些难以用其他法加固的纤维，如玻璃纤维、石棉纤维等也可用这种方法加固。因此，这种方法是非织造布缝编工艺的一种主要方法。

（一）工艺过程

马利莫系列中属于这一种的缝编机型是马利瓦特型缝编机。图 10-1 所示为马利瓦特型缝编机示意图。缝编纱 1 由经轴引出，经穿纱板 2、导纱辊 3、一对送经轴 4、分纱器 5，最后经导纱针进入缝编区。纤网 6 由输网帘 7 喂入缝编区 8。由于缝编机件的相互作用，缝编纱形成线圈，使纤网得到加固形成非织造布 9。经牵拉辊 10 作用后形成坯布离开缝编区。导布辊和卷布辊将非织造布绕在布辊 11 上。

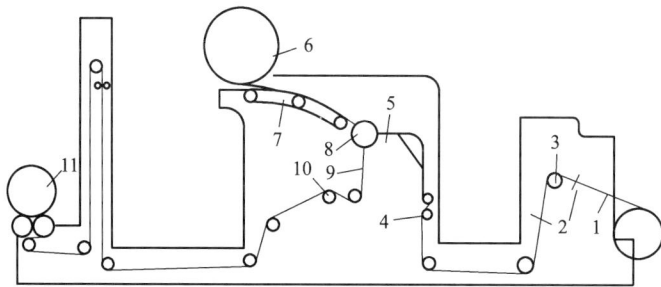

图 10-1　马利瓦特型缝编机示意图

图 10-2 所示为马利瓦特型缝编机的缝编件配置示意图。纤网 8 以几乎 45°的角度从上向下倾斜地喂入缝编区。缝编纱 7 由机器前方经导纱针 5 喂入缝编区。形成的坯布 9 垂直向下被牵拉出缝编区。槽针的针芯 2 和针身 1 均做前后水平往复运动。导纱针 5 既摆动又横动，沉降片 3 与下挡板 6 均固定不动，退圈针 4 是固定安装。

（二）主要工艺要求

纤网—缝编纱型缝编要求采用纤维交叉（横向）铺放的纤网或采用气流成网机生产的杂乱型纤网，纤网的定量主要受机号限制。纤网定量过大，槽针穿过纤网的阻力增大，缝编困难且机件易损坏。一般而言，机号越大，所适合加工的纤网的定量越小。

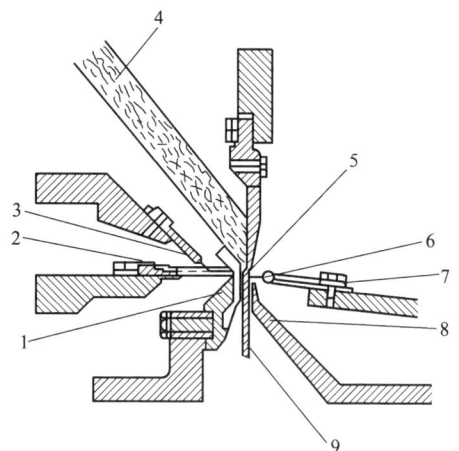

图 10-2　马利瓦特型缝编机缝编件配置示意图

1—针身　2—针芯　3—沉降片

4—退圈针　5—导纱针　6—下挡板

7—缝编纱　8—纤网　9—坯布

针迹长度直接影响机台的产量和产品的强度。针迹长度越大，机台的产量越高，而产品的强度越小。机号较小时，针迹长度可以大一些。另外，缝编纱也受机号的影响。机号越大，使用的缝编纱越细。

马利瓦特型纤网—缝编纱缝编有单梳栉和双梳栉两种机型。单梳栉生产中，只采用编链和经平组织，图10-3（a）为单梳平针组织的马利瓦特产品。若采用双梳栉生产，将使产品表面产生明显的凹凸花纹，如图10-3（b）所示。

马利瓦特型缝编产品的主要用途可以分三大类：家用织物、服装用料、工业用布。在家用织物中，主要用作窗帘、台布、窗罩、揩布等；在服装用料中，主要用作童装用料、女士服装面料、保暖衬绒等；在工业用布中，主要用作人造革基底、绝缘材料、过滤材料等。

实际生产中，对揩布、垫料等低级产品常用下脚纤维作纤网原料。缝编纱可采用棉、黏胶短纤维、涤纶短纤维，且宜用单梳、10号以下的缝编机。生产服装面料和装饰布一般用化学纤维

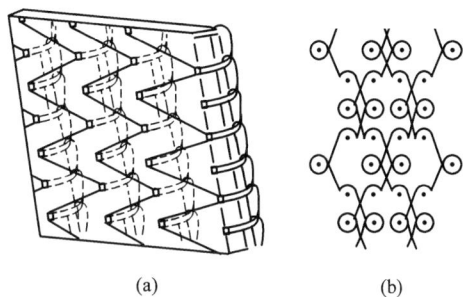

图10-3　单、双梳栉马利瓦特缝编产品

作纤网原料。缝编纱纱可采用合成纤维长丝，宜采用双梳、18号或22号的高机号编缝机。而生产工业用布时，除一般常用纤维外，还可用玻璃纤维、石棉纤维作纤网原料。缝编纱可用涤纶长丝、锦纶长丝，宜采用单梳、低机号缝编机。

二、纤网—无纱线缝编

这种缝编法不用缝编纱，针直接由纤网中钩取纤维来形成纤圈结构而加固纤维网形成缝编产品。这类缝编产品全部由纤维网构成，而纤维网的原料多数是低级或废次纤维，因而产品成本低，具有良好的经济效益。

（一）工艺过程

在马利莫系列缝编机中，属于这一缝编方式的机型为马利伏里斯。这种缝编法与前述的纤网—缝编纱型缝编不同。由于取消了缝编纱，马利莫系列缝编机取消了导纱针、经轴等送经系统。在导纱针的部位，该机型装了一排垫网梳片，用于帮助将纤维垫入针钩。另外，将槽针的闭口时间延迟，以使槽针的针钩能够直接由纤网中钩取纤维成圈。

图10-4所示为马利伏里斯纤网—无纱线型缝编机件配置示意图。其针床水平安装。为了增加针钩的强度以承受钩取纤维时的较大阻力，槽针的尺寸要加大。纤网3以近似45°角的方向由上向下倾

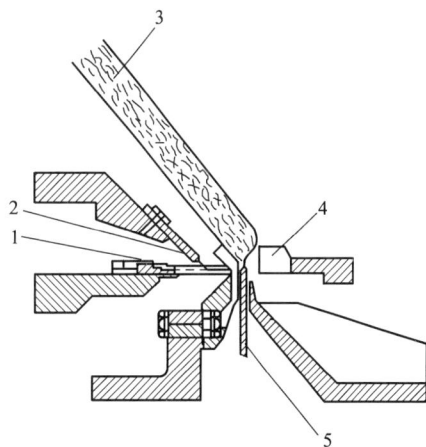

图10-4　马利伏里斯纤网—无纱线型
缝编机件配置示意图

斜地喂入缝编区。针身1和针芯2做水平的前后往复运动。当针向前运动时，由于垫网梳片4的作用，纤维可以垫入针钩。当针由纤网中退出时，针钩直接从纤网中钩取纤维束。针钩钩取纤维束后槽针闭口，接着完成脱圈、弯纱、成圈、牵拉。形成的产品5直接向下被拉出缝编区。

（二）主要工艺要求

这种缝编法要求喂入的纤网中纤维以横向排列为主，以便针钩易从纤网中钩取纤维。另外，所加工的纤网定量要与机号相对应。马利莫系列缝编机的机号在3.5~22分6个档次。加工的纤网定量范围在80~500g/m²不等，机号越高，适合加工的纤网定量越轻。

针迹长度与针的规格和机号有关。机号越高，所用的针越细。一般这种缝编机所用的针在细、中、粗的范围内选择。针迹长度关系到最终产品的强度、外观等。马利莫系列缝编机针迹长度在0.9~2mm，机号越高，所用的针迹长度越小。

无纱线纤网型缝编由于直接由纤网中钩取纤维，采用的缝编组织一般为经编的最基本组织。另外，对所用的纤维也有一定的要求，一般要采用毛型化纤。当加工棉纤维及下脚纤维时，一定要与化纤混合，并使纤网中20%以上的纤维长度超过60mm。纤维细度一般在3.3~8.8dtex（3~8旦）。纤维要有一定的卷曲度，防止纤网中的纤维同时被两枚以上的针勾住而被拉断或损坏针钩。在成网设备允许的条件下，纤维要尽可能长一些。

基于提高产品强度的考虑，纤网无纱线型缝编一般要经过适当的后整理工艺，如涂层、叠层、热收缩、浸渍黏合、喷洒黏合等。

纤网无纱线型缝编产品的用途十分广泛。可用于粘墙布、抛光布、毛毡、人造革底基、人造毛皮底基、揩布、童装面料等。

表10-1是部分马利伏里斯产品的主要参数。

表10-1　部分马利伏里斯产品的主要参数

产品	机号	纤网原料	定量/（g/m²）
垫衬料	3.5	锦纶短纤维	190
贴墙布	7	回用纤维	370
抛光布	14	黏胶短纤维	200
毡	18	黏胶短纤维	270
人造毛布基底	22	腈纶短纤维	170
		涤纶短纤维	170
人造革底布	22	涤纶/黏胶短纤	170

第二节　湿法非织造布

一、概述

湿法非织造布的工业化应用在20世纪60年代初起源于美国和欧洲。10年后，单是西欧就有25套湿法设备在运转。这是因为湿法产量高、成本低。同时，化学纤维、黏合剂和机械制造业的迅速发展也有力地推动了湿法非织造布的发展。湿法非织造布的生产速度非常高。比较先进的湿法非织造布生产线的工作幅宽达 4m，生产速度达 1000m/min。湿法非织造布在生产质量轻、均匀度高的非织布方面具有很大优势，但在其他品种的生产方面则不能跟干法非织造布相比，是"用即弃"非织造布的主要生产方法。

湿法非织造布也称造纸法非织造布，但与传统造纸相比，从原料、加工技术及产品特性来说，都有明显的区别。

（1）造纸以浆粕为原料，纤维长度一般为 1~4mm。而湿法非织造布使用的原料以纺织纤维为主，一般长度为 8~10mm，最高可达 30mm。

（2）纸张虽然也是纤维制品，但纤维之间的黏合是靠纤维本身具有的氢键作用而产生的。而湿法非织造布中，纤维的加固既可用黏合剂，也可用其他加固方法，如水刺法加固。

（3）一般来说，湿法非织造布的柔软性、悬垂性、耐水性都优于纸张。

二、湿法非织造布的工艺与设备

湿法非织造布的工艺过程基本上与干法一样。即：

纤维准备→湿法成网→黏合加固（化学或热轧或水刺）→后处理

（一）纤维准备

纤维准备工序的主要任务是：将置于水中的纤维原料开松成单纤维，同时使不同纤维原料充分混合，制成纤维悬浮浆，然后在不产生纤维团块的情况下将悬浮浆输送至成网机构。纤维如果在制浆过程中形成扭结，就不易被水力再打散成单纤维状态，这种纤维扭结的形成与所用纤维原料的性质有关，也与纤维悬浮浆过度的搅拌有关，或者因为纤维在搅拌中遇到了容器中粗糙的零件表面。纤维团块是纤维的疏松堆积物，其形成与纤维类型、悬浮浆搅拌速度及悬浮浆纤维密度有关。为了消除纤维团块，可视纤维类型与纤维的长细比将纤维密度选在 0.05~0.5g/cm³。

图 10-5 为一种非连续式纤维制浆生产线。纤维素浆粕板送入料桶 1 溶解，再送入桶 2，经送浆泵 3 送入粉碎机 4，然后经储料桶 5 送入混料桶 6。切断的短纤维则直接送入混料桶 6，进行分散，并与其他纤维混合。如果需要在悬浮浆中加入助剂和黏合剂，可直接加至混料桶中。混料桶中的悬浮浆经过必要的混合、反应后，批量送入成网机上的储料桶 7，由此连续地输入成网机。桶 2、5、6、7 中都装有制浆用的旋翼式搅拌器，旋翼不停地转动，再配以形状特殊的浆桶，就使桶中产生具有强烈混合作用的液体流动。料桶 1 的底部装有高速回转的转子，通过强烈的水流使浆粕板打烂。一般混料桶中悬浮浆的纤维浓度为 0.5%~1.5%。成网机所需的浆液浓度可在悬浮浆离开储料桶至成网机之前由泵的转速加以调节。

图 10-6 为一种连续式制浆生产线。纤维原料连续地进入料斗 1，经输送帘 2 送入混料桶 3，水也连续地输入混料桶，再经过泵 4 将纤维浆送入混合桶 5、6，不断地进行均匀搅拌，最后由泵 7 将悬浮浆送至成网机。这种连续式制浆生产线的产量高，可得到很高的稀释度。所需料桶体积小，节省能源，并可适应较长纤维制浆。但是，这种生产线不适合那些在制浆中易扭结、易结团块的纤维原料。

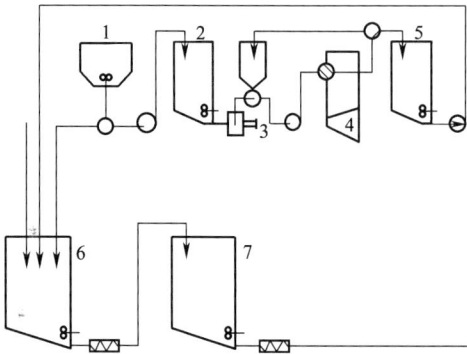

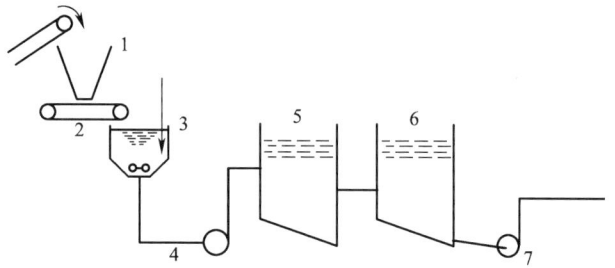

图 10-5　非连续式纤维制浆生产线　　　　　图 10-6　连续式制浆生产线

（二）湿法成网

湿法成网是湿法非织造布的关键工序，与干法成网不同，纤维是在湿态下分布到成网帘上。由于在制浆工序的末端储料桶中的纤维浓度一般为成网时悬浮浓度的 5～10 倍，因而在成网前纤维悬浮浆尚需进一步稀释。常用的成网方式有两种，即斜网式和圆网式。

1. 斜网式湿法成网

图 10-7 为一种斜网式湿法成网工艺。纤维悬浮浆由混料桶 1 靠重力流入搅拌桶 2，继续进行搅拌，再经计量泵 3 导入一循环水路，这一循环水路借轴流泵 4 流动。为了保证纤维悬浮浆在成网机料桶 5 中均匀分布，悬浮浆必须在 A、B、C、D 四点进行冲击、转向，然后悬浮液流回循环运动的金属网帘 6，水透过帘子的网眼而进入集水箱 7，再流入净水箱 8，经处理后循环使用。而悬浮浆中的纤维便在帘子上凝集成网，成网的质量与纤维在悬浮浆中的均匀分布及密度有很大关

图 10-7　斜网式湿法成网工艺

系。这种斜网式湿法成网工艺，由于水箱较浅，抽吸作用不够均匀。因此在阔幅成网时纤网均匀度不易保证，故此工艺主要适用于窄幅机器。

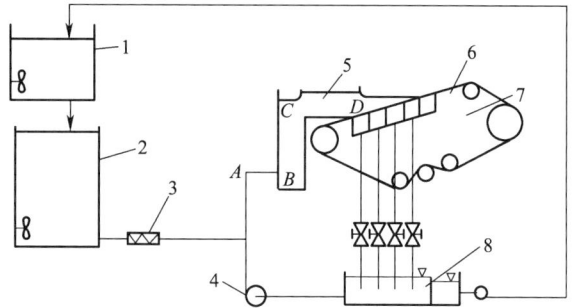

2. 圆网式湿法成网

从成网原理来说，圆网式湿法成网与斜网式湿法成网完全一样，所不同的主要是成网帘形状，前者为圆形网，后者为倾斜的平帘。图 10-8 为一台典型的圆网式湿法成网机（Roto-former）。纤维悬浮浆由管道 1 经分散辊 2 输入成网区 3，用一块可调节的挡板 4 来控制成网区空间的大小，成网帘 5 为回转的圆网滚筒。纤维悬浮浆经抽吸箱 6 的作用而使纤维凝集于圆网表面，水则被吸入抽吸箱，进入滤水盘 7。为了保持圆网表面的清洁，有三只喷水头对圆网进行冲洗。回转滚筒 8 中有一固定的吸管对准圆网表面，帮助纤维离开圆网，并转移至

湿网导带 9 上成网。悬浮浆在成网区中的高度可由溢流螺栓 10 调节。

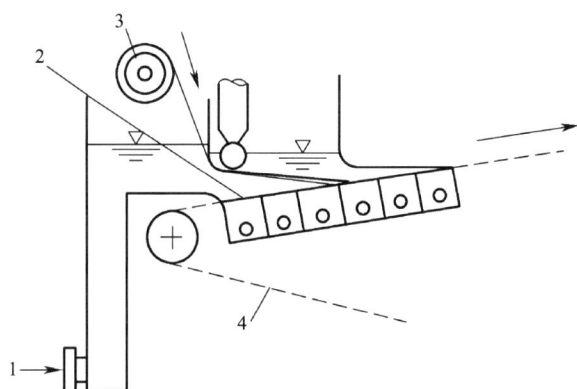

3. 加入纱线系统的斜网式湿法成网

在湿法非织造布中加入纱线系统或化纤长丝可以增强产品强力。一般利用斜网式湿法成网机，在成网之前加入纱线或化纤长丝。如图 10-9 所示，纤维悬浮浆 1 由管道输入至成网区 2，纱线 3 从经轴退解后引入成网区的中间。因此，在成网帘 4 上形成的纤网中就夹入了纱线。

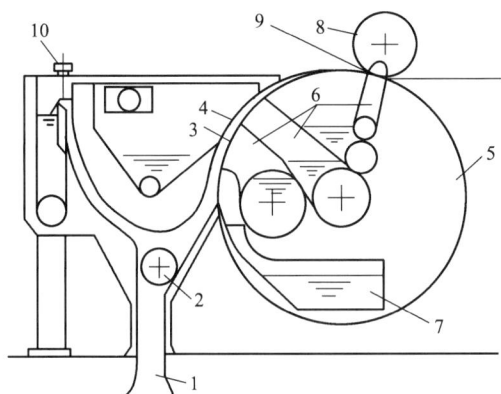

图 10-8　典型的圆网式湿法成网机　　　　图 10-9　加入纱线系统的斜网式湿法成网

（三）黏合加固

在湿法纤网中加入黏合剂的方法主要有两种。一种是在成网之前的纤维制浆阶段加入黏合剂，或者使用本身具有黏合性能的纤维；另一种是在湿法成网后，纤网已经烘燥或部分烘燥的情况下加入黏合剂。

1. 成网之前加入黏合剂或黏合介质

这种方法的优点是黏合剂可均匀地分布在悬浮浆中，并且不会影响成网速度；缺点是增加了黏合剂的用量。多数采用粉状黏合剂，并在纤维制浆时加入混料桶中；也有的采用胶乳与凝胶液一起加入混料桶中，丙烯酸盐类是这类黏合剂中使用较多的。另一种是将黏合剂先加入纤维悬浮浆中，黏合剂包覆在纤维表面而形成涂层。例如，将阳离子偶联剂加入纤维悬浮浆，经一定时间后被纤维吸附，然后在悬浮浆中加入胶乳，使黏合剂在纤维表面产生沉淀，因而形成包覆纤维的涂层。

2. 成网之后加入黏合剂

可在成网、预烘燥或烘燥之后，在纤网中加入黏合剂。加入的方法与干法非织造布中黏合加固时所采用的方法基本一样，可采取饱和浸渍法、喷洒法、泡沫法、印花法等。采用的黏合剂有丙烯酸酯、丁腈乳胶、丁苯乳胶、乙烯—醋酸乙烯共聚物等。常温下聚合物的硬度与弯曲性很大程度上取决于聚合物的玻璃化温度。而玻璃化温度与非织造布的拉伸强度密切相关，玻璃化温度越高，则非织造布的拉伸强度越大。

（四）后处理

湿法非织造布的后处理主要包括烘燥、焙烘，设备与干法黏合法非织造布的热处理类似。在湿法生产中，根据造纸行业的传统习惯，过去以采用烘筒的接触式烘燥方式较多，而现代的湿法非织造布生产线则以应用红外线烘燥与穿透式热风滚筒烘燥较多，很少应用平幅烘燥。旧式造纸机上采用的大烘筒（俗称扬基式烘缸），直径可达 4~6m，以蒸汽为热源。

第三节　闪蒸法非织造布

一、概述

闪蒸法（flash spinning）也称为瞬时纺丝，是一种超细纤维成网方法，纺丝的纤维直径在 0.1~10μm。闪蒸法非织造布生产技术是美国杜邦公司于 1957 年开发出的一种新型非织造布生产方法，20 世纪 80 年代已达到 2 万吨/年的生产规模。日本旭化成公司于 80 年代也开始开发并实现了闪蒸法非织造布的工业化生产，但后来该技术被杜邦公司合资吞并。因此，较长时间以来，闪蒸法非织造布生产技术被杜邦公司独家垄断。经过几十年研究，我国闪蒸法非织造布已实现了核心技术突破。厦门当盛、东华大学、天津工业大学等企业和高校目前已形成了具有核心自主知识产权的生产技术、工艺和装备。厦门当盛是国内第一家实现闪蒸法非织造布商业化量产的企业，于 2016 年制备出第一束闪蒸法纺丝高强度超细聚乙烯丝束，2017 年搭建中试平台，2018 年实现吨级生产，2019 年建成国内首条闪蒸法超高速纺丝级非织造布产业化生产线，同时实现了商业化量产。目前，我国闪蒸法非织造布在市场培育和应用拓展方面仍需持续发力。

二、闪蒸工艺原理

闪蒸法可视为纺粘法的一种，不同的是闪蒸法采用的不是熔融纺丝，而是采用干法纺丝技术进行纺丝，即将高聚物溶解在一定的溶剂中制成纺丝液，然后由喷丝孔喷出，由于溶剂的挥发而使高聚物重新固化成纤维。目前采用的原料主要是线性聚乙烯，将聚乙烯溶于二氯甲烷溶剂中，一般浓度在 12%~13%，并以二氧化碳在 $0.69×10^{-6}cN/cm^2$ 的压力下饱和处理，将由此形成的纺丝液从喷丝孔挤出，其挤出速度极高 [在（1.0~1.1）×10^4m/min]。在丝束喷出后，二氯甲烷溶剂迅速挥发，使丝条得以固化，经牵伸后，形成超细纤维。同时，采用静电分丝法，使纤维彼此分离成单根状，然后凝聚成网，经热轧加固便形成闪蒸法非织造布。由于采用了高聚合度的聚乙烯，纺制出的纤维具有极高的强度，与同定量的涤纶、丙纶纺粘布相比，分别是其强度的 1~2 倍和 2~3 倍，且抗撕裂、抗穿刺性能优异，现已广泛应用于不同领域，如防护工作服、邮件包装、食品包装、汽车防雨罩等。

闪蒸法采用了干法纺丝技术，与传统的干法纺丝不同的是，闪蒸工艺采用较低的纺丝液浓度，而以极高的压力和速度从喷丝孔中喷出，由于溶液黏度低，流动性好，液态丝条在高速运动中固化形成极细的纤维丝条，最后被吸附在成网帘上直接形成纤网，其工艺过程如图 10-10 所示。

三、闪蒸法非织造布应用

闪蒸法非织造布具有质量轻、强度高、耐撕裂、防水透湿、高阻隔、可印刷、可回收、可无害化处理等许多特点，集合纸张、薄膜和布料的优点于一身。在医疗卫生领域，闪蒸法非织造布是唯一一种实现了单一材料兼具高性能防病毒、生化阻隔效果的材料，可耐受当前大部分灭菌方式，在传染病个人防护领域和高值医疗器械灭菌包装领域具有不可替代的地位。在工业防护领域，闪蒸法非织造布质量轻、强度高、透湿量大，可用于工业个体防护、特种设备防护等。在包装领域，闪蒸法非织造布强度高、耐撕裂、防水透湿、可印刷，可用于农业、建筑、交通运输等的遮盖材料，还可用于家装家饰、图文画报、文创休闲等的基础材料。

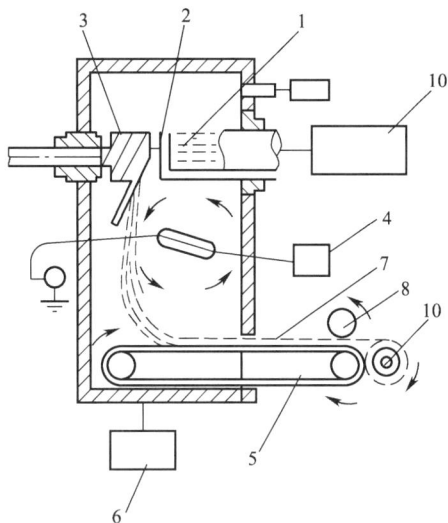

图 10-10　闪蒸法工艺过程

1—纺丝溶液　2—纺丝孔　3—挡板　4—凝网静电器
5—凝网帘　6—闪蒸法非织造布　7—热轧辊
8—纤网　9—分丝静电发生器
10—聚合物溶液

思考题

1. 试比较常见型号缝编机的结构、工艺过程、工艺要求及产品的性能、结构特点。
2. 试述湿法非织造布的工艺过程和要求。
3. 试述闪蒸法非织造布的工艺过程和要求。

第十一章　非织造产品开发与应用

> **本章知识点**
>
> 1. 非织造布黏合衬的种类与用途。
> 2. 黏合衬用热熔胶的种类、技术指标和涂层工艺。
> 3. 保暖絮片的种类。
> 4. 装饰用产品的开发应用。
> 5. 土工布、建筑防水非织造布的种类、性能、应用与功能要求。
> 6. 过滤材料的性能要求与选用及芳砜纶耐高温针刺滤料的开发。
> 7. 合成革的基本要求、生产方法。

第一节　服用产品开发与应用

目前用于服装领域的非织造产品主要有衬布、喷胶棉、热熔棉、仿丝绵和服装标签等。

一、非织造布热熔黏合衬

热熔黏合衬是指在基布上均匀涂布热熔胶而成的衬布。它可在一定的加热加压条件下与面料相黏合，从而起到补强、保型等作用，简称黏合衬。常用的黏合衬基布有机织布、针织布和非织造布。以非织造布为基布的黏合衬具有定量轻、回弹性好、价格低、易与各类面料相配的优点，尤其是适应了当今服装轻、薄、软、挺的潮流。因此应用范围日益扩大，用量不断增加。目前非织造布黏合衬的用量已占服装用黏合衬的60%以上。

非织造布黏合衬的品种很多（表11-1），应用也极为广泛（表11-2）。通常所用的非织造布的定量一般为8~60g/m²。其中，8~12g/m²的超薄型用量较小，主要用于丝绸衬衣。

（一）黏合衬用热熔胶

热熔黏合剂（也称热熔胶）的种类很多，但是，用于黏合衬的主要有四大类：

表 11-1　非织造布黏合衬种类

按非织造布品种分	按涂层工艺分	按热熔胶的种类分
（1）化学黏合法非织造布黏合衬 （2）热轧黏合法非织造布黏合衬 （3）热轧+经编链非织造布黏合衬 （4）其他	（1）热熔转移法黏合衬 （2）撒粉法黏合衬 （3）粉点法黏合衬 （4）浆点法黏合衬 （5）双点法黏合衬 （6）网膜复合法黏合衬	（1）高密度聚乙烯黏合衬 （2）低密度聚乙烯黏合衬 （3）聚酰胺类黏合衬 （4）聚酯类黏合衬 （5）乙烯—醋酸乙烯黏合衬 （6）乙烯—醋酸乙烯皂化物黏合衬

表 11-2　非织造布黏合衬的用途

外衣黏合衬	皮革黏合衬	鞋帽黏合衬	装饰用黏合衬
用于外衣、前身、胸下摆、嵌条、领、袋盖等衬里	用于皮革、裘皮、人造革等衬里	黏合衬与鞋料制成复合材料作鞋帮、中间垫和后跟垫，还可用于便帽和硬帽帽檐	黏合衬与装饰布复合材料制成墙板装饰品可用于地毯衬布；也可制成商标标签

1. 聚乙烯类（PE）

聚乙烯类热熔胶按其密度大小又可分为高密度聚乙烯（HDPE）和低密度聚乙烯（LDPE）两种。

高密度聚乙烯是乙烯在 $9.8 \times 10^5 \text{Pa}$（$10 \text{kg/cm}^2$）以下的较低压力下催化聚合而成的高分子化合物，故又称低压高密度聚乙烯。由于它的分子支链较少，结晶度较高，因此其特点是黏合强度高、耐水洗性好、手感较硬、熔点略高（128～134℃）。一般情况下，须用压烫机黏合，而不太适用于用电熨斗制作服装的小型服装厂和作坊。

低密度聚乙烯是乙烯在 98MPa（1000kg/cm^2）或更高压力下制得的聚乙烯，密度较低，故又称高压低密度聚乙烯。由于其分子链上的支链多，相对分子质量较低，性能较柔软，具有较低的熔点（100～120℃）和较好的流动性。可用电熨斗加热黏合，缺点是压烫时易渗料，而且耐水洗性能较差，不适宜用于衬衣领衬。

2. 聚酰胺类（PA）

聚酰胺又称尼龙，一般熔点较高，不能用作热熔胶。但是，将几种聚酰胺单体共聚，其熔点会有较大下降。目前有代表性的聚酰胺热熔胶为尼龙 6（PA6）、尼龙 12（PA12）和尼龙 66（PA66）的三元共聚物。其熔点因三种单体的混用比例不同而不同，通常在 140℃ 以下。这种热熔胶具有优良的黏合性和弹性，有极佳的耐干洗和耐水性能，所以近几年发展很快。但是，我国目前尚不能合成尼龙 12，国内开发了尼龙 6、尼龙 66 和尼龙 1010 三种单体共聚的聚酰胺热熔胶。由于是用尼龙 1010 代替尼龙 12，因此其产品成本有所降低，但手感略差。

3. 聚酯类（PES）

聚酯类热熔黏合剂大都是由两种或两种以上的二元醇和二元酸单体经缩聚而得的共聚物，其熔点为 115～125℃。它克服了 PA 热熔胶对涤纶织物黏合强度较低的缺点。但是其耐水洗性不如 HDPE，耐干洗不如 PA，加上价格也较高，应用上受到一定限制。

4. 乙烯—醋酸乙烯类（EVA）

乙烯—醋酸乙烯共聚物热熔胶是热熔胶中用量最大的品种，约占总销量的 60% 以上。其性能取决于单体比例、相对分子质量和支化程度。一般随着醋酸乙烯（VA）含量增加，黏合力提高，熔点降低，但耐水洗性下降。实际生产中一般选用 EVA-28（即 VA 含量 28%）。近年来 EVA-10 也开始广泛应用，其优点是熔点低于 PE，可用熨斗黏合，而且具有一定耐水洗性。

EVA 制成的黏合衬虽然耐洗涤性能较差，但由于熨烫温度低，适用于裘皮服装及部分辅衬。为了克服 EVA 耐水洗性较差的缺点，可对 EVA 进行部分皂化改性，制成 EVA-L，其熔点为 100~120℃，可用于某些服装的主衬。

（二）热熔胶的技术指标

1. 熔融黏度与熔融指数

热熔胶的热流动性取决于它的熔融黏度。熔融黏度随相对分子质量的增加而迅速增加。熔融黏度不易直接测定，可用熔融指数（MI）来衡量热熔胶的热流动性。

熔融指数是指在一定载荷下，10min 内流经直径为 2.09mm、长 7.06mm 的玻璃管的熔融体的克数。熔融黏度与熔融指数之间存在线性关系：

$$MI = 4630 \times \frac{P}{0.1} \times \eta_m$$

式中：P——载荷，N；

η_m——熔融黏度，Pa·s；

MI——熔融指数，g/10min。

即随熔融指数的增加，熔融黏度降低，热流动性提高，有利于热熔胶对织物的浸润和扩散。但熔融指数过高会造成渗料现象。熔融指数一般在 10~150 范围内选定。

2. 松装密度

松装密度是指在无振动或挤压情况下单位体积粉体的重量，以 g/cm³ 表示。松装密度与颗粒大小和分布状况有关。采用粉点涂层加工时，热熔胶的涂布量与松装密度有密切关系。

3. 安息角

安息角也称休止角，是指粉体松散堆放在平面物体上时，与平面成的夹角，用于表征粉体的流动性能。良好的流动性能便于粉点涂层的转移。

4. 熔点范围

高分子热熔胶的熔融过程有较宽的温度范围，称为熔点范围。对于衬布用热熔胶，需要较低的熔点范围（100~130℃），以免黏合时损伤基布或面料。但是，熔点太低将影响其耐水洗和耐干洗性能。

5. 粒径

热熔胶粉体是经专门技术（如低温粉碎技术）加工制得的。其粉体粒径可用筛网分筛的办法测量。一般情况下，热熔胶粉体的粒径呈一定的分布。按涂层加工要求，粉体粒径的大小可分为以下几档，见表 11-3。

表 11-3　粉体粒径及用途

名称	粒径/μm	用途
粗粉	150~500	用于微粉涂层
细粉	60~200	用于粉点涂层
精细粉	0~80	用于浆点涂层

除上述技术指标以外，在选用时还应当考虑到其耐水洗、耐干洗和抗老化性能等。

（三）热熔胶涂层工艺

将热熔胶均匀地涂布在非织造布上制成黏合衬的加工方法称涂层。最常用的涂层方法是撒粉法、粉点法（包括雕刻辊粉点和圆网粉点两种）、浆点法、热熔转移法、双点法、网膜复合法等。

1. 撒粉法

撒粉法是利用微粉机将粉状热熔胶撒布在基布上，然后进烘房焙烘，经远红外加热器熔融烧结并黏附于基布上，冷却后粉状热熔胶即固着在基布上而得到黏合衬。其特征是粉体在基布上形成不太规则的颗粒状涂层。微粉法的粉体粒径较粗，一般在 150~250μm。

具体的撒粉方法有多种，如斜板法、静电法、旋转法、喷粉法和毛刷法等。图 11-1 为国内常用的毛刷辊撒粉法涂层工艺示意图。热熔胶粉装于漏斗内，通过刮刀使粉体撒在雕刻辊内，再用毛刷将粉体刷下，通过镍网振动筛使粉体较均匀地分布在基布上。涂布量可通过调节雕刻辊的转速来控制。

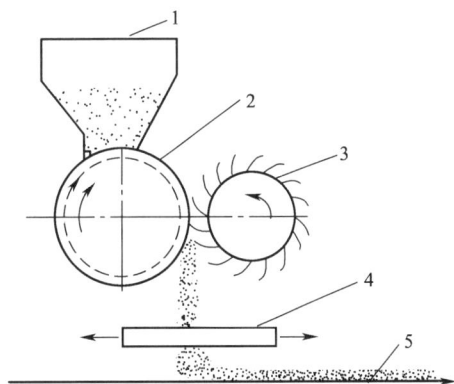

图 11-1　毛刷辊撒粉法工艺示意图
1—漏斗　2—雕刻辊　3—毛刷辊
4—镍网振动筛　5—基布

微粉涂层工艺简便，但均匀性较差，一般不适宜作服装主衬，多用作小面积用衬或工艺用衬（临时用衬）以及服装某些部位的补强用衬和鞋帽用衬。微粉涂层设备的结构比较简便，国内已有许多厂家能够提供这类技术和设备。

2. 粉点法

粉点法涂层可分为雕刻辊粉点涂层和圆网粉点涂层两种。

（1）雕刻辊粉点涂层。如图 11-2 所示，热熔胶粉由漏斗填充到雕刻辊表面上的凹坑内，多余的粉体经刮刀刮净。基布经预热辊预热，再经加热辊加热，加热辊将基布紧压在雕刻辊上，雕刻辊凹坑内的热熔胶受热黏结成点状并转移到基布上，然后经远红外加热器熔融，再冷却固着即得成品黏合衬。粉点法所用粉体粒径一般在 60~200μm。

粉点法涂层的涂布量较为均匀，基布上热熔胶呈有规则的点状分布，点子大小均匀一致。故粉点衬的使用性能优于微粉衬，可用作服装主衬。用 HDPE 粉制成的粉点衬，由于耐水洗，

171

黏合强力好，一般常用于领衬。

由于雕刻辊温度较高，一般不能用热收缩较大的非织造布作基布。

我国近年来已引进了数十条粉点涂层设备。与此同时，国产设备和技术的开发也取得了一定成效，基本上能满足国内粉点衬生产的需要。

（2）圆网粉点涂层。由转动螺杆将料斗内的粉料送入圆网内，圆网内装有刮刀，可使粉料通过网眼转移到基布上，经红外线加热熔融。

由于网眼直径的限制，圆网粉点不能制作较密的粉点，即不能作衬衫领衬，只能作某些服装的胸衬，并很难做出高档产品。但由于加工温度较低，适宜加工以非织造布为基布的粉点黏合衬。

3. 浆点法

浆点法涂层装置是由圆网、内刮刀、输浆管、外刮刀、支承辊等组成，如图11-3所示。浆状热熔黏合剂由泵输入圆网内，圆网回转，在刮刀作用下浆料穿过网眼。涂布在基布上形成浆点，再由导布辊送入烘房烘干，蒸发浆料中的水分，再经熔融烘结、冷却固着即成黏合衬。浆点涂层属湿态涂层，制浆时浆料中可添加各种助剂以改善加工性能和黏合性能，尤其是通过加入适量增塑剂等助剂可改善手感。浆点法加工温度较低，适用于热敏感材料和某些特种织物的加工。因此，非织造布用于浆点法十分普遍，尤其是适宜于薄型、超薄型非织造布衬的开发。优质浆点黏合衬可用于丝绸服装和薄型高级时装，适应了时代潮流，已成为高技术含量、高附加值的黏合衬产品。

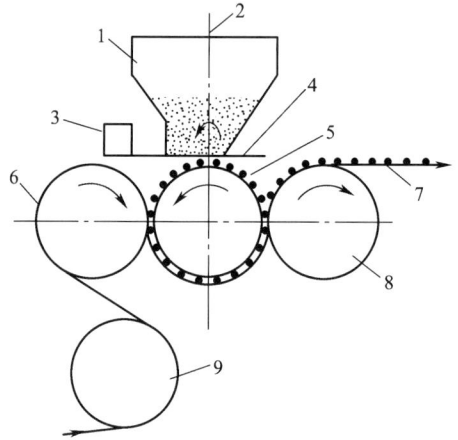

图 11-2　粉点涂层法示意图
1—漏斗　2—搅拌器　3，4—刮刀　5—雕刻辊
6，8—加热器　7—基布　9—预热辊

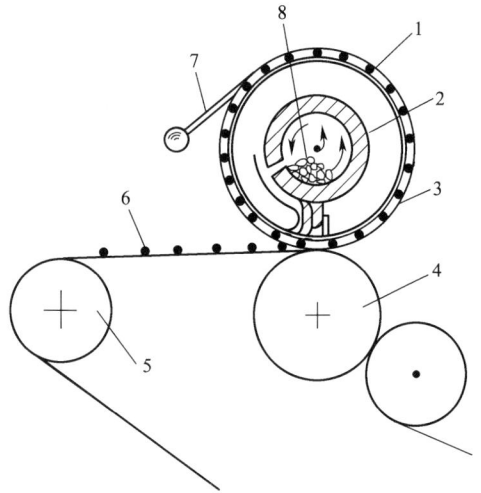

图 11-3　浆点法涂层装置
1—圆网　2—输浆管　3—内刮刀　4—支撑辊
5—导布辊　6—浆点　7—外刮刀　8—热熔黏合剂

国内近年已引进多条浆点涂层生产线，但由于选型问题、浆料供应等原因，部分设备不能正常生产。国产浆点涂层机正在研制开发，有的单位已试制出样机。

热熔胶浆料的调配是浆点法黏合衬生产中的关键技术。其组成除热熔胶细粉（0~80μm）外，另有分散剂、乳化剂、填充剂、增稠剂、增塑剂、消泡剂等。现提供一个配方，供参考。

热熔胶粉	100 份
增塑剂	10~20 份
PEG200	10~20 份

增稠剂	2~3.5 份
软水	200~300 份

调浆一般是在搅拌状况下（800~1000r/min），在水中先加入分散剂等助剂，然后加热熔胶粉，最后在搅拌转速降至 20~30r/min 的情况下加入增稠剂。配浆和调浆是一项实践性很强的工作，浆的质量对涂层有重要影响，必须经过反复实践才能掌握。

4. 热熔转移法

如图 11-4 所示，将热熔胶颗粒加热呈熔融状，然后由刮刀涂到雕刻辊上，雕刻辊转动将其转移到基布上，热熔胶冷却固着后即成黏合衬。此法工艺简单，既不需要热熔胶成粉，又不需要焙烘，生产成本低，但涂布量难以掌握，而且热熔胶易拉丝，黏合衬的手感也较硬，产品普遍为低档产品。

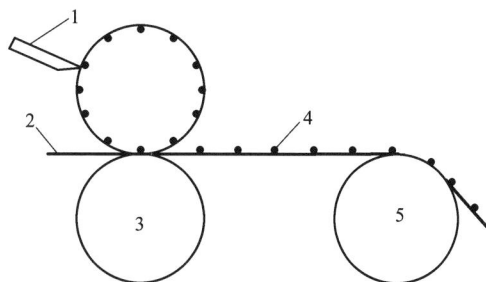

图 11-4　热熔涂层转移示意图
1—刮刀　2—基布　3—承压辊
4—热熔胶　5—冷却辊

5. 双点法

双点法可分为双粉点法、双浆点法和浆点—撒粉法。其中以浆点—撒粉法工艺较为成熟，国内已引进多条生产线。

浆点—撒粉法是浆点法与撒粉法相结合的涂层方法。它是先用圆网涂布浆点，不待浆点干燥，接着用撒粉法撒上一层热熔胶粉粒，并通过振动器使粉粒紧粘在浆点上，未粘上的粉经吸嘴吸除并回收使用。在浆点上面黏着的粉状胶点经烘干熔融烧结，形成双层涂层。下层的浆点常用 PA 胶，上层的粉体常用 PE 胶。不同性能的热熔胶复合成点状，使下层与基布黏合，上层与面料黏合，可以获得良好的手感，并有较宽的压烫条件，尤其适宜制作高档外衣黏合衬。

6. 网膜复合法

将特制的透气网点塑料薄膜在专用设备上与基布复合即得网膜复合衬。网点塑料薄膜一般以低压高密度聚乙烯（HDPE）为原料，经挤塑—压延—经向拉伸—纬向拉伸等工艺而制成透气薄膜。

由于使用特殊的网点薄膜，一般不会出现热熔胶漏点，HPDE 耐水洗，适用于高级衬衫领衬，能耐几十次水洗不脱胶起泡，而且平挺，俗称"平挺复合领"。

（四）衬布的质量要求与应用

非织造布黏合衬的质量要求在国家标准（GB/T 31904—2015）中，按内在质量和外在质量两个方面给予明确规定。内在质量考核的是有关物理性能，见表 11-4。

表 11-4　非织造黏合衬理化性能要求

项目		优等品	一等品	合格品
单位面积质量偏差率/%	按设计规定	±5.0	±7.0	±8.0

项目			优等品	一等品	合格品
剥离强力[a]/N	衬衫衬	水洗或干洗前	≥12.0	≥10.0	≥8.0
		水洗或干洗后	≥10.0	≥8.0	≥6.0
	外衣衬	水洗或干洗前	≥10.0	≥8.0	≥6.0
		水洗或干洗后	≥8.0	≥6.0	≥4.0
	丝绸衬	水洗或干洗前	≥6.0	≥5.0	≥4.0
		水洗或干洗后	≥4.0	≥3.0	≥2.0
	裘皮衬	水洗或干洗前	≥6.0	≥5.0	≥4.0
水洗尺寸变化率/%	纵向	涤纶	≥-1.0	≥-1.3	≥-2.0
		锦涤、锦纶	≥-1.5	≥-2.0	≥-2.0
	横向	涤纶	≥-0.8	≥-1.0	≥-1.5
		锦涤、锦纶	≥-0.8	≥-1.0	≥-1.5
组合试样干热尺寸变化率/%	纵向		≥-1.3	≥-1.5	≥-2.0
	横向		≥-0.8	≥-1.0	≥-1.5
组合试样经蒸汽熨烫后尺寸变化率[b]/%	纵向		≥-0.8	≥-1.0	≥-1.5
	横向		≥-0.8	≥-1.0	≥-1.5
组合试样洗涤后外观变化[c]/级			≥4	≥4	≥3
涂布量偏差率/%			±10.0	±12.0	±15.0
组合试样热熔胶渗胶			正面渗胶不允许	正面渗胶不允许	正面渗胶不允许

注　1. 非织造黏合衬的单位面积质量标准值根据各种基布的品种规格标准，供需双方协议商定。

　　2. 非织造黏合衬的横向断裂强力、手感作为内控项目，用户需要另订协议，其要求参见附录A。

　a　除耐干洗衬外，均测定水洗后剥离强力；如黏合衬剥离强力试验时，黏合衬布撕破，则视为剥离强力合格。

　b　组合试样经蒸汽熨烫后尺寸变化率适合于耐干洗、耐水洗的黏合衬。

　c　裘皮衬不考核组合试样洗涤外观变化，衬衫衬考核组合试样水洗后外观变化，干洗型外衣衬、丝绸衬考核组合试样干洗后外观变化。而外衣衬、丝绸衬考核组合试样水洗、干洗后外观变化。

　　为了满足不同应用场合下的要求，非织造布黏合衬往往按照定量、刚柔性、涂层特征等分为若干系列和规格。因此，在应用时，应根据服装种类、应用部位、面料质地等因素选用衬布。譬如，男式西装强调男性的刚度，所以，男式西装用的衬要有适当的硬挺度，尤其是肩衬。而女性服装用衬要柔软有弹性，以体现女性身材的曲线美。还有，同是一件男式西装，用衬部位不同，对衬的要求也不一样。图11-5所示为男式西装的用衬情况，共有八种衬，其性能要求见表11-5。黏合衬的选用是一项实践性很强的工作，需要不断实践和探索。

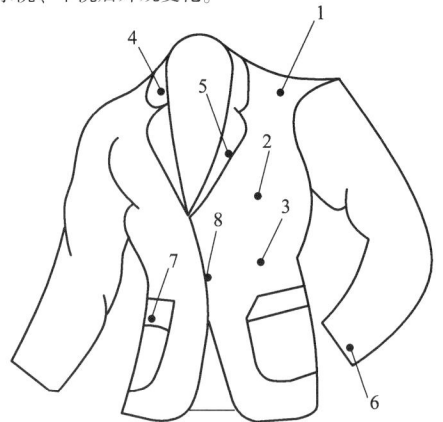

图11-5　男式西装的用衬情况

1—肩衬　2—胸衬　3—腰衬　4—领衬　5—驳头衬

6—袖口衬　7—袋嵌线衬　8—牵带衬

表 11-5 男式西装的衬布要求

衬名		作用	性能要求	定量/（g/m²）
肩衬		使服装体现刚性	厚实，富有弹性	50
前片	胸衬	穿着平挺而富有弹性	硬挺度适中	50 左右
	腰衬		硬挺度小、软	
领衬	面衬	不使领子面料变形，使领子具有形状	薄而软	30
	里衬		硬挺度大	50

二、保暖絮片

保暖絮片是指用于防寒服、滑雪衫、被褥、睡袋、枕芯等防寒保温用品的衬垫材料。按加工方法可分为喷胶棉、热熔絮棉、喷胶棉复合衬里、金属镀膜薄绒复合絮料等。

（一）喷胶棉

喷胶棉又称喷浆絮棉，它是对纤网喷洒化学黏合剂，经烘干固化而制成的。一般工艺过程为：

开松、混合→梳理→铺叠成网→对正面喷洒黏合剂→烘干→对反面喷洒黏合剂→烘干→固化→卷绕

生产喷胶棉的常用原料为涤纶，纤维线密度为 4.4~7.7dtex（4~7 旦），长度为 51~75mm。为增加产品的蓬松性、弹性及保暖性，通常需加 10%~30% 的高卷曲中空涤纶。产品的定量一般为 40~300g/m²。根据蓬松性及手感的要求不同，适当调整工艺，可生产出普通喷胶棉、软棉、半松棉及松棉。在喷胶棉工艺的基础上，利用不同原料的特性，先制成精细软棉，再将其表面用轧光机熨平，便可制成仿丝绵。一般仿丝绵中所用的中空纤维的含量较大，可高达 75%。若采用更细、更富有弹性的纤维为原料，经梳理成网、喷洒超级软性树脂浆料，采用轧光处理，即得到更高档的"超级羽绒棉"。

（二）热熔絮棉

热熔絮棉俗称定形棉，是以涤纶和腈纶等为主体原料，以适量的低熔点纤维，如丙纶、乙纶等作热熔黏合剂，经梳理成网和热熔定形。其蓬松性、保暖性和压缩回弹性不如喷胶棉，但是用双组分纤维加工的热熔棉，其产品质量比喷胶棉更好。

（三）喷胶棉复合衬里

为了提高喷胶棉尤其是轻定量喷胶棉的强力，可将喷胶棉与薄型非织造布复合，制成复合型絮片。薄型非织造布一般选用 25g/m² 的热轧或泡沫黏合法非织造布。复合用黏合剂可选用粉末状热熔胶或乳液型或其他类型的黏合剂。也可以直接采用薄型非织造布黏合衬与喷胶棉复合。由于这类产品的成本较高，一般只用于皮衣等高档服装。

（四）金属镀膜薄绒复合絮料

金属镀膜薄绒复合絮料俗称金属棉、宇航棉或太空棉。它有五层，基层是涤纶弹力绒絮片，金属膜表层是由非织造布、聚乙烯薄膜、铝钛合金反射层、表层絮料的结构（保护层）四部分组成。金属膜表层与絮片基层用针刺法复合在一起。

金属镀膜复合絮料的厚度为 2~5mm，成品的定量一般为 80~260g/m²。

在应用时，一般掌握"金属膜的亮面对着发热源"的原则，以便金属亮面能更好地将人体辐射的热量反射回人体。但在使用中，将金属膜向外，絮片层贴向人体也有很好的效果，因为松软的纤维层能储存一定量的不流动空气，对保温有积极作用；而且纤维层对汗液有较好的吸收作用。据研究，人体热量 30%~50% 是以长波红外线的形式向外辐射而散失的，而金属反射层能够将人体以长波红外线形式辐射热量的 95% 以上反射回人体。对金属镀膜薄绒复合絮料的保暖效果要客观评价，试验表明，在常温下其保暖效果并不十分显著，但在特别冷和特别热的条件下应用，则保温效果显著。

第二节　装饰用产品开发与应用

随着经济的发展，装饰用纺织品从数量到质量都有迅速发展，非织造布用于装饰，物美价廉，深受消费者喜爱。用非织造布加工制造的装饰品的种类很多。如用针刺法可加工针刺地毯、壁毯、电热毯基材等；用缝编法可制作床罩、窗帘、沙发巾、地毯、玩具用面料、台布等；而黏合法非织造布可用于贴墙布、台布、枕套、灯罩等。

一、针刺地毯和铺地材料

我国非织造地毯大多数用针刺法加工而成，少数用缝编法或其他方法。

针刺地毯的生产过程可分为前处理（包括和毛、梳毛、铺网）、针刺（包括预针刺、主针刺和花纹针刺）和后整理（包括浸胶、涂层烘干等）。原料一般采用线密度为 16.5~33dtex（15~30 旦）、长度为 51~90mm 的丙纶，也可混入其他纤维。产品定量一般在 600g/m² 左右。

为提高地毯的硬挺度、减少伸长，针刺毯坯必须经过浸胶，甚至涂层。对于毛圈地毯只进行背面浸胶，所用胶乳大多为丁苯胶乳，浸渍量占成品总重的 25%~30%，浸渍深度可达整个产品厚度的 2/3。

按成品外观可将针刺地毯分为地毯卷材（也称满铺地毯）和方块地毯两大类。目前国内生产的多是幅宽为 2m 左右的地毯卷材，使用时一般铺满整个房间，为防止挠曲，周边一般用压板压住或粘贴于地面。方块地毯是在毯坯的背面涂上改性沥青或发泡丁苯橡胶，并经裁切而制成方形板材，规格可以是 50cm×50cm，也可以裁成其他规格。方块地毯具有较高的硬度，不会产生挠曲，如果将不同颜色的方块地毯拼接在一起，可构成各种图案，同时还具有更换清洗方便的特点，不失为针刺地毯中的高档产品。

国外还有一种用于户外的针刺铺地材料，是用极粗的原液染色丙纶制成，纤维线密度达 33~110dtex（30~100 旦），长度达 60~100mm。这种材料可作为人造屋顶花园、网球场、高尔夫球场等场所的人造草坪。

另外，针刺地毯还有有底布针刺地毯和无底布针刺地毯之分。有底布针刺地毯的拉伸强度高、不易伸长变形，但价格相应要高一些。

二、非织造墙纸与壁毯

1. 墙纸

非织造墙纸主要分为纯非织造墙纸和非织造基底墙纸两大类。纯非织造墙纸是指以非织造材料为主要原料，直接印刷而成的墙纸。非织造基底墙纸是指以非织造材料为基底，以聚氯乙烯塑料和金属材料等复合材料为面层，经延压或涂布以及印刷、压花或发泡复合而成的墙纸。

对于墙纸使用的最早记录可追溯到 13 世纪的欧洲，到 16 世纪开始采用模板印刷加工墙纸，并且该工艺一直延续到 18 世纪。在 19 世纪，圆筒印刷的出现大大降低了墙纸的印刷成本。近年来，由于新型加工工艺的出现以及印刷方法的不断进步，开始出现非织造墙纸等高端产品，带动了墙纸领域的迅猛发展。与传统的纯纸墙纸以及聚氯乙烯（PVC）墙纸相比，非织造墙纸的环保性以及颜色持久性均较高。但是，非织造墙纸与 PVC 墙纸相比花色相对单一，并且色调较浅。由于非织造墙纸代表了墙纸领域中的高端产品，其价格显著高于普通墙纸，目前普通壁纸的均价在 100 元/卷以下，但是对于相同大小的非织造墙纸，其价格差别较大，从 300 元/卷到 1800 元/卷不等，档次更高的甚至在 2000 元/卷以上。非织造墙纸是目前国际上最流行的，代表了壁纸行业低碳、环保的主流发展趋势。

非织造墙纸常选用涤纶、丙纶、腈纶等合成纤维以及棉、麻等天然纤维的混合物，经过干法、湿法或者纺粘法成网之后，采用热黏合、化学黏合、针刺或者水刺等加固方法固结，最后经由染色、印花、喷塑等工艺加工而成，其面密度一般为 $40\sim90g/m^2$。按照可擦拭性能，非织造墙纸可分为可拭墙纸、可洗墙纸、特别可洗墙纸以及可刷洗墙纸四大类。

由于非织造墙纸所用非织造技术的差别化和多样化，且影响非织造墙纸质量的因素非常多，导致产品质量参差不齐。为此，行业标准 JG/T 509—2016《建筑装饰用无纺墙纸》规定了非织造墙纸的各项性能指标要求。

从世界墙纸行业的发展趋势来看，增强非织造墙纸的绿色环保性是必然的，而非织造墙纸的功能性提升也将成为今后研发的重点，如增强其抗污性、防霉菌性、可剥离性、可水洗性、阻燃性以及无毒副作用等，同时增加花色品种和图案也是提升产品档次的重要途径。

2. 壁毯

壁毯是贴墙布中档次较高的产品，其加工工艺过程与针刺地毯相似，但定量较轻，一般为 $150\sim400g/m^2$。典型丙纶针刺壁毯的生产工艺见表 11-6。

表 11-6　典型丙纶针刺壁毯的生产工艺

流程	梳理→铺叠成网→预针刺→主针刺→花纹针刺→背面轧光→浸胶→烘干→卷绕
工艺参数	1. 原料为阻燃丙纶，7dtex，75mm
	2. 定量为 $300g/m^2$
	3. 针刺密度为 45 针/cm^2，针刺深度为 17mm，刺针为 36 号
	4. 针刺密度为 160 针/cm^2，针刺深度为 12mm，刺针为 38 号
	5. 针刺深度为 3.5mm
	6. 热辊温度为 150℃，辊面压力为 30N/mm，上辊速度为 4.25m/min，生产速度为 4m/min
	7. 50%丁苯胶乳∶水 = 1∶1
	8. 预烘温度为 120℃，一区温度为 120℃，二区温度为 120℃，三区温度为 110℃，蒸汽压力为 78.4×10^4Pa，切割宽度为 2m

三、汽车内饰材料

汽车内饰非织造布种类很多，按用途可归纳为以下几种。

（一）衬垫材料

衬垫材料包括车门软衬垫、车顶衬垫、后行李箱衬垫、座椅衬垫、隔声垫、遮阳板软衬垫等。这类材料的基本性能要求为耐磨、不起球、回弹性好、比重轻、隔音和绝热性好。这类衬垫材料大多是以涤纶和丙纶短纤维为原料，经针刺而制得的高蓬松性非织造布。有些衬垫材料，如行李箱衬垫，通常为涤纶针刺非织造布经模压而成的成型产品。为降低成本、提高隔音效果，现在已大量应用再生纤维内饰材料。如奥迪轿车共有 11 个再生纤维内饰材料件，其主要原料是酚醛树脂粉黏合剂和再生纤维。它们有的单独使用，有的与其他材料复合后使用。其基本生产工序为：纤维成网→针刺加固→微粉黏合→模压成型。酚醛树脂粉的基本要求是游离酚含量必须严格地控制在 0.5% 以下，否则将危害人体健康。再生纤维是由服装厂边角废料经开松加工而成的，基本要求是：再生纤维主体长度 25~40mm；纱头和可见布角少于 6%；棉纤维含量 75%~85%。只有这样，才能使加工过程中的成网不匀率控制在 ±5% 以下。酚醛树脂粉的用量取决于不同的内饰件，一般控制在 26.5%~37.5% 为宜。大部分内饰件采用全聚合工艺，型材聚合温度为 180~240℃，时间为 1.5~1.8min；片材聚合温度为 120~235℃，时间为 1.0~1.5min；一般半聚合工艺聚合温度控制在 80~110℃。

（二）覆盖材料

覆盖材料包括车顶呢、座椅面料、车内地毯等附加装置的装饰用材料。这类材料要求强力高，弹性、耐磨性和抗起球性能好。一般是采用涤纶或丙纶。日本和西欧的许多公司将低特（细旦）纤维针刺绒类产品（薄型、轻定量）用作车顶呢；而将高特（粗旦）毛圈类产品用于车内地毯。座椅面料可以用缝编法非织造布或聚氨酯涂层人造革。

（三）加固材料

加固材料包括靠背和座椅的加筋材料、地毯底布、人造革底布及车内某些组合件的加强筋。这类材料大多采用涤纶、丙纶或锦纶的纺粘法非织造布，并常与衬垫材料、覆盖材料及塑料和金属型材进行复合模压成型。

应当指出的是，非织造布用作装饰材料，还有许许多多成熟的产品，并且随着非织造产品的不断开发，必将有更多的非织造产品应用于装饰领域。

第三节　产业用产品开发与应用

近年来，产业用纺织品发展很快，尤其是非织造布以其性能优良、成本低廉的优势，在产业用纺织品领域，如岩土工程、农用材料、医疗卫生等方面得到了广泛应用。产业用纺织品的种类很多，我国将产业用纺织品分为 16 大类：农业栽培用材料；渔业和水产养殖用材料；土工织物；骨架材料；篷盖帆布；工业用呢、毡、垫；线、带、绳、缆；革、毡、瓦等基布；过滤材料及筛网；隔层材料及绝缘材料；包装材料；劳保防护用品；文娱、体育用品基布；医疗卫生及妇婴保健材料；国防工业用材；其他。

一、土工布

(一) 概述

在土建和水利工程中使用纺织品，并利用纺织品的特性对泥土起着加固、保持、排水等作用，可以延长土木工程的寿命、缩短施工时间、节省原材料、简化维护保养工作、降低施工费用，这种纺织品称为土木工程布，简称土工布。土工布可以应用在筑路、堤坝、水坝、铁路路基、桥梁修理、排水系统、海岸防护、房屋地基、仓储等方面。因此，土工布的应用可以说是土木工程技术中的一项重大革新。

由于土工布的使用过程与土壤等土建材料密切相关，美国材料试验学会（ASTM）给土工布下的定义是：一切和地基、土壤、岩石、泥土或任何其他土建材料一起使用，并作为人造工程、结构、系统的组成部分的纺织物，叫作土工布（Geotextile）。

与机织物和针织物相比，非织造布用于土工布有以下优点：

(1) 工艺流程简单，生产速度高，成本低。一般非织造布的生产速度比机织物高 2.5~100 倍。

(2) 门幅宽。非织造布的门幅一般为 2~5m，最宽可达 20m。这在土工布使用时有很大的优点，不仅便于施工，容易保证施工质量；还可以减少搭头，节省材料。

(3) 孔隙范围大。非织造布的孔隙可以根据需要制得很大或很小，最小可达 0.05mm 左右，而机织物的孔隙一般要大得多。

(4) 蓬松性和透水性能好。加工非织造土工布所用的原料一般为丙纶、涤纶或锦纶，也有的采用维纶和乙纶。在加工方法上，有纺粘—热轧法、纺粘—针刺法和短纤维干法成网—针刺法等。纺粘非织造布的性能好、成本低、效率高，但投资大、翻改品种费时。短纤维针刺法非织造布的性能较差，成本和售价都较高；但投资省，翻改品种容易，适合小批量、多品种。另外，将非织造布与机织物或针织物或薄膜复合在一起制成复合土工布或复合土工布膜，将具有更好的综合性能。表 11-7 为几种土工布的性能比较。

表 11-7　几种土工布的性能比较

原料	PP 切片	PET 切片	涤纶短纤	涤纶短纤
生产工艺	纺粘法	纺粘法	针刺法	针刺法
定量/（g/m²）	200	210	220	450
抗拉强度/（N/5cm）	650	730	290	570
断裂伸长率/%	65	63	72	54
撕裂强度/N	275	230	112	320
产品成本/（元/m²）	3.5	3.6	4.36	7.36

土工布应具有较好的力学性能。目前，水利和公路部门对土工布的要求是：强力要大于 400N/5cm，断裂伸长率大于 30%。土工布要有较大的幅宽，一般为 2~6m，长度为 20~100m/卷。定量可根据不同要求确定，一般为 100~750g/m²，应用较多的是 200~300g/m² 纺

粘法非织造布。国内生产的大部分为短纤维土工布，规格大多在 $400\sim600g/m^2$。我国近几年引进和自主开发的纺粘法生产线已可大量供应薄型与厚型的丙纶或涤纶纺粘法非织土工布。表 11-8 列举了国内外几种主要牌号的非织造土工布的性能。

表 11-8　几种土工布的性能

型号	Bidinc 28	Trevira 11	国产 CT-400	国产维纶/丙纶土工布
原料	涤纶	涤纶	涤纶	维/丙
加工方法	纺丝成网针刺加固	纺丝成网针刺加固	短纤维干法成网针刺加固	短纤维干法成网针刺加固
定量/（g/m²）	203	500	400	400
厚度/mm	1.91	4.3	—	3.8
强度/N	716（抓样）	1529（5cm 条样）	490（纵向）618（横向）	662（纵向）540（横向）
伸长/%	80	70	—	—
撕破强力/N	420（梯形法）	—	370（纵向）560（横向）	464.2
渗透系数/（cm/s）	0.3	0.57	0.032	0.032
等效孔径/（网孔/cm）	19.7~39.4	0.09（mm）	—	—
顶破强力/N	421（弹子）245（气压）	5674	686	970
孔隙率/%	92	—	—	97.6

注　各项目测试方法不完全一致，有些数据不具有可比性。

（二）土工布的应用

土工布广泛应用于各种岩土工程和水利工程，起加固、分离、过滤及排水等作用。我国 2002 年土工合成材料的应用量首次突破 2.5 亿平方米，非织造布在土工布中的应用比重在 40% 左右，美国达 80% 左右。

1. 土工布的加固作用

土工布能够减少土木工程在长期使用过程中发生位移，并能使作用在土壤的局部应力传递或分配到更大的面积上，从而起到加固稳定岩土工程的作用，如图 11-6 所示。

加固作用是土工布的主要功能，主要应用在堤岸、土石坝、公路、铁道、机场等设施；潮湿地带、沼泽或可压缩性土壤上的临时通道、停车场或装卸场地；寒带永久冻土上的设施；修补道路上的裂缝等。表 11-9 为土工布用于加固的实例。

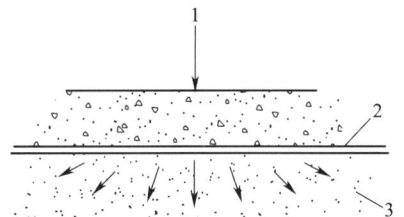

图 11-6　土工布在加固路基中的应用
1—负荷　2—土工布　3—土壤

表 11-9　土工布用于加固的实例

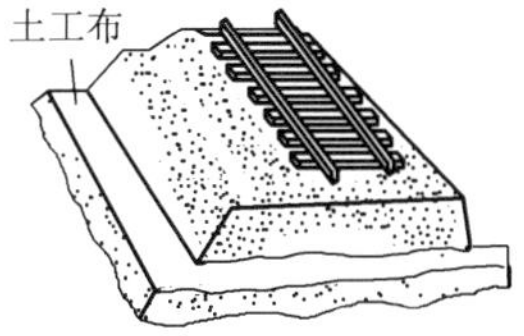

土工布 （a）加固铁路路基	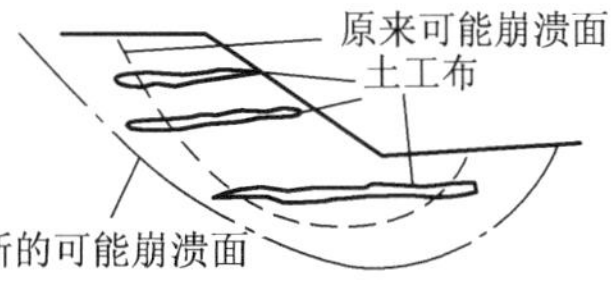 原来可能崩溃面 土工布 新的可能崩溃面 （b）阻止斜坡崩塌
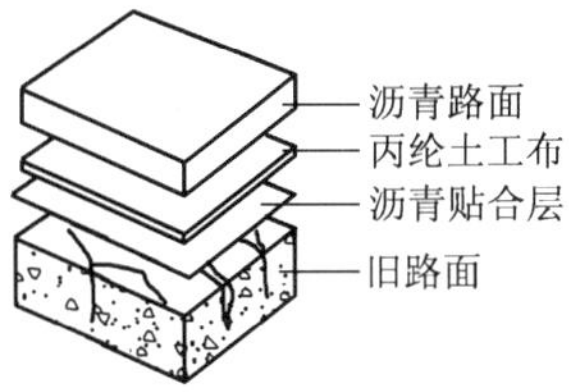 沥青路面 丙纶土工布 沥青贴合层 旧路面 （c）龟裂路面修补	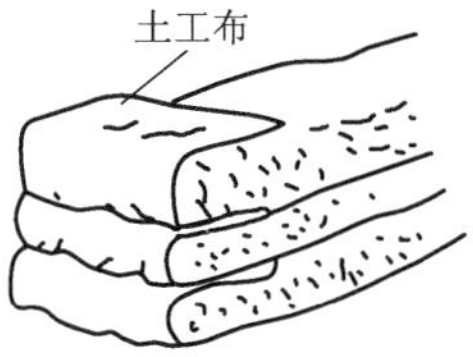 土工布 （d）土工布挡土墙
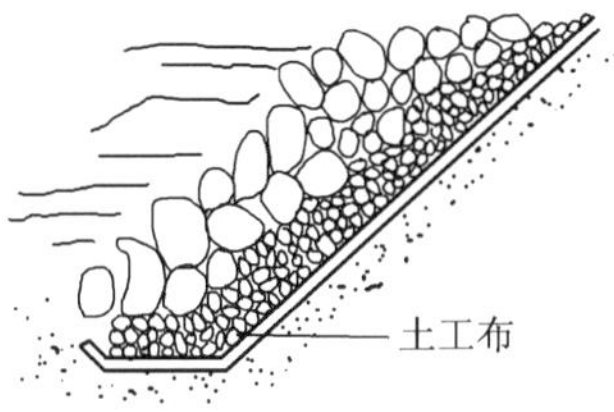 土工布 （e）护岸作用	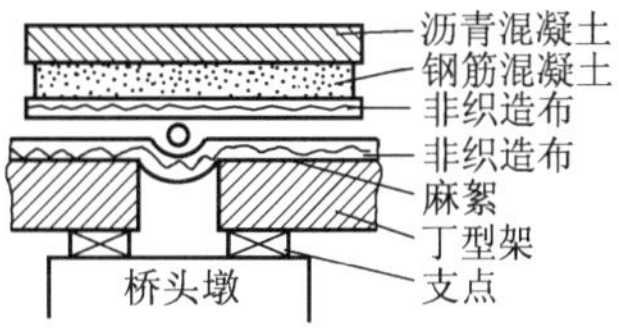 沥青混凝土 钢筋混凝土 非织造布 非织造布 麻絮 丁型架 支点 桥头墩 （f）在公路桥梁伸缩装置上的应用

2. 土工布的排水过滤作用

土工布能起到透水、挡沙的作用。常用于地下排水沟系统、挡土墙和土坝中的排水、农业排灌、加速地基的沉降等。表 11-10 为土工布用于排水过滤的实例。

表 11-10　土工布用于排水过滤的实例

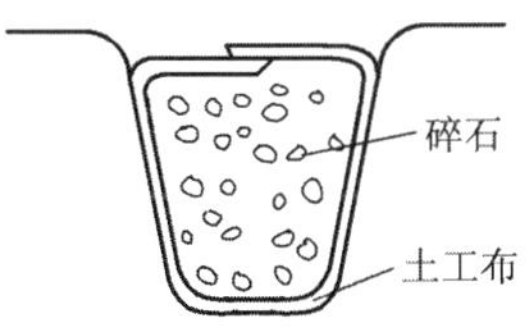

碎石 土工布 （a）土工布渗沟	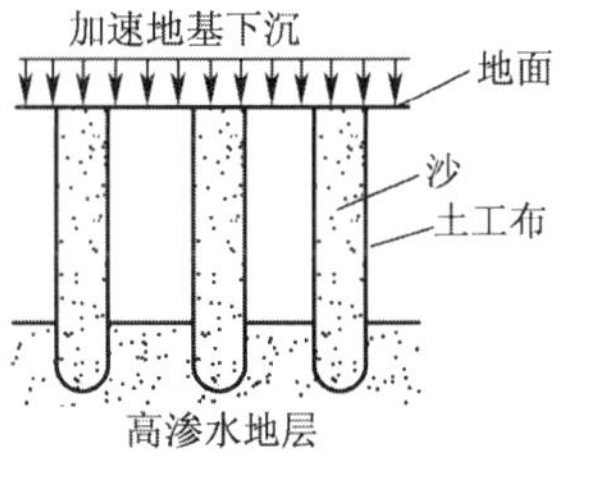 加速地基下沉　地面 沙 土工布 高渗水地层 （b）土工布垂直排水通道
（c）土工布公路排水系统	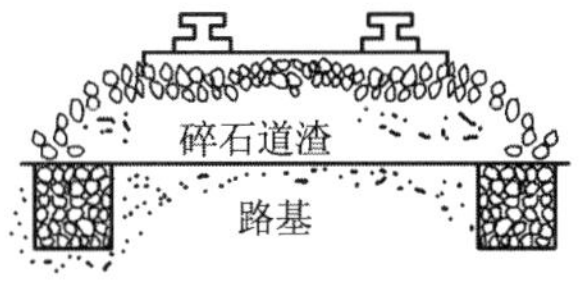 碎石道渣 路基 （d）土工布铁路排水渗沟

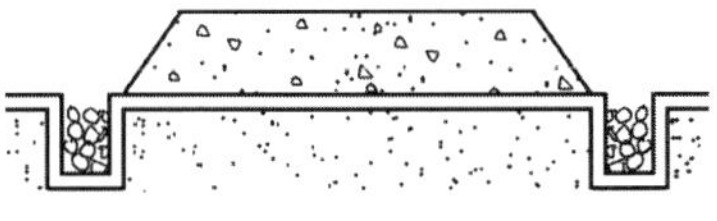

续表

 （e）土工布坝中排水	 （f）防渗土工布用于废物池

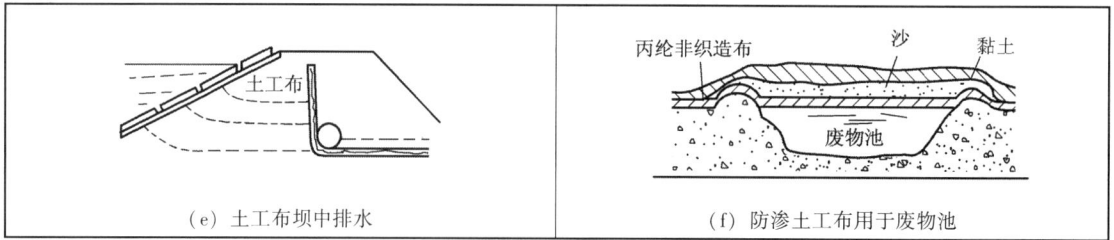

3. 土工布的分离作用

土工布能把不同的土料或结构体隔开形成稳定的分界面或阻断水流，使各层结构分离，按要求发挥各自的特性及整体作用，如图11-7所示。用土工布分离往往可以减少用材种类，做到就地取材，节省运输费用，降低工程造价。

图11-7　土工布的分离作用
1—堤岸道渣等　2—土工布　3—沙土

值得指出的是，在应用中往往是几种功能同时发挥作用，只是在不同场合下所起的主次作用有所不同而已。表11-11为土工布的应用与功能要求。在不同的场合下，因为对土工布的作用要求不尽相同，所以对其性能要求也必然不同。

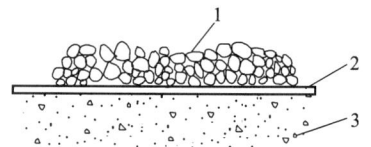

表11-11　土工布的应用与功能要求

应用方面	功能要求		
	加固	分离	排水与过滤
海岸和河岸的保护	次	主	主
公路和铁路的路基	次	主	次
排水	—	次	主
泥土、沥青路面的加固	主	次	—

二、建筑防水用产品开发与应用

（一）概述

建筑防水材料包括防水卷材、密封材料、防水涂料。防水卷材的基本骨骼是胎基。100年前，美国的平顶水油毡是用纸为胎基覆涂沥青而成。第二次世界大战后，玻璃纤维胎基取代了原纸胎基。20世纪60年代，欧洲湿法玻璃毡胎基占70%~80%，但由于使用后延伸率高，造成渗漏率高。到了20世纪70年代，开发了聚酯非织造布胎基，它具有抗拉强度好、延伸性好、耐穿透、耐腐蚀、抗撕裂、对水和温度不敏感等优点。

非织造布胎基的原料有多种，常用的有线密度为3.3~4.4dtex（3~4旦）、长度为51~75mm、强力大于3.96cN/teX的纺粘法聚酯纤维非织造布，还有玻璃纤维和聚酯短纤维复合而成的。近年来，国外又开发了聚酯纤维和铝箔复合胎基、双组分胎基（如荷兰阿克苏公司的聚酯为芯、聚酰胺为鞘的纤维）等。

聚酯非织造布具有极其优良的性能，涂改性沥青后，将成为沥青防水油毡中耐久性最好、品质最高的高档防水卷材。它是今后防水卷材的发展方向。

适合高档聚酯油毡生产线的聚酯胎基须具有表11-12所列性能。

表11-12　适合高档聚酯油毡生产线的聚酯胎应具有的性能

项目	性能指标	项目	性能指标
幅宽	1000mm	强力（横向）	600N/5cm
重量	150~250g/m²	热收缩率	纵向≤2%
厚度	1~2.5mm		横向≤1%
强力（纵向）	700N/5cm	断裂伸长率	>30%

（二）聚酯胎基生产工艺过程

（1）第一种工艺流程。

聚酯切片干燥→挤压熔融→喷丝→高速气流拉伸→铺网→针刺→施胶→干燥热固处理

这是生产纺粘法聚酯酯基最正规的生产线，德国赫斯特（Hoechst）公司年产这种胎基3.8万吨，约占世界总产量的50%。

（2）第二种工艺流程。

纺粘非织造布数层
聚酯短纤→梳理成网 ｝→针刺加工→热定形→浸渍烘燥—涂敷沥青

纺粘法聚酯胎基要求重量轻、强度大等，可选用6~30dtex，单网定量为15~35g/m²的纤网，经多层叠合、针刺复合后定量为150~250g/m²。

而短纤维可采用30~100mm、1.7~30dtex的切断纤维；单网定量为50~70g/m²，经多层叠合后为170~300g/m²，要求纵横向强力差异小。

经针刺加固的短纤非织造布及纺粘法非织造布浸渍前先要在220~230℃高温热定形，以防止在浸胶后进行烘干及涂敷沥青（高温）时收缩。通过定形处理，使纤维内的大分子沿轴向排列，同时纤网的密度增加，内应力消除，纤网强力提高。

经热定形的纤网，还要浸渍黏合剂，如用丙烯酸酯类黏合剂乳液浸渍纤网，使胎基硬挺度在一定范围内。然后烘干定形，烘干温度要高于黏合剂交联温度，防止涂敷沥青时产生伸长和收缩，一般为215~250℃。在化学黏合过程中可采用同一类型、不同配比的黏合剂生产不同性能的聚酯胎基，如西德达姆斯特（Darmstedx）Rohm公司推荐的屋面油毡用黏合剂：丙烯腈树脂黏合剂plextol Br和plextol Br 410。

值得一提的是，非织造布作为防水材料还有另一种应用方法，即冷施工方法，施工工艺是两层薄型非织造布、三层防水涂料，而不像改性沥青防水卷材那样，用手提喷灯软化焊接。因此，具有施工简单安全、防水效果好的特点。这种方法所用的薄型聚酯纺粘非织造布的定量一般为40~60g/m²。

三、过滤用产品开发与应用

（一）概述

过滤就是分离、捕集分散于气体或液体中的颗粒状物质的一种操作。过滤材料是一种具有较大内表面和适当孔隙的物质，它有能力捕获和吸附固体颗粒，使之从混合物质中分离出来。

一般认为，捕集比滤材孔目大的颗粒是靠滤材的筛分作用，而捕集较小的颗粒则是靠滤材的内部过滤和表面过滤作用。内部过滤是靠滤材内的纤维捕集颗粒；而表面过滤是指在滤材中或滤材表面累积形成的颗粒层所具有的过滤作用。通常认为，捕集较小颗粒是通过以下几方面的作用来实现的。

（1）惯性作用。当颗粒与风速都较大时，在气流接近滤材时，气流受阻发生湍流，颗粒由于惯性作用脱离流线，直接与纤维碰撞而被捕集。颗粒越大、流速越大，则惯性作用越大。

（2）扩散作用。颗粒很小、风速很低时，颗粒的布朗运动产生的扩散将起主要作用，使它撞击到纤维上而被捕集。

（3）截流作用。颗粒很小且沿着流体的流线前进时，若流线与纤维表面的距离小于或等于颗粒的半径时，则被纤维捕集。

（4）凝聚作用。由于颗粒之间凝聚而被捕集。

（5）静电作用。绝大多数颗粒在运动与过滤过程中，会由于摩擦等原因而带电。带异性电荷的颗粒互相吸引而形成较大的新颗粒，便于捕集；而带同性电荷的颗粒则因相互排斥，促使颗粒作布朗运动而利于捕集。

另外，颗粒与纤维非常接近时（约$0.1\mu m$）出现分子吸引力——色散力。色散力是偶极间电子相互作用产生的。如果过滤材料及颗粒具有偶极，将有助于提高过滤效率。

随着过滤的进行，滤材上的颗粒层厚度逐渐增大，捕集效果也随之提高。但是，当颗粒层厚度过大时，过滤阻力也与颗粒层厚度大体呈正比，从而导致过滤量、过滤功能下降。因此，必须定期清除滤渣。

（二）过滤材料的性能要求与选用

（1）过滤效率。即净化效率，与滤材结构及附着粉尘层的厚度有关。

（2）容尘量。即滤材达到指定阻力值时单位面积存粉尘量，以kg/m^2计。容尘量大，滤袋清灰周期及使用寿命长。

（3）透气率及阻力。透气率指在一定的压差下滤材单位面积通过的空气量，单位为$mL/(cm^2 \cdot min)$。阻力是指阻止流体通过的能力，单位为Pa。滤材阻力直接影响透气率。

（4）附着粉尘剥落性。剥落性的好坏主要影响清灰的效果。

（5）力学性能。滤材应具有较高的强度，较小的伸长，较好的耐磨、耐高温及阻燃性能。

非织造布过滤材料与针织、机织过滤材料相比，具有过滤效率高、容尘量大、价格低的优点，近年来发展很快。其加工方法主要有针刺法、纺粘法和熔喷法。针刺过滤材料又分为有基布和无基布两种。有基布的强度较高、用途较广，但价格也高。不同的使用场合对滤料的性能要求有所不同，需根据实际情况合理选用。

（三）芳砜纶、聚苯硫醚、聚酰亚胺等耐高温除尘滤料的开发

随着非织造技术的发展和芳砜纶、聚苯硫醚（PPS）、芳纶、聚酰亚胺（PI）等高性能耐高温纤维的国产化，使我国耐高温过滤材料得到快速发展，综合性能不断提升，基本可以替代国外进口产品。耐高温过滤材料主要用于冶金、钢铁、发电、水泥及垃圾焚烧等行业。

以芳砜纶针刺滤料为例：

（1）纤维原料。线密度为 2.75dtex（2.5 旦）、51mm 的芳砜纶短纤维，平均强力为 3.6cN/dtex（4.1g/旦），卷曲数为 6.3 个/2.5cm，基布为芳砜纶短纤维经纺纱织造加工而成的机织物，定量为 246.8g/m²。

（2）工艺流程。

芳砜纶预刺纤网 ┐
芳砜纶机织机布 ├→ 主针刺 → 后处理 → 成品检验包装 → 芳砜纶针刺滤料
芳砜纶预刺纤网 ┘

（3）产品性能。表 11-13 为芳砜纶针刺滤料和 Nomex 针刺滤料代表性样品的力学性能比较。

表 11-13 芳砜纶和 Nomex 针刺滤料的力学性能比较

项目	定量/ (g/m²)	强力/N		伸长率/%		透气量/ [mL/ (cm²·s)]
		纵向	横向	纵向	横向	
芳砜纶针刺滤料	500	1080	920	30	36	19
国产 Nomex 针刺滤料	493.43	887.9	1042.7	23.9	21.8	30

（4）用途。主要用于炭黑厂收集炭黑产品、电解铝厂除尘、钢铁厂净化高炉煤气等。

（四）膜用非织造过滤布的开发

膜用非织造布属产业用非织造布中的高技术、高性能产品，主要用于膜分离技术。膜用非织造布经涂膜整理后，可做各种分离装置，主要用于海水淡化、医药工业、食品工业、核工业、环保等领域的过滤、浓缩等加工。

分离膜是用高分子溶液经表面涂敷相转化、界面缩合或界面缩聚等方法制得的厚度为 10~100μm，具有微小孔径（10⁻⁷~10⁻³μm）的高分子功能薄膜。由于其强力很低，一般都要把它涂在多孔支撑体上。平板膜最常用的支撑体是膜用非织造过滤布，其性能要求见表 11-14。

表 11-14 膜用非织造布的性能要求

牌号	定量/ (g/m²)	厚度/mm	强度/N	吸水速度/ (mm/min)	透水量/ [mL/ (cm²·min)]	其他
国产 CL 9003	101.7	0.17	纵向 503 横向 183	1.5~6.5	83	成网均匀、表面光洁

膜用非织造布的制造工艺流程一般为：

纤维开清混合→梳理→铺叠成网→浸渍上胶→干燥→固化→轧光→卷绕→包装

膜用非织造布也可采用纺粘工艺加工。

四、医疗卫生用产品开发与应用

医疗卫生用非织造材料多为薄型用即弃产品，主要有隔离衣、防护服、口罩、医用敷料、清洁擦拭材料、手术服、手术巾、消毒包布、纱布、绷带、敷料、床单、帽子和鞋套等。与传统的机织或针织医用纺织品相比，非织造医用产品具有对病原体、尘埃过滤性高，手术感染率低，易于与其他材料复合等特点，不仅使用方便，还能有效防止病原体感染和病人之间的交叉感染。

（一）隔离衣用非织造材料

隔离衣主要用于保护医务人员避免受到血液、体液和其他感染性物质传染，或用于保护患者避免感染的防护用品。其不可用于甲类传染病的防护，根据GB/T 38462—2020《纺织品　隔离衣用非织造布》，隔离衣用非织造材料一般可以划分为四个等级，级别越高，防护性能越强。

Ⅰ级——可用于探视、清洁等用途；Ⅱ级——可用于常规护理、检查等；Ⅲ级——可用于患者有一定出血量、液体分泌物的场合；Ⅳ级——可用于长时间或者大量面对病人血液、体液或清洁医疗垃圾等。表11-15为隔离衣的内在质量要求。

表11-15　隔离衣的内在质量要求

考核项目	性能指标			
	Ⅰ级	Ⅱ级	Ⅲ级	Ⅳ级
单位面积质量偏差率/%	±6			
喷淋冲击渗水量/g	≤4.5	≤1.0	≤1.0	不要求
静水压/kPa	不要求	≥1.8 （18cm H_2O）	≥4.4 （45cm H_2O）	≥9.8 （100cm H_2O）
阻微生物穿透	不要求	不要求	不要求	合格
抗合成血液穿透性/级	不要求	不要求	不要求	≥4
胀破强度/kPa	≥40			
断裂强力/N	≥20	≥20	≥30	≥45
透湿率/［g/（m²·24h）］	≥3600			
抗静电性（表面电阻率）/Ω	不要求	≤1×10¹²		

其中，对于隔离衣的微生物指标包括：细菌菌落总数≤150CFU/g，真菌菌落总数≤80CFU/g，不得检出大肠菌群，不得检出致病性化脓菌（包括绿脓杆菌、金黄色葡萄球菌、溶血性链球菌）。

（二）防护服用非织造材料

防护服为临床医务人员在接触甲类或按甲类传染病管理的传染病患者时所穿的一次性防

护用品。与上述隔离衣相比，一次性防护服的防护等级及阻隔性能无疑是更高的。目前，非织造材料主要用于医用一次性防护服的制备与生产，涉及的非织造布种类繁多，如聚丙烯纺粘法非织造布、聚酯纤维与木浆复合的水刺法非织造布、聚丙烯纺粘—熔喷—纺粘复合（SMS、SMMS 或者 SMMMS）非织造布、闪蒸法非织造布以及纺粘布覆膜材料等。医用一次性防护服需满足 GB 19082—2009《医用一次性防护服技术要求》，其具体性能要求见表 11-16。

表 11-16 医用一次性防护服性能要求

性能		要求
液体阻隔功能	抗渗水性	关键部位静水压≥1.67kPa（17cm H_2O）
	透湿量	≥2500g/（$m^2 \cdot d$）
	合成血液穿透	≥1.75kPa
	表面抗湿性	防护服外侧面沾水等级应不低于 3 级
断裂强力		≥45N
断裂伸长率		≥30%
过滤效率		≥70%
阻燃性能		损毁长度≤200mm；续燃时间≤15s；阴燃时间≤10s
抗静电性		≤0.6μC/件
皮肤刺激性		原发性记分≤1
静电衰减性能		≤0.5s
微生物指标		大肠菌群、绿脓杆菌、金黄色葡萄球菌、溶血性链球菌不得检出； 细菌菌落总数≤200CFU/g； 真菌菌落总数≤100CFU/g
环氧乙烷残留量		≤10μg/g

（三）口罩用非织造材料

口罩是一种卫生用品，一般指戴在口鼻部位用于过滤进入口鼻的空气，以达到阻挡有害的气体、气味、飞沫、病毒等物质的作用。口罩本质上是以熔喷非织造材料为主体的高效过滤防护装置，它充分发挥了熔喷非织造材料纤维线密度小、孔径小、比表面积大、孔隙率高等优点，使得其包含惯性、拦截、扩散和重力作用在内的机械作用得以保障，可进一步通过对材料驻极处理，加强静电吸引作用。

根据使用要求的不同，一般口罩分为医用防护口罩、医用外科口罩、日常防护型口罩。

（1）医用防护口罩。医用防护口罩是用于在医疗工作环境下过滤空气中的颗粒物，阻隔飞沫、血液、体液、分泌物等的自吸过滤式医用防护口罩，一般不设呼吸阀，具有良好的面部密合性，要求通过合成血液穿透测试，并对微生物指标有要求。医用防护口罩需满足我国国家标准 GB 19083—2010《医用防护口罩技术要求》。该标准对非油性颗粒物的过滤效率分三个等级，N95 过滤效率为≥95%，N99 过滤效率为≥99%，最高级 N100 过滤效率为≥99.97%。医用防护口罩重要技术指标包括合成血液穿透性能以及非油性颗粒过滤效率和气流阻力，性能要求见表11-17。

表11-17 医用防护口罩相关性能指标

性能	要求		
	N95	N99	N100
过滤效率/%	≥95	≥99	≥99.97
吸气阻力/Pa	≤210	≤240	≤250
呼气阻力/Pa	≤210	≤240	≤250
合成血液穿透性	将2mL合成血液以16kPa（120mmHg）压力喷向试样不出现渗透		
表面抗湿性	口罩外侧面沾水等级应不低于3级		
微生物指标	细菌菌落总数≤200CFU/g，真菌菌落总数≤100CFU/g，不得检出大肠菌群、绿脓杆菌、金黄色葡萄球菌、溶血性链球菌		
环氧乙烷残留量/（μg/g）	≤10		
阻燃性能	不具有易燃性，续燃时间≤5s		
皮肤刺激性	原发性记分≤0.4		
细胞毒性	细胞相对增殖率（存活率）≥70%		

（2）医用外科口罩。医用外科口罩能够覆盖使用者的口鼻等，为防止病原体微生物、体液、颗粒物等的直接透过提供物理屏障。医用外科口罩需符合我国医药行业标准 YY 0469—2011《医用外科口罩》，相关性能要求见表11-18。

表11-18 医用外科口罩相关性能指标

性能		要求
合成血液穿透性		将2mL合成血液以10.7kPa（80mm Hg）压力喷向试样不出现渗透
过滤效率	细菌	≥95%
	颗粒	≥30%
压力差		口罩两边进行气体交换时的压力差≤49Pa
阻燃性能		不具有易燃性，续燃时间≤5s
微生物指标		细菌菌落总数≤100CFU/g，真菌菌落总数≤100CFU/g，不得检出大肠菌群、绿脓杆菌、金黄色葡萄球菌、溶血性链球菌
环氧乙烷残留量		≤10μg/g
皮肤刺激性		原发性记分≤0.4
细胞毒性		毒性≤2级
迟发型超敏反应		无致敏反应

（3）日用防护型口罩。日常防护型口罩用于日常空气污染环境中，满足人们对防护型口罩的需要。最明显的要求是符合该标准的口罩在非作业环境下具有防止细小颗粒物被吸入的功能。日常防护型口罩须满足我国国家标准 GB/T 32610—2016《日常防护型口罩技术规范》。

主要技术指标包括吸气阻力、呼气阻力和过滤效率等，相关性能要求见表11-19。

表11-19 日常防护口罩相关性能指标

性能	要求
耐摩擦色牢度（干/湿）	≥4级
甲醛含量	≤49mg/kg
pH	4.0~8.5
可分解致癌芳香胺染料	不得使用
环氧乙烷残留量	≤10μg/g
吸气阻力	≤175Pa
呼气阻力	≤145Pa
口罩带及口罩带与口罩主体连接处断裂强力	≥20N
呼气阀盖牢度	不滑脱、断裂、变形
微生物指标	细菌菌落总数≤200CFU/g，真菌菌落总数≤100CFU/g，不得检出大肠菌群、绿脓杆菌、金黄色葡萄球菌、溶血性链球菌
口罩下方视野	60°

（四）敷料用非织造材料

敷料是一类覆盖、保护破损皮肤，同时提供有利于伤口愈合环境的替代性材料。伤口润湿环境愈合理论的提出打破了传统伤口干态微环境利于伤口愈合的理论，为新型敷料的设计提供了思路。理想敷料应该具备以下功能：

（1）使伤口保持恒定的温度（37℃）；

（2）敷料与伤口接触时能保持一定湿度；

（3）能吸收多余渗出物；

（4）具备良好的通透性；

（5）防止微生物、有害颗粒及其他有害物质污染伤口。

因此，研究敷料结构对伤口微环境透湿性能的影响，对制备高效愈合性伤口敷料具有重要指导意义。现阶段除了传统的棉纱布，商用敷料多采用新型医用材料，如壳聚糖、海藻酸盐、水凝胶、水胶体等亲水性非织造敷料材料。目前改善敷料透湿性主要从多种材料组合、物理化学改性和生物质添加三方面着手，并多与静电纺非织造技术相结合。

全棉非织造布外科敷料的性能需满足 YY/T 0854.1—2011《全棉非织造布外科敷料性能要求　第1部分：敷料生产用非织造布》，产品的物理与化学质量指标见表11-20，力学性能要求见表11-21。

表11-20 全棉非织造布外科敷料性能要求

性能	要求
生物负载	≤150CFU/dm

续表

	性能	要求
物理性能	克重偏差	±7%
	断裂强度、液体吸收量、弯曲刚度	见表 11-21
	液体吸收时间	≤5s
	干燥失重	≤8.0%
	干态落絮	落絮系数≤4
化学性能	水中溶出物	≤0.5%
	荧光	无荧光物质
	酸碱度	检测溶液不应显粉红色
	非极性溶出物	≤0.5%
	表面活性物质	无表面活性物质
	硫酸盐灰分	≤0.4%
	可浸提的着色物质	按 YY 0331—2006 中 5.14 试验时，获得的液体的颜色应不深于 YY 0331—2006 附录 A 规定的对照液 Y、GY，或按以下方法制备的对照溶液：向 3.0mL 初级蓝色溶液中加入 7.0mL 的盐酸溶液（质量浓度为 10g/L 的 HCl），并用盐酸溶液（质量浓度为 10g/L 的 HCl）将 0.5mL 的上述溶液稀释至 10.0mL

表 11-21　敷料生产用全棉非织造材料的力学性能要求

规格（克重）/（g/m²）	断裂强度/（N/5cm）		液体吸收量/%	弯曲刚度/（mN·cm）
	纵向	横向		
≤30	≥20	≥15	≥750	≤0.4
>30~35	≥25	≥20	≥700	≤0.6
>35~40	≥30	≥25	≥650	≤0.8
>40~50	≥35	≥30	≥600	≤1.5
>50	≥40	≥35	≥400	—

五、水刺非织造清洁擦拭材料开发与应用

（一）性能要求

水刺非织造清洁擦拭材料是指通过梳理成网、水刺加固及抗菌等功能整理而制成的具有擦拭功能的非织造材料。特殊的纤维缠结结构使其纤维间有较大的孔隙，材料蓬松，手感柔软，悬垂透气，吸水性好，且具有一定的力学性能，国际上婴儿揩布、湿面巾、家用清洁用品等都大量采用。应用于湿巾、干巾等不同擦拭领域时，要求材料具有以下性能。

（1）较强的耐磨性。材料的自发尘程度与耐磨性相关，耐磨性较差会引起纤维脱落产生掉屑，相当于二次污染。同时为提高擦拭材料的使用寿命，使其经过多次洗涤后仍能反复使

用，都要求擦拭材料具有一定的耐磨性。

（2）较高的吸水性。在生活和工作环境中，大多数污垢是湿态或液态，因此需要擦拭材料具有高的吸水性。另外，干态污渍不易拭去，可以通过加水擦拭，使其更易去除。擦拭材料的吸水性越好，吸污去污能力越强。

（3）良好的柔软性。擦拭材料常用于某些高精度仪器和电子产品中，要求在擦拭过程中，表面不能留有划痕，以免对仪器造成损伤，影响其使用，故要求擦拭材料具有良好的柔软性。

（4）一定的抗菌性。日常生活中存在着无数的细菌，公共场合则更多，一旦人们使用带有细菌的擦拭材料，就相当于人为传播细菌，这些细菌中含有大量的致病菌，容易引起疾病和交叉感染，且擦拭材料是细菌和微生物繁殖的优良载体。因此，要求擦拭材料对有害细菌具有高效广谱的抗菌作用，重复使用产品能耐受多次洗涤，对使用者无毒，对皮肤有益菌无害。

（二）分类

水刺非织造擦拭材料根据用途、厚薄、使用次数、干湿状态可以分为不同的类别，如图 11-8 所示。

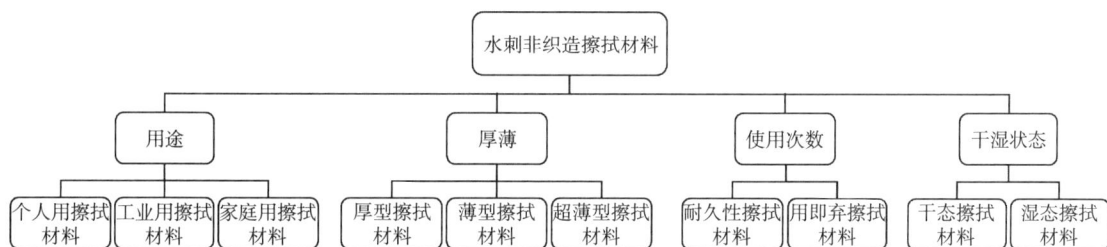

图 11-8　水刺非织造擦拭材料分类

（三）质量指标

水刺非织造清洁擦拭材料质量指标参照 FZ/T 64012—2013《卫生用水刺法非织造布》。水刺法非织造清洁擦拭材料的质量指标见表 11-22，外观质量要求布面均匀、平整，无明显折痕、破边破洞。

表 11-22　水刺法非织造清洁擦拭材料的质量指标

项目		要求		
		A 类	B 类	C 类
断裂强力/N　　　　　≥	$M \leqslant 30$	20	10	6
	$30 < M \leqslant 40$	30	15	7
	$40 < M \leqslant 50$	40	20	9
	$50 < M \leqslant 60$	50	25	11
	$60 < M \leqslant 70$	65	30	18

续表

项目		要求		
		A 类	B 类	C 类
断裂强度/N ≥	70<M≤80	80	40	22
	M>80	100	50	26
单位面积质量 CV 值/% ≤	M≤50	7		
	M<50	5		
单位面积质量偏差率/%	不超过	±7		
吸水率% ≥	M≤80	700		
	M>80	500		

注　1. 断裂强力考核纵向和横向两个方向。

　　2. M 表示单位面积质量，单位为 g/m^2。

　　3. 吸水能力仅考核对吸水性有要求的产品。

（四）可冲散水刺非织造擦拭材料

可冲散水刺非织造擦拭材料要同时具备以下三个条件，即在产品的预期使用条件下，能够保持抽水马桶和排水管道系统的畅通；与现有的污水输送、处理、再利用和处置等系统相容；在合理的时间内，废弃物变得不可识别，并且对环境友好。欧美、日本等国于 20 世纪 80 年代就开始了可冲散材料研究。第一代为 80 年代的"可引发分散性"乳胶黏合干法纸技术，利用特殊黏结剂使产品真正达到可冲散分散效果。这种含有类黏合剂的擦拭巾具有较高的湿态使用强力，但在大量的水中几乎没有强力，即产品使用时具有一定的湿强力，丢入马桶后能稀释分散。但硼酸有刺激性、有毒，不适合用于卫生用品，所以并没有被人们接受。第二代为金佰利（Kimberly-Clark）公司 2001 年开发的可逆离子键驱动的可分散厕用湿巾（Cottonelle Rollwipe），气流成网的纤维网经丙烯酸胶乳黏合后生产出厕用湿巾，其中络合剂为普通食盐，稀释会引发黏合剂湿强降低，从而使湿巾在马桶中有大量水的情况下分散。但该产品仍存在某些不足，如在硬度高的水中不易分散、盐度较高具有刺激性等。第三代产品是 2009 年金佰利公司新上市的 Cottonelle Soothing Clean 可冲散湿巾产品，该产品不含酒精，富含芦荟和维生素 E，适合日常使用并可在马桶冲水后分散。该产品仍使用触发型黏合剂，但纤维基材中除了纸浆外，还包含 Lyocell（再生纤维素纤维）。前面三代可冲散产品性能及工艺水平虽然在逐步提升，但一直存在着分散慢或湿强度低，添加的特种黏合剂或暂时性湿强剂对环境存在一定的安全隐患。第四代可冲散非织造材料是非织造技术与造纸技术的有机融合，以木浆纤维和 6~12mm 纤维素类纤维为原料，按 65/35~80/20 比例混合后湿法成网，再经多道水刺加固缠结而成，有白色和不同色度的木浆本色，面密度以 45~80g/m² 为宜。

六、合成革用非织造布开发与应用

（一）概述

随着科学技术的发展，人工皮革形成了两个系列：人造革和合成革。

合成革在结构和性能上均模拟天然皮革，其产品是：以经高分子物质浸渍处理、带有连续孔隙黏结的、具有三维结构的非织造布为基材，并赋予耐磨的聚氨酯表皮层；可像天然革一样进行片切、磨削；并具有皮革所特有的一定的透气、透湿性能。而人造革则多以纤维织物为基底，以合成树脂为主要原料浸涂，其外观类似皮革的复合材料，不具备天然皮革结构，因此也缺乏天然皮革的一些固有特性。

合成革基本生产方法有以下两种：

（1）干式加工法。先将经亲水加工处理的非织造布放置在水分散 PO 浆液中浸渍，再经热风干燥，使有机溶剂和水分排出。经这样处理后，即可得到由三维结构非织造布为骨架，纤维之间充满具有连续开式微孔结构的聚氨酯，并具有天然革丰满感的片状材料，再经表面涂层（或贴膜）和整饰处理，即得到合成革产品。

（2）湿式加工法。将经过 PVA 上浆处理的非织造布再经聚氨酯胶液浸渍、平滑、涂覆加工后，导入由 DMF—水组成的凝固溶液中进行凝固，使其形成开式微孔结构。然后经热水洗涤，去除 PVA 及残存的 DMF 溶剂，再经柔软、疏水处理和表面装饰加工即得到从内部结构到外观手感均具有真皮感和性能的合成革。

（二）合成革用非织造布的要求

1. 结构要求

合成革用的非织造布必须具有致密的三维结构，这种布目前主要的生产方法是"针刺法"，也可用水刺法生产。

2. 性能要求（表 11-23）

表 11-23　合成革用非织造布性能要求

项目	实控范围	通常适用范围
厚度/mm	1.41~1.95（±0.1）	1.0~6.0
密度/（g/cm^3）	0.20±0.02	0.13~0.30
拉伸强力/（N/2.5cm）	经向≥206	—
	纬向≥157	
伸长率/%	经向 20~80	
	纬向 40~100	

表观要求平滑，无针迹和明显的针孔存在；密度要求均匀一致，无过密或过松现象。

非织造布的拉伸强度及伸长率大小与其选择的纤维种类、长短及是否进行上浆处理和上浆浓度大小有关，这些一般都是根据实际需要和工艺上的可能性而定。合成革所用的非织造布的拉伸强度和伸长率是指经过上浆处理后的实控数。

3. 纤维要求

（1）在化学结构上，要求纤维在诸如 DMF（N,N-二甲基甲酰胺）、甲乙酮（丁酮）、甲苯、环乙酮、丙酮、二氧六环等有机溶剂中不溶胀，更不能溶解。

（2）线密度低于 13dtex（3 旦），越细越好。

（3）长度以 51~65mm 为宜，尽量不选用 40mm 以上的纤维。

合成革用非织造布最常用的纤维有锦纶、涤纶等，这几种纤维有的是单独使用，有的是多组分混合使用。

（三）合成革用非织造布基本生产方法

根据合成革的基本要求，其所用非织造布多数采用针刺法加工，并且还要进行必要的后处理，以满足合成革的一些特殊性能和后加工的需要，其基本过程如下。

将一定纤度和长度的纤维，经混合、开松、梳理，再通过气流成网或机械成网装置，制成一定厚度且均匀的纤网，再经预针刺初步加固，然后送往主针刺，使其达到一定的密度。将这种具有三维结构的非织造布进行上浆、干燥、磨光处理，即可用作合成革底布。

作为合成革底布的非织造布，在生产中一般选用机械成网比较适宜。因机械成网可以获得比气流成网均匀度更高的产品，这是保证合成革质量的重要条件。但机械成网要注意克服纤维方向性过强的缺陷。现在一些先进的非织造布设备已在机械上采取了杂乱措施，以克服这些缺陷。

合成革用非织造布对针刺的要求是相当严格的，除通过针刺达到一定密度外，还要求针刺后不得有纵横向或斜向的针迹和针孔现象存在，纵横断面处于立向的纤维密度也应均匀一致。高质量的合成革用非织造布，在透射光条件下检查，不应有云形密度不匀现象存在。为防止以上缺陷出现，针刺机上需设有当针向纤网刺入时使纤网前进暂停的制动装置及防止重针刺的制动微调控制系统。

针刺后的非织造布进一步加工处理，主要目的有三：一是增加非织造布的强度和几何尺寸的稳定性；二是增加密度，消除针孔；三是增加表面平滑性。这些处理所采用的方法有化学上浆、加热收缩、热压烫平、机械磨光。化学上浆用的浆料一般都是聚乙烯醇（PVA），因为上浆处理对合成革还有一个特殊的作用，即可使纤维与浸渍进去的聚氨酯隔开。当加工过程中用热水把 PVA 洗去后，则产生一种离型效果，可增加合成革的柔软性和撕裂强度。

七、针刺造纸毛毯开发与应用

造纸毛毯是现代造纸工业必不可少的耗材。它与生产的纸张质量和造纸的生产效率等方面有着直接的关系。随着造纸工业生产技术的发展，要求造纸毛毯具有压力均匀性、足够的孔隙体积、必要的通透率、压缩性、底布/植绒比、压缩阻力、耐磨性、强力、耐污性、耐热和耐化学性等优良性能。这就对造纸毛毯的结构、纤维选用、加工技术和工艺参数提出了很高的要求，而每条造纸毛毯又都是定制的，是针对某台确定纸机、部位和技术要求，包括车速、生产纸种、规格等而设计制造的，难以批量生产，可以说造纸毛毯是承担湿纸页脱水、传递、整饰纸面等功能的高附加值和高技术纺织品。

1. 造纸毛毯的种类

按造纸毛毯在纸机上的使用部位，可分为湿毯和干毯。现代造纸机由成形部、压榨部和干燥部三部分组成。用在成形部与压榨部的统称为湿毯，用在干燥部的统称为干毯。湿毯是纸浆成型和进一步脱水的主要材料。干毯是把已在湿毯上形成的湿纸页带入烘房进行干燥的托持材料。其中，压榨毛毯是脱水的关键材料，理想压榨毛毯应该是在幅宽和运行方向上的压力分布尽可能均匀，而在厚度方向上则应具有尽可能低的水流阻力，并通过孔隙结构和阶梯密度的设计，使水压和流速逐层递减，从而提高水流的初始速度，确保脱水通道通畅。湿毯的脱水能力表现在通过压榨时，湿纸页的水分被挤压到毛毯中，其中大部分的水透过湿毯而流走，只有少量的水被湿毯吸附带走。湿毯与湿纸页分离后，再经过冲洗及真空箱脱水后再去承接成型网传来的湿纸页。无论是湿毯还是干毯，在造纸机上都是呈环状，像输送带一样循环传动，如图 11-9 所示。

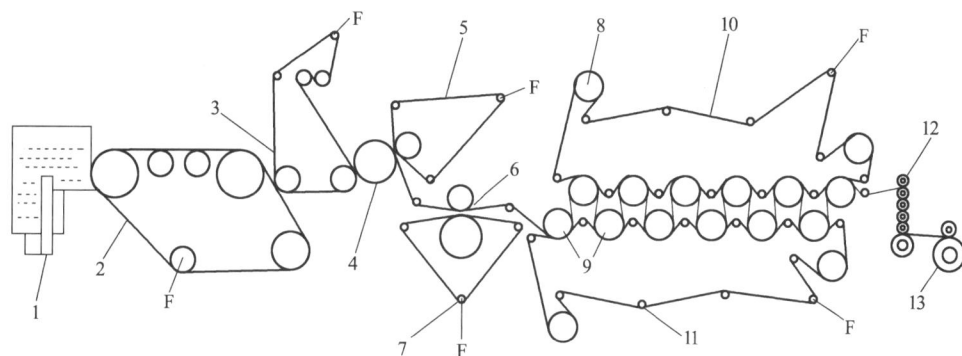

图 11-9　一种长网纸机流程图

1—进料　2—织网　3—引纸毛毯　4—第一、第二压榨　5—二次压榨毛毯　6—第三压榨　7—第三压榨毯
8—毛毯烘筒　9—烘筒　10—顶层毛毯　11—底层毛毯　12—压辊架　13—卷筒

按造纸毛毯的结构可将其分为传统编织毯、普通基布针刺毛毯（简称 BOB）、无纬或稀纬针刺毛毯、底网针刺毛毯（简称 BOM）、接缝针刺毛毯、多轴向针刺毛毯等类型。目前 BOM 毯较为常用，它是由底网层和纤维层组成。底网一般由锦纶单丝或弱捻合股丝按一定结构交织而成。纤维层一般是由不同粗细的专用锦纶经开松混合、梳理成网和铺叠而成。纤维层与底网层通过针刺加工形成一个稳定的复合结构物，如图 11-10 所示。

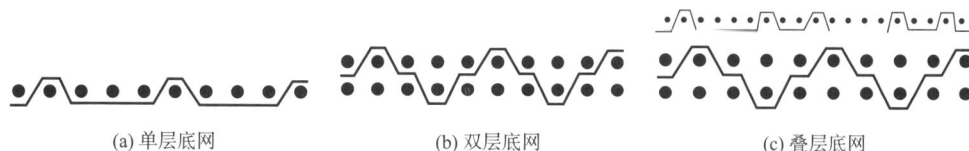

(a) 单层底网　　　　　　　　(b) 双层底网　　　　　　　　(c) 叠层底网

图 11-10　底网针刺毛毯示意图

单层底网 BOM 压榨毛毯多用于生产纸板。双层底网 BOM 压榨毛毯多用于真空压榨、盲孔压榨及沟纹压榨，压力负荷高达 250kN/m，这种压榨毛毯的稳定性好、无振动，可使纸压到很高的干度。叠层底网 BOM 压榨毛毯是一种多层复合结构，具有透水性好、抗压能力强、表面平滑、耐磨性能好和不易产生印痕的特点。这种毛毯适用于高线压压榨和靴式压榨，可

延伸压榨区。

造纸毛毯的幅宽一般在 $1 \sim 12m$，长 $4 \sim 130m$，定量为 $700 \sim 2600g/m^2$，成品质量有相应标准及规定。

2. 对造纸毛毯的要求

现代纸机的特点主要体现在宽幅、高线压、高速等方面。因此，对造纸毛毯的性能提出了更高的要求，可概括为以下几点。

（1）接受（吸）压区从纸页榨出的水。

（2）为纸页提供合理保护，防止纸页破损、湿痕、沟纹痕、底布印痕。

（3）为纸页提供合理的表面，根据所生产纸张级别提出必要的平滑度或整理要求，特别对于有印刷要求的纸或纸板尤为重要。

（4）传送、承载纸页，在结束拉伸时，将纸页从此处传送到另一处。

（5）提供必要的耐久性，包括强力、抗机械摩擦和化学降解、避免纸页传送过程中的污染。

（6）驱动压榨部中的被动辊。

3. 造纸毛毯的加工制造

造纸毛毯生产的工艺流程比较长，一般工艺过程为：

短纤维开松混合→梳理成网→交叉铺网→预针刺→预刺网卷

单丝、合股丝→整经卷纬→织造→底网坯网→插接/焊接→底网 ⎫
⎬ →针刺复合→清洗→化学处理→
单丝、合股丝→整经卷纬→织造→环织→底网 ⎭ 预压→热定形

生产造纸毛毯的原料选择极其重要。现代压榨造纸毛毯绝大多数使用化纤原料，特别是造纸毛毯专用锦纶成为首选，因为它具有耐冲击抗穿刺性好、耐低温性好、热稳定性好、耐磨、高强度、耐油、高刚性弹性回复性好、耐化学性能和抗水解性能好等优点。另外，生产造纸毛毯也有用羊毛和涤纶等纤维的。

加工造纸毛毯纤网时，要先将纤维开松、上油、加湿、闷毛，然后梳理、铺网。纤维上油、加湿的目的是减少因纤维摩擦而产生的静电，以达到柔软、湿润、平滑而易缠结的要求，便于后续梳理、铺网和针刺工序的进行。除给纤维上油外，给湿也要恰当。在纤维开松时将合毛油剂以雾点状均匀地喷洒到纤维上，然后堆放在密闭的闷毛仓内 $8 \sim 24h$，以使油水均匀地附着在纤维表面。

铺网就是将纤维经两次梳理后叠制成网，与放在针刺机上的底网一起送入针刺机进行针刺，或单独对其进行针刺，做成预刺网卷备用。针刺毛毯一般分正反面，接触纸机导辊的一面为反面，毛层较薄，此毛层主要对毛毯骨架材料起保护作用，接触纸页的一面为正面，毛层较厚。这类毛毯在定量较低的情况下，仍能有效地保证纸页的平滑度。纤维层中纤维的排列影响毛毯抗压、脱水、弹性回复等性能。

底网是造纸压榨毛毯的骨架，起到增强和稳定尺寸的作用。因此，合理设计底网组织结构和性能是造纸毛毯开发的关键。底网的织造方法有两种，一种是先按用户要求的宽度织成片状，然后按要求的周长裁剪下来，再插接或焊接成环状；另一种是按用户要求的周

长直接织成环状。底网织物组织有平纹、斜纹和破斜纹等，由于底网组织对各种纸机的压榨形式和使用部位关系极大，因此应根据造纸机的类型、抄纸品种和使用场合等进行专门的设计。

底网结构有单层底网结构（一层经纱和一层纬纱）、双层底网结构或叠层底网结构之分。叠层底网结构包含多层经纱与一层纬纱交织，或者是层压形成的多层结构，其优点是每一层底网可以有不同的设计，包括纱线密度、细度、组织结构等，从而使层压毛毯具有压力范围宽、均匀度好、允许有较低的底网/植绒比、易于清洁、适应于高车速、压区停留时间短、纸页与毛毯接触面大等特点。例如，上层底网很细，可赋予纸页理想的性能；底层底网较粗，可赋予毛毯较好的抗压和透水能力等。

为确保底网的尺寸稳定性，通常还需要对底网进行张力热定形处理，以消除底网张力不匀，并将经纱的屈曲波转移到纬纱。若经纱的屈曲波过大，一旦受力就会导致毛毯过度伸长。

针刺植绒是最重要的加工环节，它是将短纤维网锁定在底网上的过程。目前有两种方式：一是将短纤开松、混合、梳理成网后，直接交叉铺叠在底网上，一起喂入针刺机，通过针刺复合将毛网锁定在底网上；二是先将短纤维开松、混合、梳理成网、交叉铺叠、针刺，形成预刺纤网，并将其卷绕到一个铝轴上制成预刺网卷。然后将预刺网卷置于造纸毛毯针刺机上，经退卷和不断地多遍针刺，使纤网与底网复合成一体。随着高速针刺机的发展，这种二步法的方式已成为主流。植绒的针刺密度需要结合毛毯的用途、克重和底布/植绒比等确定，一般控制在 $800 \sim 1400$ 刺/cm^2。

针刺植绒过程中工艺参数的设计，如有效的针刺密度、针刺深度、刺针选择以及纤维在各层的配置等，对毛毯的表面特性、通透性有至关重要的影响。为了获得期望的性能，通常采用不同线密度的纤维混合或者多层复合配置。图11-11为实际使用的压榨毛毯的横截面。可见，为了保证压榨毛毯顶层的均匀性和吸水能力，选用了较细的纤维，因为细的纤维具有较大的比表面积，对水的吸着力也就更大。当大量的水被从纸页中挤出后，纤维集合体中较大的吸着力可以使这部分水定向地流向纤维之间的缝隙中，这种现象也称水楔效应。而靠近底网的中间毛层则选用较粗的纤维，以便使毛毯具有较好的回弹性、输水性和脱水能力。为达到特殊的目的，也可选用部分热熔纤维，以提高纤网的结合力。

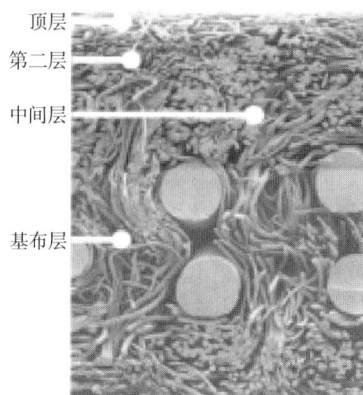

图 11-11 压榨毛毯横截面图

造纸毛毯在针刺后还要进行后整理，包括洗涤、化学处理（抗污处理）、脱水、干燥、预压、热定形、切边封边、画标准线等。

其过程是，先将针刺毛毯置于定形机架上，经喷淋系统润湿毛毯并抽真空，施加模拟纸机的张力（$3 \sim 5kN/m$）。然后辊筒加热，使毛毯均匀受热定形，达到纸机运行时所预期的宽度和长度。在热定形过程中，通过压力辊对毛毯施加一定的压力，预压紧毛毯，以控制毛毯的厚度和孔隙率，缩短毛毯上机磨合期。毛毯热定形的湿度、温度、时间、速度、压力、厚度和张力控制是毛毯定形的关键参数，须综合平衡这些工艺参数才能达到毛毯的最佳定形效果。图11-12所示为BOM底网毛毯热定形整理机。

图11-12　BOM底网毛毯热定形整理机

八、其他非织造产品开发与应用

（一）绝缘材料

绝缘材料分为电绝缘、热绝缘和声绝缘材料。

1. 电缆布

用非织造布做电缆布，既具有较高的拉伸强度和延伸性，又具有良好的耐热性能和耐水性能，而且重量轻，操作方便。这种非织造布一般采用浸渍黏合法、热轧法或纺粘法生产，其定量范围 $60\sim80g/m^2$，厚度 $0.15\sim0.25mm$，抗拉强度大于80N/cm，纵向延伸率大于12%，顶破强力大于70N。

2. 蓄电池隔板布

隔板布的作用是保证正负极板间的"隔离绝缘"，以迫使电池供至外部电路，隔板同时又允许离子自由通过，以保证充放电化学反应正常进行。非织造隔板布一般采用聚丙烯熔喷超强纤维制成。它可做成硬质插片，也可做成轻质"袋式"隔板；应能满足蓄电池的各种要求，价格低廉。聚丙烯电池隔板质量指标：孔率 $50\%\sim60\%$，孔径 $\leqslant40\mu m$，电阻 $\leqslant0.003\Omega$，润湿性<4s。表11-24为几种典型的电绝缘非织造布的性能比较。

表11-24　几种典型电绝缘非织造布性能比较

性能	D710电工聚酯非织造布	D740碱性电池隔膜	维纶镉镍电池隔膜	德国FS2106电池隔膜
原料	100%聚酯棉型短纤维	维纶与锦纶6短纤维混纺	100%维纶	棉型锦纶短纤维
定量/（g/m²）	90	100	60	90
厚度/（mm）	0.15±0.025	0.2	0.174	0.23

性能	D710 电工聚酯非织造布	D740 碱性电池隔膜	维纶镉镍电池隔膜	德国 FS2106 电池隔膜
表面密度/（g/m²）	0.6±0.1	—	—	0.4
断裂强度/（N/5cm）	纵向≥200 横向≥160	纵向≥100 横向≥45	160	纵向 168 横向 126
断裂伸长率/%	纵向≥12 横向≥12	纵向≥4 横向≥5	—	纵向 58 横向 32

3. 碳素毡绝热材料

这种碳素毡用于宇航、电子工业中宇宙飞船、火箭头锥、飞机尾部排气管内侧保护层和大规模集成电路中。耐高温可达 3000℃ 以上，热膨胀系数小于 $2×10^6 \sim 5×10^{-6}/℃$。强度为铝合金的 3 倍，重量仅为金属的 1/5。这种材料一般用聚丙烯腈纤维、黏胶纤维或沥青纤维经针刺法成毡型→预氧化处理→炭化处理→石墨化处理而得。

（二）工业抛光材料

非织造布抛光研磨材料近年来越来越被人们所重视。这是因为用传统纺织品作抛光材料成本高、使用寿命短、粉尘污染严重。而非织造布抛光材料是一种三维杂乱纤维与磨料组合的抛光体，具有一定的硬度和弹性，抛光效果好，使用寿命长。抛光研磨材料多用锦纶、涤纶、麻纤维等作原料，经过成网、磨料黏结、固化、成型等工艺过程加工成抛光所需要的轮、轴、片（布）等形状的抛光材料。其中，磨料大多用砂粒、石榴石、金刚砂等。非织造布抛光材料研磨力大，对曲面抛光有独特效果，易散热、不易产生"塞眼"，并能避免研磨面产生高温，适宜高速研磨。

非织造布抛光材料被喻为弹性磨石，新一代研磨抛光产品主要应用于各种金属制品涂装前的抛光、机械抛光；各种餐具、精密仪器、乐器、艺术品、玻璃制品、木材家具抛光处理；皮革研光等各种表面研磨砂纹处理和抛光。

非织造布抛光材料已经成为工业加工不可缺少的重要材料，它的用途越来越广，并逐渐被人们所重视。

（三）农业用非织造布

非织造布在农业、园艺方面的应用主要有蔬菜和瓜果丰收布、防霜冻布、防虫害布、土壤保温布、护根布、育秧布、温室大棚等，其中应用最广的是农用丰收布。农用丰收布可作为覆盖材料，改善农作物的微气候条件，以适应农作物生长的要求，防止或减轻各种自然灾害，起一定程度的防护作用。尤其染色丰收布，不同颜色又赋予不同的功能，有利于农作物增产增收。

农用丰收布的应用方式包括作为玻璃温室或塑料大棚的二道保温幕、作为大棚或温室的门帘、作地膜、作单层保温膜、直接将非织造布包裹在柑橘等树的树冠外面。

丰收布主要有三大类：纺粘法非织造布、短纤维热轧非织造布、黏合法非织造布。一般用纺粘法制造的为好，定重 30～50g/m²，断裂强度 30～70N/5cm，厚度 0.13～0.15mm，透水率 75%~85%，透光率 45%~60%，通气性 80~200cm³/（cm²·s）。

非织造布还可用在其他领域。如火箭头部防热锥体、高级印钞纸、地图布、年历布、油画书法用布、人造花、军事上用的防辐射工作服、透气防毒眼、防 X 光或防中子等保护服装；战争军救用品、军用帐篷、各种防护品、遮盖品；熨烫毯、油吸材料、工业擦布、包装材料等。非织造布复合、层压、涂层产品也不断涌现。

非织造布的应用正在以难以估量的速度发展和深入，并日益被人们所重视。

🖘 思考题

1. 试述非织造布应用的新领域。
2. 综述非织造布新产品的新进展。
3. 目前值得开发的非织造布新产品有哪几种？为什么？

第十二章　非织造布性能测试

第十二章　非织造布
性能测试

> **本章知识点**
>
> 1. 非织造布特征指标、力学性能、刚柔性、耐磨性、缩水率、尺寸稳定性、压缩性能、保暖性能、透气性测试指标及方法。
> 2. 非织造布的渗透性、透水性、孔隙率、过滤效率测试指标及方法。

对非织造布进行半成品及成品性能测试，以保证加工顺利、产品达到标准要求是十分重要的。但是，非织造布的用途不同、产品种类不同，测试的内容及标准要求也就不同，一般可以分为一般性能测试和特殊性能测试。

第一节　非织造布一般性能测试

非织造布特征指标主要有定量及其不匀、厚度、回潮率等。非织造布定量及其厚度是最基本的特征指标，在一定程度上特征指标决定和影响到产品的其他性能。

一、定量测定

非织造布定量是指试样单位面积的质量，单位为 g/m^2。非织造布产品的用途不同，其定量要求也不同，轻的可达 $2g/m^2$，重的可达 $1000g/m^2$ 以上。

非织造布定量的测定：取样要求为 $10cm \times 10cm$ 或 $20cm \times 20cm$ 的正方形，或者用圆刀切样器切取面积为 $100cm^2$ 的圆样，取样块数为 3~5 块，有的标准要求用 10 块（$100cm^2$/块）。试样必须经过调湿处理。用感量为 0.01g 的天平称量，计算每平方米克重，要求精确到 0.01g。同时算出试样重量的变异系数（CV 值），以反映其重量不匀情况。CV 值用百分数表示，CV 值越小表明各样品的定量一致性越好。非织造布产品也有要求产品体积密度的，其实质和定量一样，定量只不过是在固定厚度条件下的每平方米重量。

具体测试可参照 GB/T 24218.1—2009《纺织品　非织造布试验方法　第 1 部分：单位面积质量的测定》测定。

二、厚度测定

非织造布的厚度是指在承受规定压力下，布的两表面间的距离。

非织造布按厚度可分为薄型、厚型两种。薄型产品（或特薄）厚度可为 0.06mm，厚型产品厚度可达 10mm 或几十毫米以上。

非织造布的厚度测试：将试样放在测试仪的测试台水平基准板上，当有一定压力负荷的另一平行于基准板的平板压向试样时，两块板的垂直距离即为织物的厚度。厚度测试时的试样大小、测试块数、加压大小、测试的时间、次数、各标准不尽相同。具体测试可参考 GB/T 24218.2—2009《纺织品　非织造布试验方法　第二部分：厚度的测定》。

三、孔径测试

非织造材料的孔径反映其阻止被过滤颗粒通过的能力。不同技术和工艺制备的非织造产品有不同的孔隙特征、孔径大小和孔径分布。

（一）最大孔径（气泡法）

电池隔膜材料的最大孔径一般采用气泡法来测定。将材料的每一小孔看成一根毛细管，用已知表面张力的溶剂润湿材料，并施以液压，当相反方向的外气压达到某一值时，样品最大孔处首先冒出气泡，该孔的孔径即为最大孔径。

（二）孔径分布

将压缩空气通过被溶剂润湿的多孔材料时，测出孔隙（毛细管道）流量与压力的关系曲线，从而计算出材料的最大孔径、平均孔径、孔径分布等各项指标。

测试原理：在压力的作用下，用气体通过干、湿（被已知表面张力的液体饱和润湿）样品毛细孔的流量变化来分析和计算孔径分布和孔径大小。饱和润湿样品中的毛细孔道内充满液体，在压力作用下，孔径较大的孔道内液体较早被空气排除，即被打通吹干，孔径较小的则较晚被打通吹干。随着被打通吹干孔道的增加，空气流量逐渐增加，由此可得到样品的压力—流量的干、湿曲线和孔径分布。测试过程中每一点的瞬时值可按下列公式计算：

$$D_i = 2.86\gamma/P_i$$

式中：D_i—— 样品中第 i 个孔径，μm；

γ——液体表面张力，$10^{-5}N/cm$；

P_i——瞬时压力，kPa。

试样的平均孔径就是将干曲线与湿曲线相交点所对应的压力值 P 代入上式，即可求出试样的平均孔径 D。同样将湿曲线中流量 ≥ 0 所对应的压力值 P_m（泡点压力）代入上式，即可求出试样的最大孔径 D_n（泡点）。

第二节　非织造布特殊性能测试

一、力学性能测试

非织造布的力学性能主要指断裂强力、断裂伸长率、撕破强力、顶破强力、剥离强度等。

（一）断裂强力和断裂伸长率

在拉伸试验中，试样被拉伸至断裂时强力机所测得的最大的力称断裂强力。断裂伸长率为在拉伸试验中被拉伸至断裂时所测得伸长对拉伸长度的百分率。

$$试样断裂伸长率 = \frac{\triangle L}{L_Q} \times 100\%$$

式中：L_Q——隔距长度，mm；

$\triangle L$——预张力夹持试样时的断裂伸长，mm。

试样一般为条状，长度为 300mm（可满足夹持距离 200mm），宽为（50±0.5）mm，纵、横向各 10 块。纵、横的断裂强力（牛顿）以 10 次算术平均数表示，结果修约至小数点后一位；纵、横向断裂伸长率（%）也以 10 次算术平均数表示，结果修约至 0.5%。纵、横向断裂强力和断裂伸长率的变异系数也以 10 次算术平均数表示，结果修约至 0.1%。

对于厚型非织造布，如土工布类产品，由于其强力大，纵、横向变形大，一般要用双轴向电子拉伸机测试。

试样的选取、规格及有关规定因标准不同而不同。有时为了对非织造布的各向异性做比较，取样时可在与垂直方向成 30°、45° 角方向剪取，以便得知不同方向的断裂强力与伸长率。在必要情况下也可做湿、干态情况下的强力比，从而比较不同产品湿、干态情况下强力差异。

具体测试可参照 GB/T 3923.1—2013《纺织品　织物拉伸性能　第 1 部分：断裂强力和断裂伸长率的测定（条样法）》，或 GB/T 24218.3—2010《纺织品　非织造布试验方法　第 3 部分：断裂强力和断裂伸长率的测定（条样法）》，或 GB/T 24218.18—2014《纺织品　非织造布试验方法　第 18 部分：断裂强力和断裂伸长率的测定（抓样法）》等。

（二）撕破强力

材料抵抗撕裂变形的能力可以用撕破强力进行表征，通常以材料撕裂时能承受的最大负荷来表示。因为材料在使用过程中经常会受到集中负荷的作用，使局部损坏而断裂。材料边缘在集中负荷的作用下被撕开的现象称为撕裂或撕破。非织造材料在使用时也常常受到分布不均匀的负荷作用，边缘部位往往受到较大的张力，使材料从这些部位开始逐渐被撕裂；或者材料在使用中被其他物体勾住或局部被握持，在外力作用下被撕破或撕裂。

撕破强力的测试方法有多种，我国纺织行业标准中规定采用的主要是梯形法和落锤法。值得注意的是，这两种方法测得的结果并不一致，因为二者的破坏机理不同。一般认为，梯形法适用于各种非织造材料，而落锤法只适用于面密度在 $120g/m^2$ 以下的薄型非织造材料。

1. 梯形法

梯形法撕破强力是指两夹持器内的试样呈梯形，由于在外加负荷不断增大的情况下，相继撕破试样的宽度，此时强力机的指针所指的最大值。强力机用等速牵引型（CRT）强力试验机。

按要求裁取纵横向试样各 10 块，并在梯形短边的正中处剪一条垂直于短边的 10mm 长的切口。试验结果以纵、横向各 10 次试验读数的算术平均数（N）表示。

具体测试可参照 GB/T 13763—2010《土工合成材料　梯形法撕破强力的测定》。

2. 落锤法

该方法多用于常见的纺织品，它将试样夹紧于落锤式撕破强力仪的动夹钳与固定钳之间，动夹钳迅速下落，使两夹钳之间的试样撕破，指针所指的最大值即为撕破强力。

取样量为纵、横向各 10 块，结果以纵、横向各 10 次试验读数的算术平均数（N）表示。

具体测试可参照 GB/T 13763—2010《土工合成材料　梯形法撕破强力的测定》，GB/T 3917.1—2009《纺织品　织物撕破性能　第 1 部分：冲击摆锤法撕破强力的测定》等。

（三）顶破强力

顶破强力反映了非织造布抵抗多方向作用力的能力，单位以 cN/cm^2 表示。顶破是指非织造材料在垂直于其平面的外力作用下鼓起、扩张而逐渐被破坏的现象。顶破的受力方式与单向拉伸的受力不同，它属于多向受力。土工布、降落伞、气囊袋、滤尘袋等的受力方式都属这种类型。

顶破强力测定方法有气压式、弹子式、钢球式等。非织造布常用气压式。钢球法顶破试验是将试样固定在夹布圆环内，钢球以一定速度垂直顶向试样直至试样被顶破，仪器自动显示顶破强力等测试值。

具体测试可参照国家标准 GB/T 19976—2005《纺织品　顶破强力的测定　钢球法》、GB/T14800—2010《土工合成材料　静态顶破试验（CBR 法）》等。

（四）剥离强力

剥离强力是指非织造布与被黏合材料剥离时所需的力。测定剥离强度时，将黏合在一起的面料与非织造布对拉并逐渐增大强力，使两者分离，同时记录持续分离过程中剥离强力的变化。测量仪器用等速牵引型强力仪，并备有自动记录强力—伸长曲线装置。

如果非织造布试样是用于"用即弃"产品，一般不需进行前处理，按原布的不同方向剪取试样。否则，需进行前处理。

剥离强力测试可参照我国行业标准 FZ/T 01085—2018《黏合衬剥离强力试验方法》，或国际标准 DIN 54310—1980 等。

二、刚柔性测试

（一）硬挺度测试

硬挺度是指产品抗弯曲变形的能力。通常用弯曲长度（也称悬垂硬挺度）和抗弯刚度（也称弯曲硬挺度）两个力学指标来表达织物抵抗其弯曲方向形状变化的能力，统称为硬挺度。弯曲长度是指一端握持、另一端悬空的矩形试样在自重作用下弯曲至规定角度时的长度。抗弯刚度是指单位宽度试样的微小弯矩变化与相应的曲率变化之比。主要有三种测试方法：悬臂梁法（斜面法）、悬垂性测试法及摆动法。目前使用最多的是斜面法。

斜面法是取一矩形试样条，将其放在水平平台上，试样长轴与平台长轴平行。沿平台长轴方向匀速推进试样，使其伸出平台，并在自重下弯曲。试样的伸出端部分悬空，用尺子压住仍在平台上的试样的另一端。当试样的头端通过平台的前缘，到达与水平线呈 41.5°倾角的斜面上时，其伸出长度等于试样弯曲长度的 2 倍，由此可计算弯曲长度。试样条伸出越长，试样越硬挺，越不易弯曲。斜面法测试只适用于机织物、针织物及非织造物的硬挺度测试，不适宜特别柔软、特别硬挺、易卷曲的织物。

具体测试可参照 GB/T 41567—2022《纺织品　织物硬挺度的测定　槽缝法》等。

（二）折皱回复性测试

折皱回复性也称折皱弹性，它是指试样抵抗折皱变形的能力，可用折皱回复角表示。折皱回复角是指一定形状和尺寸的试样用一个装置对折起来，并在规定的负荷下保持一定时间，待负荷卸除后，让试样经过一定的回复时间，再测其折角，即为折皱回复角。

试验时，纵、横向试样各取 10 块，并在同一方向分别按正、反面各对折 5 块。试样不得有折皱、弯曲和异常变形。

以纵、横向各 10 块试样（同一方向正反两面各半）读数的算术平均及其之和作为样品的试验结果。

具体测试可参照 GB/T 3819—1997《纺织品　织物折痕回复性的测定　回复角法》等。

三、尺寸稳定性测试

非织造布尺寸稳定性是指洗涤前后尺寸变化情况。即将样品浸在冷水、热水或其他液体中，洗涤（手洗或洗衣机）后，测定样品洗涤前后的尺寸变化。

样品尺寸一般取 200mm×200mm（常取略大些，并在四角处画上记号），测定洗涤后的尺寸，即得尺寸稳定性（%）。为了数据准确，可采用 400mm×400mm 的试样。

四、压缩性能测试

非织造布絮片类产品一般都是蓬松产品，通过测试压缩前后厚度的变化就可测定非织造布絮片类产品的压缩回弹性。一般在普通强力机上加装一个附属加压装置即可进行测试。

非织造材料对压缩性能的要求因用途而异，其测试方法有两种：恒定压缩法和连续压缩法。其中恒定压缩法又分恒定压力法和恒定变形法。采用不同的制样方法可分别测试非织造材料的压缩性能。

（一）恒定压缩法

（1）恒定压力法测试。对试样分别施加恒定的轻、重压力，保持一定时间后，测其在两种压力下的厚度；然后卸除压力，待试样回复一定时间后，测其在轻压下的厚度。由测试结果计算压缩性能指标和蓬松度。

（2）恒定变形法测试。压脚以一定速率压缩试样，至规定压缩变形时停止压缩，记录其压力。保持该变形一定时间后，记录其松弛压力即可算出应力松弛率。若分别测得恒定压缩变形前后的轻压厚度，还可算出厚度损失率。

（二）连续压缩法

压脚以一定速率连续压缩基准板上的试样，当压力增加至最大压力时，压脚以相同速度返回。仪器可自动画出上述过程中的压力—变形曲线，可给出试样的定压厚度、压缩功及回复功等压缩性能指标。

（1）定压厚度。在连续压缩过程中对应于给定压力时的厚度即定压厚度。例如，对应于轻压力的厚度 T_0 为表观（初始）厚度，对应于最大压力的厚度 T_m 为稳定（重压）厚度。

（2）压缩功 W（$cN \cdot cm/cm^2$）。即压力从零增加到最大压力的连续压缩过程中，压力对变形量的积分，在数值上等于压力—变形曲线下的面积。

（3）回复功 W_r（$cN \cdot cm/cm^2$）。即压力从最大压力减至零的连续回复过程中，压力对回复量的积分，在数值上等于压力—回复量曲线下的面积。

（4）压缩弹性率 R。即回复功对压缩功的百分率。

五、耐磨性测试

非织造布的耐磨性是指非织造布耐磨损或抵抗磨损的特性。磨损是非织造布破坏的主要形式之一。

非织造布的耐磨损性因种类不同而不同。纤维种类、加工方式、产品结构、黏合剂的使用等都对非织造布的耐磨性有影响。因此，非织造布的耐磨性差异很大。而测定非织造布耐磨性的方法也有多种。一般可分为实际穿着测试和实验室仪器测试两种。实际穿着测试是将非织造布制成成衣、帽穿戴一个时期后观察磨损程度，从而判断非织造布的耐磨性能。实验室仪器测试又分为平磨、曲磨、折边磨、动态磨、翻动磨等。目前，实验室仪器测试应用较多。

（一）平磨

平磨是利用往复式平磨仪或圆盘式平磨仪等仪器对非织造布进行平磨试验，固定好试样并选择适当的压力和一定粒度的砂轮，开机试验并记录磨损次数。

（二）曲磨

曲磨是使非织造布的弯曲状态下受到反复磨损，它模拟衣裤的肘部与膝盖处的磨损情况。一般用曲磨仪或三磨仪。通常记录磨损次数。

（三）折边磨

折边磨是将试样对折后，对试样的对折边缘进行摩擦测试。

（四）动态磨

动态磨是将试样在运动状态下与磨料（砂纸）接触摩擦，同时施加弯曲、拉伸作用，从而比较磨损情况。

（五）磨损性能的评定方法

（1）平均耐磨次数。指同等条件下当试样出现一定大小的破洞时的耐磨次数平均值。

（2）单位面积失重。指试样在同样试验条件下经过规定的磨损次数，测定其重量变化并折合为单位面积失重来评价产品的耐磨性。

（3）平均强力降低率。指试样在相同试验条件下经过规定的磨损次数后，测定其断裂强度变化，计算其降低率。

（4）厚度损失率。指试样经过相同条件、相同的磨损次数后，测定其厚度变化率。

六、缩水率和热收缩率测试

（一）缩水率

非织造材料在常温水中浸渍或洗涤干燥后，其长度和宽度发生收缩的性能称为缩水性。非织造材料缩水性的测试有浸渍法和洗衣机法两种，浸渍法是静态的，而洗衣机法是动态的。缩水率测定需用缩水率试验机、热风烘干箱等。

取全幅布样 55cm，放置 10h 以上，使其形状稳定，用打印装置沿纵向作三处相距 50cm 的标志，沿横向作三处幅宽标志，度量应精确到 0.1cm。

先在缩水机水箱内放好（60±2）℃热水至规定标志，投入试样，加盖封闭保温。启动电动机连续搅拌 15min 后取出布样，放在水中平整，沿经向叠成四折，并用手压去水分，然后将试样平摊在金属网上，在（60±5）℃的烘箱内烘干。取出冷却 0.5h，再放置 4h，测量各标志距离，以纵（或横）向测得三处数据的算术平均数为准。

（二）热收缩率

热收缩率是指薄型非织造布（如衬布），经压烫机后所测得的尺寸变化率，用百分率表示。

剪取试样两块，每块宽 15cm、长 50cm。在两块试样上分别标出纵、横向，并做三处相距 45cm 的标志。将试样在温度为 180℃、压力 196kPa（$2kgf/cm^2$）、时间 20 的条件下压烫。从压烫机中取出试样，冷却 0.5h，测量各标志间距离，以纵（或横）向测得三处数据的算术平均数为准。

七、保暖性能测试

非织造布中一些保温、隔热材料，如各种絮片、喷胶棉、纺丝绵、金属棉等保温材料主要起保暖、防寒、隔热作用。而这些材料的保暖性能一般用保温率、传热系数、克罗值来衡量。

（一）保暖率

保暖率是指在保温率测试仪中，无试样时散热量与有试样时的散热量之差与无试样时的散热量之比的百分率。保温率测试仪器有两种：平板式织物保温仪和管式织物保温仪。方法同普通纺织织物。

（二）传热系数

传热系数是指当产品两表面温度差为 1℃，1h 内通过面积为 $1m^2$、厚度为 1m 的材料所传递的热量（焦耳）。

（三）克罗值（CLO）

在一般过程中，材料的传热特性用传热系数表示，但它没有与人体的保温性能联系起来。所以美国一学者提出用克罗值来表示服装的保暖性。

"CLO"值的定义是：在温度为 21℃、湿度 50%以下、气流流速 10cm/s（即无风）的条件下，一个中等身材、基础代谢为 209.3kJ/（m²·h）的试穿者静坐不动，感觉舒适并能维持体表温度为 33℃，试穿者衣服的保暖值为 1CLO 值（1CLO = 0.043cm²·h/kJ = 0.155℃·m²/W）。

八、透气性测试

非织造布中一些土工布、过滤材料的通透性直接影响产品的使用。透气性是指非织造布两面存在一定压差的情况下，单位时间内流过非织造布单位面积的空气的体积，单位为 m³/（m²·s）。试验研究表明，非织造材料的透气量与其两面压差并不呈线性关系，因此，测试时应测定透气量—压差曲线，才能推求非织造材料的透气性能。各国标准规定的压差并不相同，我国规定固定压差为 127Pa（约 13mm 水柱）。

非织造布透气性能测试同纺织品的测试方法。试样从具有代表性的产品中剪取 40cm 全幅（离样布布端 1m 以上处剪取），并经过调湿处理。试样不应折皱，也不熨平，并在标准状态下测试。具体测试可参照 GB/T 24218.15—2018《纺织品　非织造布试验方法　第 15 部分：透气性的测定》等。

九、孔隙率、过滤性能测试

过滤材料的过滤效率和滤阻与材料的孔径分布、孔隙率及最大孔径、平均孔径均有关系。

（一）孔隙率

孔隙是反映材料通过水、空气的能力。非织造过滤材料的孔隙率是指材料的孔隙体积与总体积的比值。孔隙率的确定不需要直接进行试验，而是通过计算求得。

$$n = \left(1 - \frac{m}{\rho \cdot \delta}\right) \times 100\%$$

式中：n——孔隙率，%；

　　　ρ——纤维密度，g/m³；

　　　m——材料的面密度，g/m²；

　　　δ——材料厚度，m。

非织造材料的孔隙率随所受压力不同而不同。在不承压情况下，孔隙率一般在 90% 以上，承压后孔隙率明显降低。

（二）过滤性能

非织造材料由于其主体结构为单纤维的三维立体纤网结构，具有孔径小、孔径分布范围大、孔隙率高等优点，广泛用于空气过滤和液体过滤以及医用材料的细菌和病毒过滤等。过滤性能测试标准见表 12-1。

表 12-1　过滤性能测试标准

国家或地区（组织）	标准号	标准名称
中国	GB 2890—2022	呼吸防护　自吸过滤式防毒面具
中国	GB 2626—2019	呼吸防护　自吸过滤式防颗粒物呼吸器

国家或地区（组织）	标准号	标准名称
中国	GB/T 17939—2015	核级高效空气过滤器
中国	GB/T 13554—2020	高效空气过滤器
中国	GB/T 14295—2019	空气过滤器
中国	GB/T 6165—2021	高效空气过滤器性能试验方法　效率和阻力
中国	GB/T 6719—2009	袋式除尘器技术要求
国际标准化组织	ISO 3968—2017	液压传动—过滤器—压降与流量特性关系的评定
美国	ASTM F778—1988（2014）	过滤介质气流阻力测试方法

由于非织造布的用途很广，跨度很大，在此只能简要地介绍一下主要内容，很难全面详细地介绍所涉及的全部内容，遇到具体测试问题可查阅相关标准和文献。

思考题

1. 非织造布一般性能测试包括哪些项目？这些测试项目对试验条件、取样有什么要求？

2. 表征非织造布力学性能的指标有哪些？这些测试项目对试验条件、取样有什么要求？

3. 非织造布的特殊性能是如何测试的？

参考文献

［1］ 王延熹. 非织造布生产技术［M］.上海：中国纺织大学出版社，1998.

［2］ 郭秉臣. 非织造材料与工程学［M］.北京：中国纺织出版社，2010.

［3］ 柯勤飞，靳向煜. 非织造学［M］.上海：东华大学出版社，2016.

［4］ 南京水利科学研究院. 土工合成材料测试手册［M］.北京：水利水电出版社，1991.

［5］ 马建伟. 非织造布实用教程［M］.北京：中国纺织出版社，1995.

［6］ 曾跃民. 合成革针刺基布生产工艺及性能的研究［D］.天津：天津纺织工学院，1998.

［7］ Chatlerjee K N, et a1. Performance characteristics of filter fabrics in cement dust control：part IV—Study of nonwoven filter fabrics using factorial design technique［J］. Indion Journal of fibre & Textile Research，1997，22（1）：21-29.

［8］ Subramaniarm V, et al. Study of the properties of needlepunched nonwoven fabrics using a factorial design tecbnique［J］. Indion Journal of fibre&Textile Researcb，1992，17（3）：124-129.

［9］ 刘丽芳，等. 针刺工艺参数对非织造布性能的影响［J］.产业用纺织品，2001（11）：30-33.

［10］ GB/T S0123—1999 土工试验方法标准［P］.

［11］ 徐朴. 参加美国 IDEA2001 国际非织造布展览会报告（续）［J］.非织造布，2002（9）：11-13.

［12］ 郭合信. 世界非织造布的发展对中国的启迪［J］.非织造布，2003（3）：1-2.

［13］ 郭合信. 中国纺粘法非织造布发展现状与展望［J］.非织造布，2003（2）：9-11.

［14］ 沈志明. 非织造布在产业领域发展前景广阔［J］.非织造布，2003（6）：3-8.

［15］ 张东，等. 工业化纺粘技术研究的回顾［J］.产业用纺织品，2002（5）：1-3.

［16］ Michael Baumeister，Bernd Kunze. 纺丝成网技术综述［J］.产业用纺织品，2003（3）：5-7.

［17］ 汪之光. 针刺产品表面质量的研究［J］.非织造布，2002（6）：21-24.

［18］ 冯学本. 针刺机针板及刺针对产品的影响［J］.非织造布，2003（3）：27-28.

［19］ 马咏梅. 全球水刺非织造布概况［J］.产业用纺织品，2003（3）：1-4.

［20］ 钟刚. 气流成网机的技术研究和改进［J］.非织造布，2008（3）：15-18.

［21］ 郭秉臣. 浆粕气流成网非织造技术的发展［J］.产业用纺织品，2005（4）：1-5.

［22］ 叶奕梁，徐朴. 浆粕气流成网技术的新进展［J］.纺织导报，2002（2）：61-62，64-67.

［23］ 祝艳敏，马晓峰，张海燕，等. 耐砂洗丝绸浆点黏合衬布的研制［J］.产业用纺织品，2001（6）：35-38.

［24］ 叶奕梁，徐朴. 关于浆粕气流成网非织造布技术［J］.纺织导报，2002（1）：58-60，62-63，86.

［25］ 郭秉臣. 浆粕气流成网技术综述［J］.纺织导报，2006（5）：36-39，44，94.

［26］ Fleissner 使用水刺技术的气流成网复合非织造布生产线［J］.纺织导报，2006（6）：70-72.

［27］ 综文. 气流成网和双组分纤维前景看好［J］.纺织服装周刊，2007（17）：17.

［28］ Alfred Watzl. 水刺和气流成网的结合降低非织造布生产成本［J］.纺织服装周刊，2007（25）：20.

［29］ Alfred Watzl. Fleissner 使用水刺技术的气流成网复合非织造布生产线［J］.非织造布，2006（4）：40-43.

［30］ 罗佳丽. 复合造纸毛毯的工艺与性能研究［D］.青岛：青岛大学，2007.

［31］ 臧岫雯. 高吸水涤纶短纤维在造纸毛毯中的应用［J］.上海造纸，1990（2）：29.

［32］付玲，王新文，惠东华.BOM 压榨毛毯的技术研究及其选用原则 ［J］.江苏纺织，2006 （5A）：66-70.

［33］吕向阳.我国造纸毛毯行业的现状分析及发展建议 ［D］.西安：陕西科技大学，2005.

［34］杨鸿烈.BOM 造纸毛毯的生产 ［J］.产业用纺织品，2002 （9）：30-34.

［35］倪正兴.造纸毛毯针刺质量的相关因素 ［J］.非织造布，1997 （1）：34-35.

［36］吕向阳.我国造纸毛毯行业的现状分析及发展建议 ［D］.西安：陕西科技大学，2005.

［37］邓炳耀，晏雄.造纸压榨毛毯底网结构的设计 ［J］.棉纺织技术，2006 （1）：61-62.

［38］谢宗国，刘晓华.底网针刺毛毯 （BOM） 的性能与应用 ［J］.湖南造纸，1999 （3）：22-23.

［39］白木.造纸毛毯生产现状 ［J］.上海纺织科技，2003 （1）：49-50，6.

［40］杨金魁.中国造纸毛毯行业的发展状况 ［J］.纸和造纸，2002 （2）：51-52.

［41］杨金魁.我国造纸毛毯技术的新发展 ［J］.上海造纸，2006 （2）：58-61.

［42］刘瑞宁.土工合成材料在公路工程中的应用 ［J］.交通世界 （建养·机械），2008 （1）：98-99.

［43］冯楚生.土工合成材料及其在水利工程中的应用 ［J］.湖南水利水电，2007 （5）：36-37.

［44］张宗堂.土工材料在加陡路堤边坡中的应用分析 ［J］.铁道工程学报，2007 （11）：20-23.

［45］李玉辉.（复合）土工合成材料在西部公路防排水设施中的应用研究 ［D］.哈尔滨：东北林业大学，2003.

［46］徐得健.合成革生产技术应用与发展 ［J］.塑料制造，2006 （4）：53-54.

［47］廖正品.立足自主创新　加快产业结构调整　促进人造革合成革产业健康发展 ［J］.塑料工业，2006 （3）：72-73.

［48］谢国龙.湿式 PU 人造革性能影响因素的探讨 ［J］.聚氨酯工业，1997 （1）：31-34.

［49］朱克银.湿法革用聚氨酯树脂国内外概况 ［J］.安徽化工，1996 （1）：1-9.

［50］刘学本.湿式聚氨酯人造革的生产简介 ［J］.聚氨酯工业，1993 （1）：38-42，45.

［51］靳向煜，等.非织造实验教程 ［M］.上海：东华大学出版社，2017.

［52］赫连晓伟，等.熔喷工艺参数对纤维直径的影响 ［J］.东华大学学报，2012，38 （4）：367-372.

［53］谢晓云，周蓉，陈富星，等.非织造技术在工业除尘滤料中的应用及发展 ［J］.纺织导报，2022 （3）：53-56.

［54］张玉庆，吴宏明，李忠明.热轧非织造布热轧黏合机理的初步探讨 ［J］.合成技术及应用，1994，9 （3）：20-23.

［55］马建伟.纤维性能对水刺效果的影响 ［J］.非织造布，1997，1：24-26.

［56］FZ/T 93048.1—2021 针刺机用针　第 1 部分　刺针 ［S］.

［57］FZ/T 93048.1—2021 针刺机用针　第 2 部分　叉形针 ［S］.

［58］程博闻.非织造布用黏合剂 ［M］.北京：中国纺织出版社，2007.

［59］王策，等.纳米科学与技术·有机纳米功能材料：高压静电纺丝技术与纳米纤维 ［M］.北京：科学出版社，2011.

［60］丁斌，等.静电纺丝与纳米纤维 ［M］.北京：中国纺织出版社，2011.

［61］浅析技术原理解释在化学类改进型专利创造性评价中的作用.搜狐网.

［62］Wu S H, et al. Novel bi-layered dressing patches constructed with radially-oriented nanofibrous pattern and herbal compound-loaded hydrogel for accelerated diabetic wound healing ［J］. Applied Materials Today, 2022, 28: 101542.

［63］Li Y R, et al. Review of advances in electrospinning-based strategies for spinal cord regeneration ［J］. Materials Today Chemistry，2022，24：100944.

［64］Wu S H，et al. State-of-the-art review of advanced electrospun nanofiber yarn-based textiles for biomedical applications ［J］. Applied Materials Today，2022，27：101473.

［65］Sun Z C，et al. Compound core-shell polymer nanofibers by co-electrospinning ［J］. Advanced Materials，2003，15：1929.

［66］Li D，et al. Direct fabrication of composite and ceramic hollow nanofibers by electrospinning ［J］. Nano Letters，2004，4：933-938.

［67］Wang K，et al. Electrospun hydrophilic Janus nanocomposites for the rapid onset of therapeutic action of helicid ［J］. ACS Applied Materials & Interfaces，2018，10：2859-2867.

［68］Chen H，et al. Nanowire-in-microtube structured core/shell fibers via multifluidic coaxial electrospinning ［J］. Langmuir，2010，26：11291-11296.

［69］Reneker D H，et al. Electrospinning jets and polymer nanofibers ［J］. Polymer，2008，49：2387-2425.

［70］Jirsak O，et al. Method of nanofibres production from a polymer solution using electrostatic spinning and a device for carrying out the method ［P］. U. S. Patent 7585437，2009.

［71］Niu H，et al. Fiber generators in needleless electrospinning ［J］. Journal of Nanomaterials，2012，2012：725950.

［72］姚穆，等 . 纺织材料学 ［M］.4 版 . 北京：中国纺织出版社，2014.

［73］李素英，等 . 非织造材料性能评价与分析 ［M］.北京：中国纺织出版社有限公司，2022.